まるごとわかる

3Dドット モデリング入門

MagicaVoxelでつくる！
Unityで動かす！

今井健太［著］

技術評論社

『まるごとわかる3Dドットモデリング入門』

本書で作成する3Dモデル一覧

円柱と直方体を組み合わせた木

身近にあるスマートフォン

反射する液晶と発光するボクセル

ひよことにわとりキャラクター

部屋のなかと家具・家電

東京タワーと周辺のビル街

Chapter 8

ゲームのキャラクター

Chapter 9

教会や宝箱のあるゲームステージ

Chapter 10 〜 Chapter 12

Chap10〜12ではUnityへのインポートとアニメーションの設定を行います

注意

ご購入・ご利用前に必ずお読みください

本書の内容について

- 本書記載の情報は、2018年6月28日現在のものになります。本書で紹介しているWebサービス等は、ご利用時にはサービス内容が変更されている場合もあります。また、ソフトウェアはバージョンアップされる場合があり、本書での説明とは機能内容や画面図などが異なってしまうこともあり得ます。本書をご購入の前に必ずソフトウェアのバージョン番号をご確認ください。

- 本書で使用するソフトウェアについては、執筆時の最新バージョンに基づいて解説しています。

  MagicaVoxel 0.99.1
  Unity 2018.1

  また、以下の環境で動作確認しています。

  macOS 10.12.6
  Windows 10 Pro ／ Windows 10 Home

- 本書に記載された内容は、情報の提供のみを目的としています。本書の運用については、必ずお客様自身の責任と判断によって行ってください。これらの情報の運用の結果について、技術評論社および著者はいかなる責任も負いかねます。また、本書の内容を超えた個別のトレーニングにあたるものについても、対応できかねます。あらかじめご承知おきください。

サンプルファイルについて

- 本書で使用しているサンプルファイルは、MagicaVoxelでの利用を前提につくられたものです。ソフトウェアはP.23を参考に読者ご自身でご用意ください。

- サンプルファイルの利用は、必ずお客様自身の責任と判断によって行ってください。これらのファイルを使用した結果生じたいかなる直接的・間接的損害も、技術評論社、著者、プログラムの開発者、ファイルの制作に関わったすべての個人と企業は、一切その責任を負いかねます。

以上の注意事項をご承諾いただいた上で、本書をご利用願います。これらの注意事項をお読みいただかずに、お問い合わせいただいても、技術評論社および著者は対処しかねます。あらかじめ、ご承知おきください。

はじめに

「ゲームは作りたいけど、ゲーム内で使うキャラクターやステージなどの各種リソースを準備するのが難しくて、ゲーム制作がなかなか進まない…」
こんな経験をしたことはないですか？
ゲーム制作をする上で、昨今のゲームエンジンの進化によってゲームづくりのハードルは昔よりも低くなってきました。
しかし、ゲーム自体がリッチになりすぎて、そのゲーム内で表示するキャラクターのモデルなどを準備するハードルは昔よりも上がっています。

そこで本書では、ゲームを作りたいけどキャラクターやステージなどのゲーム内リソースを制作できない、ハードルが高くて挫折してしまうといった人に向けて、できるだけ簡単に、絵心がなくてもゲーム内リソースを作成できる方法を紹介します。

もし自分の手で、思い通りのキャラクターなどを作ることができたらどんなに嬉しいことか、自分でキャラクターを作れない方ならわかっていただけると考えています。
ぜひみなさんに、自分の思い通りのものを作れるという体験をしていただきたいと思い、本書を執筆しました。

1: この本の読み進め方

この本は2部構成で書かれています。基本的には最初から読んでもらうように設計していますが、第1部の最初のほうは簡単なモデルの作り方から解説していますので、適宜読み飛ばしていただいても問題ないような構成になっています。

第1部グリーンのパート：MagicaVoxelの使い方を知ろう

第1部の最初では本書の主役である、3Dドットモデリングの魅力について説明をしています。3Dモデリングやボクセルについては1章に説明を書いたので、参照してください。

2章以降は、本書で紹介するメインツールである、MagicaVoxelについて説明します。MagicaVoxelの操作方法からモデリングの仕方などを説明していきます。

また、第1部のおまけコラムとしてインターネット上にモデルを公開する方法もご紹介します。

第2部レッドのパート：作成したモデルをUnityにインポートして ゲーム素材として使ってみよう

第2部では、第1部で学んだMagicaVoxelの使い方や3Dドットモデリングの手法を元に、実際にゲーム制作環境に3Dモデルをゲーム素材としてインポートして使ってみるまでを説明します。ここでは主に、Unityというゲームエンジンを使用して説明をします。

またこの第2部のおまけには、作成したモデルを3Dプリンターによって実際に触れられるようにプリントするまでを説明しています。

2：本書で使用するツール

以下が本書で使用するツールになります。

MagicaVoxel 0.99.1

MagicaVoxelは簡単に3Dドットモデルをモデリングできる、macOS／Windows両対応のフリーのソフトです。画面解説などの詳しい説明はChapter 2で行っています。

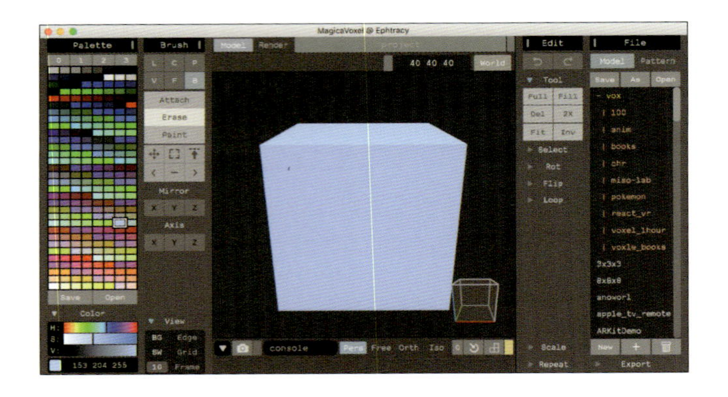

Unity 2018.1

Unityは3D／2Dのゲームをお手軽に作ることができるゲームエンジンです。無料で使い始めることができます。詳しい説明はChapter 10で行っています。

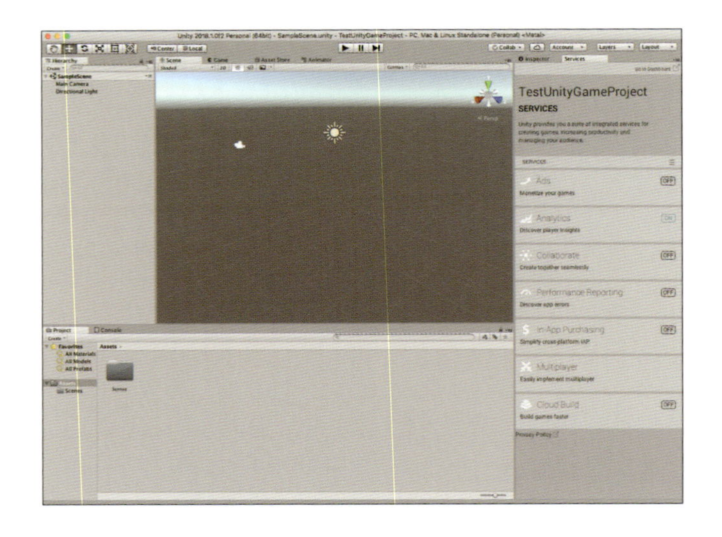

目次

Chapter 3 身近にあるものをモデリングしてみよう 045

Chapter 4 自作モデルをレンダリングしてみよう 061

Chapter 5 キャラクターをモデリングしてみよう 081

第2部　作成したモデルをUnityにインポートしてゲーム素材として使ってみよう

Chapter 11

キャラクターにアニメーションを設定してみよう

Chapter 12

キャラクターを動き回らせよう

Appendix：第2部おまけ

3Dプリンターで自作モデルをプリントしてみよう

サンプルファイルの使い方

サンプルファイルのダウンロード

本書で作成した3Dドットモデルはすべてサンプルファイルとして以下からダウンロードできます。

http://gihyo.jp/book/2018/978-4-7741-9815-6/support

ダウンロードしたzipファイルを解凍すると「**SampleVoxels**」というフォルダが展開されます。SampleVoxelsフォルダの構成は右のようになっています。

章ごとにフォルダが分かれており、それぞれの章で作成した3Dドットモデルのvoxファイルと、モデルに対応したpalette.pngが格納されています。

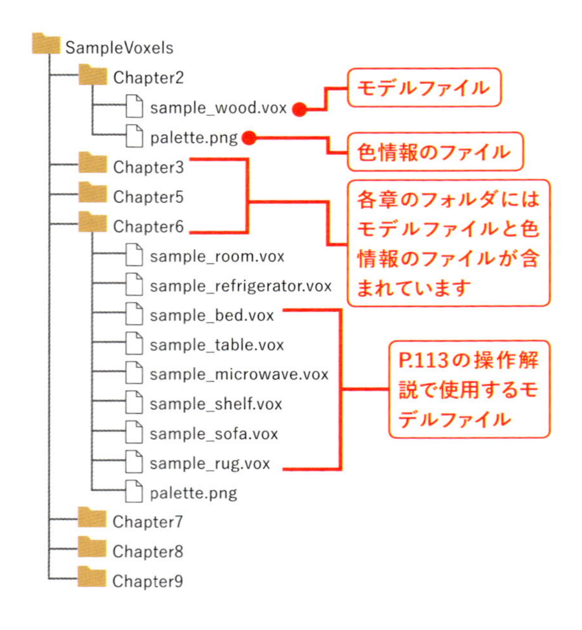

MagicaVoxelでの使い方

MagicaVoxelを起動し右側にある［World］ボタンからWorld画面へ移動します。World画面の中央にvoxファイルをドラッグ&ドロップすることで使うことができます①。
ドラッグ&ドロップしたときにモデルの色が書籍の内容と異なった場合は、付属のpalette.pngをお使いください。World画面の左のPaletteツールにドラッグ&ドロップすることで使うことができます②。World画面の詳しい使い方はChapter6のP.104を参照してください。

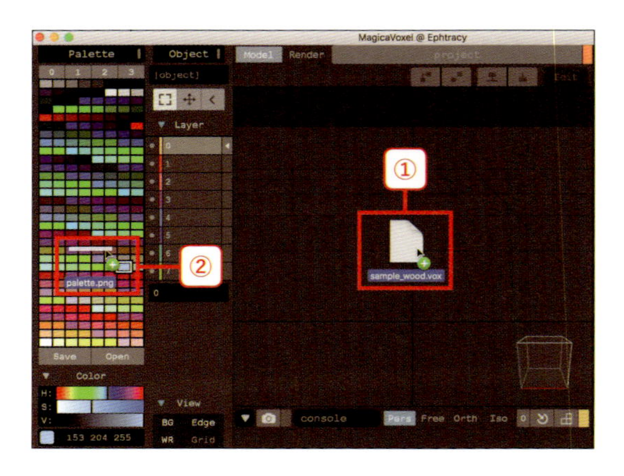

またMagicaVoxelアプリと同じフォルダにある「vox」フォルダ③に、ダウンロードしたSmapleVoxelsフォルダを移動することでMagicaVoxelのFileツール内から呼び出すこともできます。その場合はFileツール内にSampleVoxelsと表示されます④。

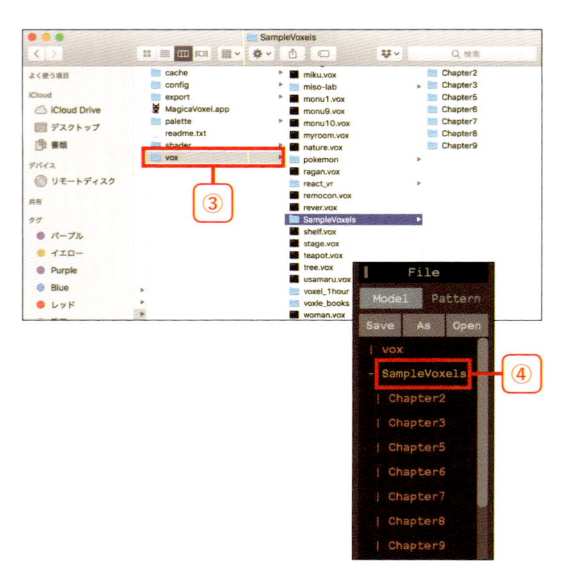

Chapter 1

3Dドットモデリングの魅力について

本書のメインテーマである3Dドットモデリングと
その魅力について説明をします。
3Dドットモデリングとはどのようなもので、
どういった魅力があるのかを知ってもらいたいです。

1-1 3Dドットモデリングの世界へようこそ！

これから読者のみなさんが本書を読んで始める3Dドットモデリングとその魅力について、まずはご紹介しましょう。

3Dモデリングとは？

3Dモデリングとは3次元の物体（3Dモデル）をパソコン上で作る作業のことです。3Dモデルを作ることでオリジナルのキャラクターをゲームのなかに登場させたり、手作業で作成するのが困難な細かい造形物を3Dプリントして手に取ることができるようになったりします。

現実の世界には存在しない物体をモデリングするのも楽しいですし、自分の部屋や大好きなアニメのキャラクターの部屋などをそっくりそのままモデリングするのもまた、魅力的な作業です。3Dモデリングの表現力は無限大なのです。
モデリングした3Dモデルは、VRやARなどであたかも自分がその部屋のなかに居るかのように観賞することもできます。

筆者の部屋の作例

駄菓子屋の作例

ゲームのダンジョン風の作例

MacBook Proの作例

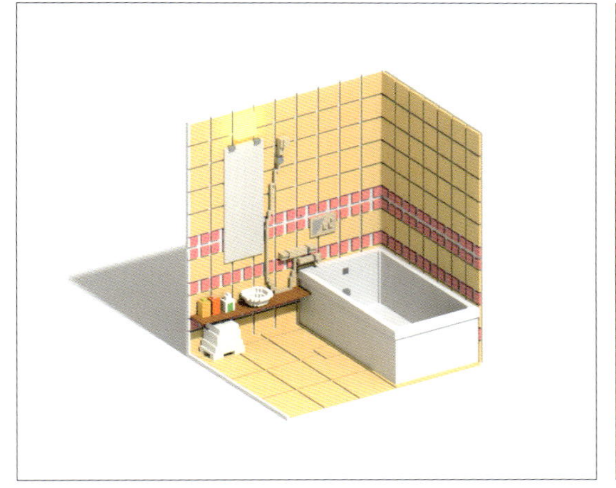

バスルームの作例

一眼レフカメラの作例

絵心のない人に3Dモデリングは無理？

そんな楽しい3Dモデリングですが、「3Dモデリングは難しい！」と思っている人は多いのではないでしょうか？　筆者もその一人です。
3Dモデリングソフトの進化によって、以前よりは敷居が下がり操作も簡単になりましたが、多くの人にとって3Dモデリングはとても難しい作業です。

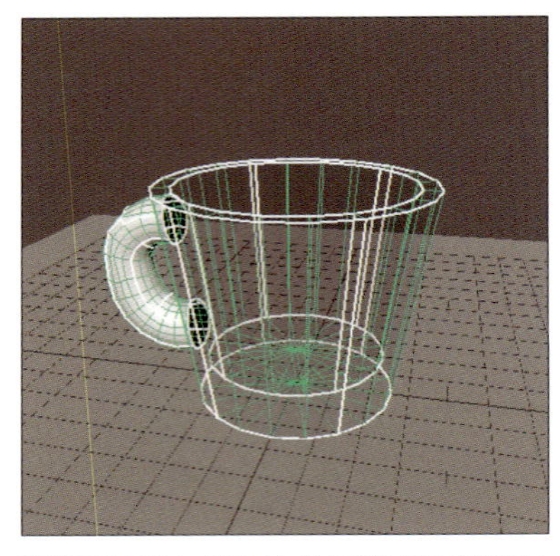

通常のモデリングソフトだと面単位での細かい操作が必要

3Dモデリングソフトはそもそも操作が難しい

一般的な3Dモデリングソフトでは、モニター上でオブジェクトを面単位で引っ張ったり凹ませたりしながらモデルを作成していきます（もちろんモデリングソフトにもよりますが）。また複雑なモデルに色を塗ったりするのにはUV展開をしてテクスチャ画像を別途、用意する必要があります。

UV展開を行いテクスチャを用意する必要がある

このような制作方法ですと、特に初心者ではどのように操作すればモデルを完成できるのかがとてもわかりづらいです。
平面上に描く絵でも、意外と真っ直ぐな線やきれいな曲線って描けないですよね？　それと同じようなことが3Dモデリングでも起こります。

3Dモデリングソフト「Maya」によるコップの作例

3Dドットモデリングなら楽しく制作できる

そこで本書では、3Dモデリングの初心者や絵心のない人でも3Dモデリングの魅力に触れられる、3D"**ドット**"モデリングを提案します。
3Dドットモデリングでは先ほど書いた3Dモデリングの難しい点が起きづらく、楽しい部分にだけフォーカスできるようになります。

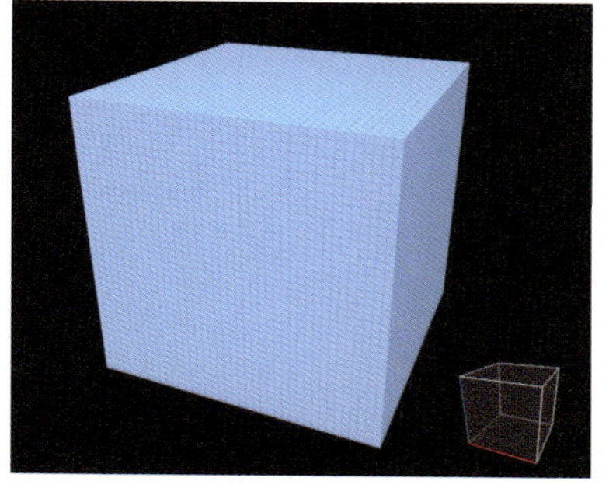
3Dドットモデリングのシンプルな操作

操作はとてもカンタン

操作は小さな箱を積み上げていくだけの、とてもシンプルなものです。色を塗るのも一つひとつの箱に着色したり設定を変更するだけでとても簡単です。
また、気軽で楽しいだけでなく、自作ゲームのなかでゲーム素材として利用できるファイル形式でエクスポートができるため、とても生産的な行為でもあります。

色を塗るのもかんたんに行える

次節では3Dドットモデリングの根幹をなす、最小の単位である箱（ボクセル）について説明をします。

column

3Dドットモデリングで作られた世界的に有名なゲーム

本書で紹介するような3Dドットモデリングで作ったモデルでゲームを制作している人はすでに世の中にたくさんいます。
恐らくいちばん有名なゲームは、iOS／Android向けにリリースされている『Crossy Road』でしょう。

https://www.crossyroad.com/ja/

この『Crossy Road』はゲーム内で使われているさまざまな素材がボクセル調になっています。本書を読みMagicaVoxelの操作に慣れ、3Dドットモデリングでキャラクターやその他の素材を作れるようになれば、『Crossy Road』のような世界的に有名なゲームを作ることができるかもしれません。一緒に頑張りましょう！

1-2 ボクセルと3Dドットモデリングについて

ここまでで3Dモデリングと3Dドットモデリングの違いについて解説しました。ここでは3Dドットモデリングを詳細に説明していきます。

ボクセルとは?

ボクセルとは、デジタルデータの立体表現において最小の立方体のことです。別の言い方をすると、3次元空間上に配置する最小の正六面体（箱）のことです。ボクセルという言葉自体は、2次元の画像データのことをピクセル（pixel）と呼ぶことから、体積という意味のVolumeとくっつけてボクセル（Voxel）と呼ぶようになりました※。
このボクセルを使って3Dモデリングすることを本書では、「3Dドットモデリング」と呼んでいます。

3Dドットモデリングとは?

3Dドットモデリングでは、ボクセルという箱を使ってモデリングしていくため、通常の3Dモデリングよりも簡単にモデリングが行えることはすでに解説しました。
直線的な箱を使っているため、そこから作成されるモデルは歪（いびつ）な形になりにくく、簡単に直線的なモデリングをすることができます。

2Dドット絵よりもカンタン

3Dドットモデリングはその特性上、通常の3Dモデリングよりも、2Dのドット絵を描くのと似たような特徴があります。2Dのドット絵を描く要領で、3Dの箱を使って絵を描いていく感じです。
もしあなたがすでに2Dのドット絵を描くことに慣れているのなら、3Dドットモデリングもすぐに習得できます。もちろん、2Dのドット絵を描くことに慣れていなくとも、3Dドットモデリングは始められます。
筆者の考えでは、2Dのドット絵を描くことよりも、3Dドットモデリングのほうが簡単です。玩具のブロックを積み上げるように箱と箱を組み合わせていくだけで形ができあがっていくので、モデリングしている最中も楽しく作業ができます。

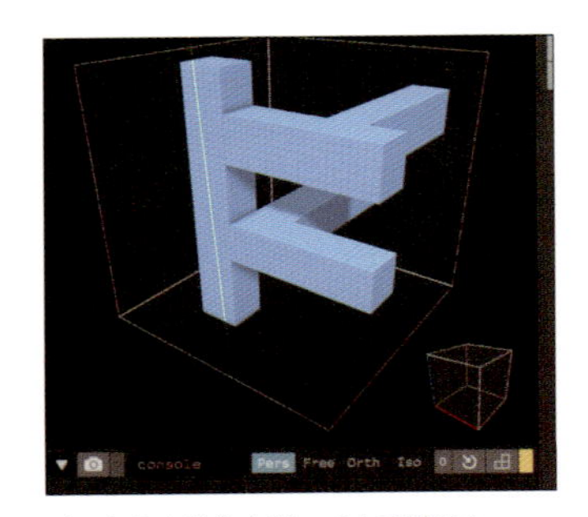

どのような操作を行っても直線的なモデリングが行える

※ 引用: wikipedia（https://ja.wikipedia.org/wiki/%E3%83%9C%E3%82%AF%E3%82%BB%E3%83%AB）

1-3 3Dドットモデリングツールについて

3Dドットモデリングを行えるツールを紹介します。
以下の3つが有名なソフトです。

Minecraft

https://minecraft.net/ja-jp/

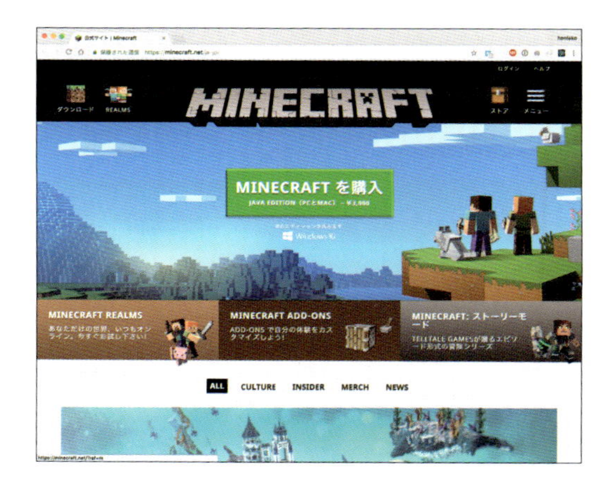

恐らくいちばん有名なのは、Minecraftのクリエイティブモードではないでしょうか。このMinecraftでは、ゲーム内で土や壁などを使って建物などを建築できます。
しかし、このMinecraftで作ったモデルはあくまでゲーム内で楽しむものなので、他のツールなどにモデルをエクスポートするのは簡単ではありません。

Qubicle

http://www.minddesk.com/

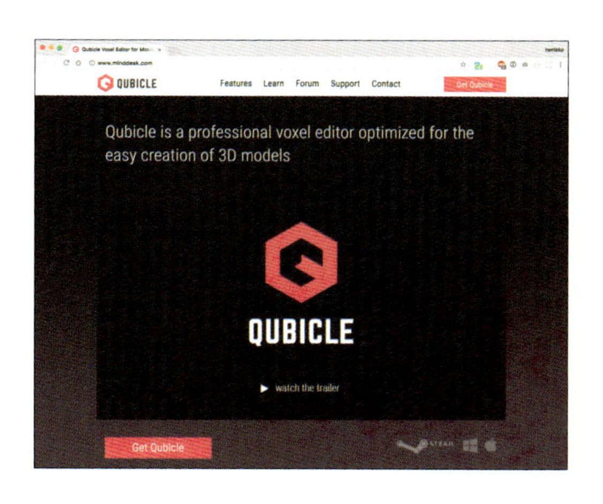

Qubicelは商用ツールです。商用ということもあり、3Dドットモデリングツールとしてはとても優秀です。
実際にいろいろなゲーム（『Crossy Road』など）の作成にも使われており、Unityなどのゲームエンジンにモデルをエクスポートすることも可能です。しかし商用ツールのため、無料で使えるのは一定期間のみです。

MagicaVoxel

https://ephtracy.github.io/

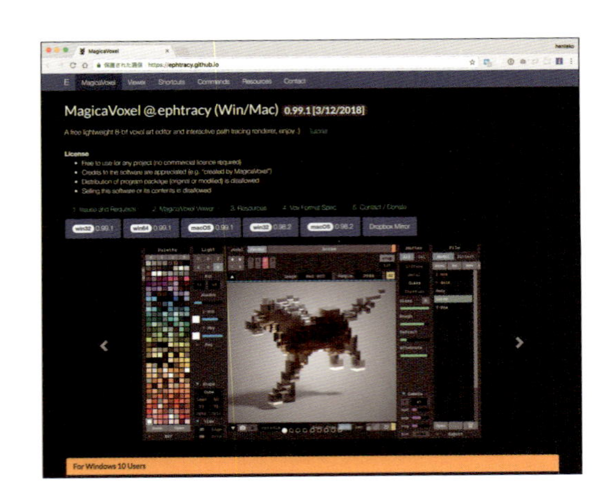

今から3Dドットモデリングを始めるのにいちばん適しているのは、本書で取り扱うMagicaVoxelです。
MagicaVoxelは無料のツールですが、商用ツールのQubicleと同様のことが行えます。
また、強力なレンダリング機能があり、作成したモデルを鑑賞して自己満足に浸ることもできます。
しかし、MagicaVoxelはエディタ部分が独特で、操作に慣れるには多少時間がかかります。その点については本書を読んで実際にMagicaVoxelを使ってみることで、身につけることができます。

次章からはMagicaVoxelを使って3Dドットモデリングを始めてみましょう。

まとめ

3Dモデリングの楽しさや難しさからはじまり、
3Dドットモデリングについて説明をしました。
少しでも3Dドットモデリングの魅力について
知っていただけたらうれしいです。

Chapter 2

MagicaVoxelを使ってみよう

本書で使用するモデリングソフト「MagicaVoxel」を使って、
はじめての3Dドットモデリングに挑戦してみましょう。
MagicaVoxelはUI（ユーザーインターフェース）が特殊ですので、
本章で基本的な使い方をマスターしましょう。

2-1 MagicaVoxelとは

MagicaVoxelとはどのようなソフトで、どのようなことができるのかを説明します。

MagicaVoxelとはこんなソフト

MagicaVoxelとは@ephtracyさんが個人で開発している、3Dドットモデリングを行うことができる無料のソフトウェアです。

公式サイト

https://ephtracy.github.io/

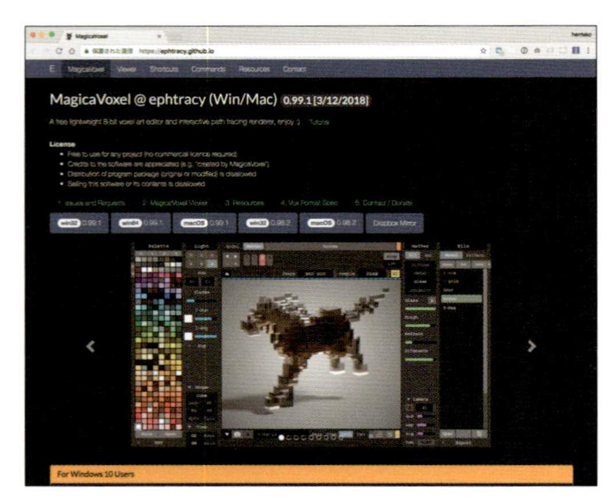

MagicaVoxelの公式サイト

MagicaVoxelではボクセルによるモデリングを直感的に行えますが、それ以上に特徴的なのが強力なレンダリング機能です。
このレンダリング機能ではモデルの見た目を確認することや、モデルをガラスのようにレンダリングしたり、発光体として輝かせてライトのように使用するなどのことが行えます。

レンダリングにより発光している橋のライト

日本語にローカライズされていない

そんなMagicaVoxelですが、欠点として操作画面が少しわかりづらいという問題があります。MagicaVoxelはユーザーインターフェースが特殊かつ英語版のみのため、はじめて触れたときにはどのように操作してよいか迷ってしまいます。
そこで、本章ではMagicaVoxelの操作画面や各ツールをわかりやすく紹介していきます。少しずつ慣れていきましょう。

2-2 MagicaVoxelのダウンロード

MagicaVoxelをダウンロードして、
PCで3Dドットモデリングを行える環境を整えていきます。

ダウンロードとMagicaVoxelの起動

MagicaVoxelをダウンロードしてまずは起動させてみましょう。

本書では以下の環境を前提としています。

- **macOS 10.12.6 ／ Windows 10**
- **MagicaVoxel 0.99.1**

本書の解説はmacOSでの説明を中心に進めていきますが、Windowsについてもほぼ同じです。インストールについてはWindows版の詳細も解説します。
まずはMagicaVoxel公式サイト（https://ephtracy.github.io/）から、MagicaVoxel本体をダウンロードします。macOSとWindows版でダウンロードするファイルが異なるので注意してください。
また現行バージョンの一つ前のバージョンをダウンロードすることもできます。本書では執筆時点で最新の0.99.1をダウンロードします。

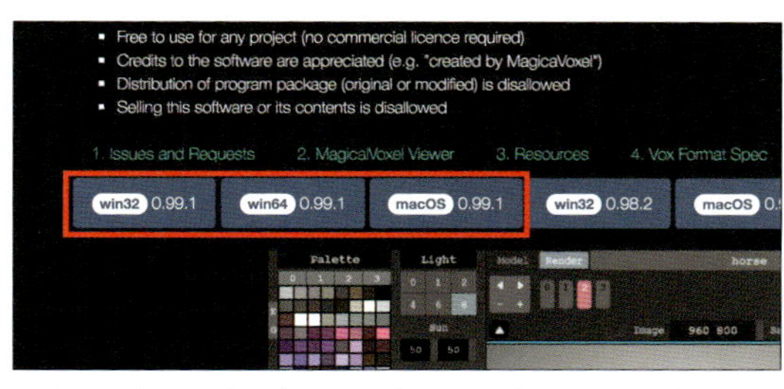

OSとバージョンの組み合わせでダウンロードファイルを選択

macOSの場合

1 zipファイルを展開する

ダウンロードしたzipファイルをダブルクリックして展開すると、フォルダがあらわれます。ダブルクリックしてフォルダを開きましょう。

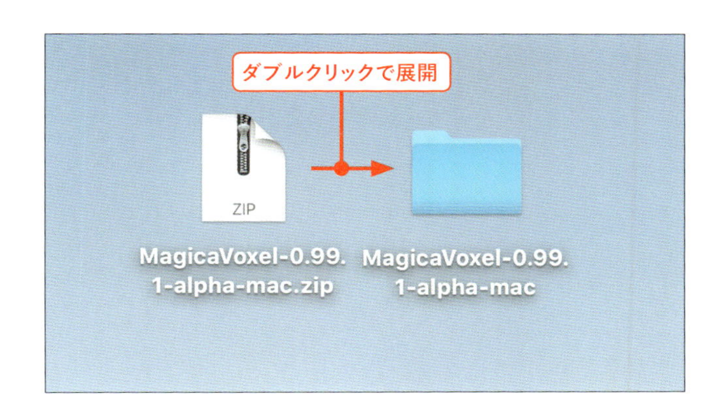

2 フォルダを開く

フォルダのなかにある「MagicaVoxel.app」がアプリケーションの本体ファイルです。可愛いドット絵のアイコンが目印です。

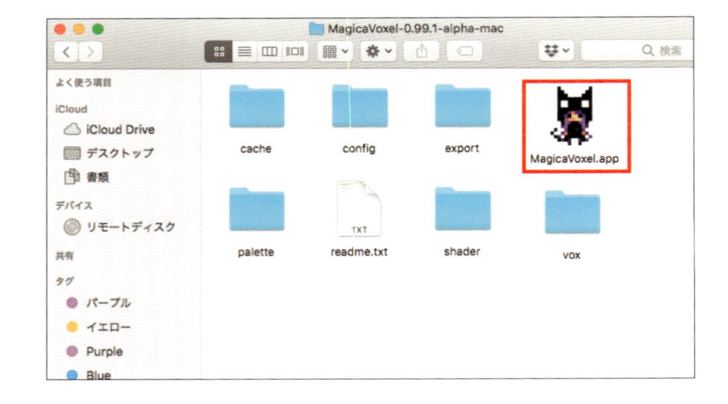

3 MagicaVoxelを起動する

「MagicaVoxel.app」をダブルクリックすると、MagicaVoxelが起動してモデリング画面が表示されます。

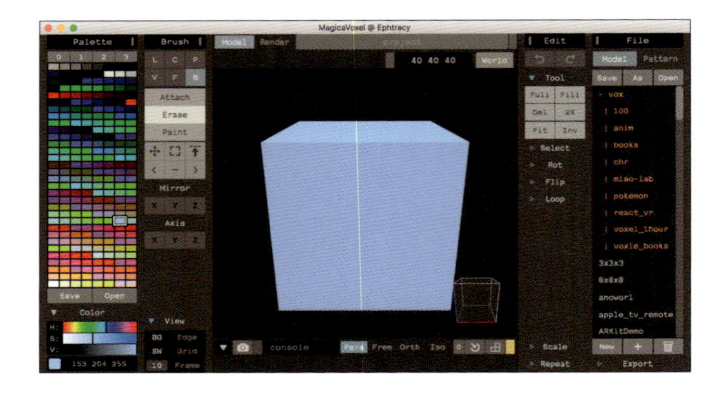

HELP!

macOSで起動時にダイアログが表示されたら

MagicaVoxelの初回起動時に右図のダイアログが表示される場合があります。これははじめて起動したときのみ表示される「セキュリティの確認」ダイアログです。[開く]ボタンをクリックしましょう。

macOSでMagicaVoxelの画面が真っ暗な状態になったら

MagicaVoxelを起動したのに、画面は真っ暗な状態になってしまうことがあります。
この現象は初回だけですので、以下のことを行ってください。

❶フォルダ内にある「MagicaVoxel.app」を一度フォルダの外にドラッグ&ドロップで移動させる
❷フォルダ外に移動した「MagicaVoxel.app」を元のフォルダに戻す

これでもう一度起動することで、問題なく操作画面が表示されます。

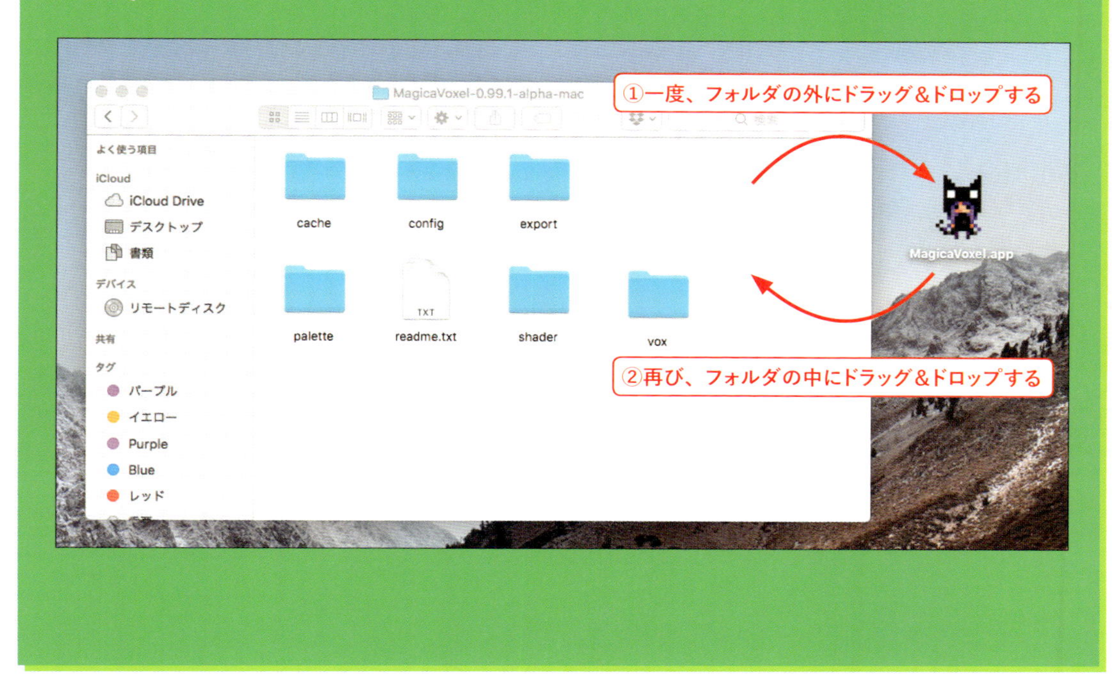

Windowsの場合

1 zipファイルを展開する

ダウンロードしたzipファイルをダブルクリックで展開すると、フォルダがあらわれます。ダブルクリックしてフォルダを開きましょう。

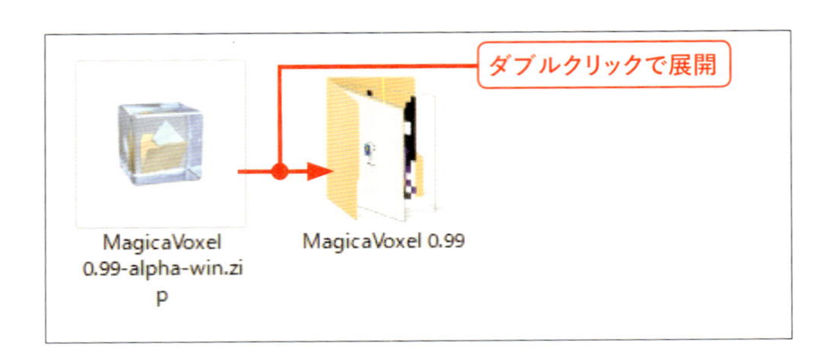

2 フォルダを開く

フォルダのなかにある「MagicaVoxel.exe」がアプリケーションの本体ファイルです。Mac版と同じ可愛いドット絵のアイコンが目印です。

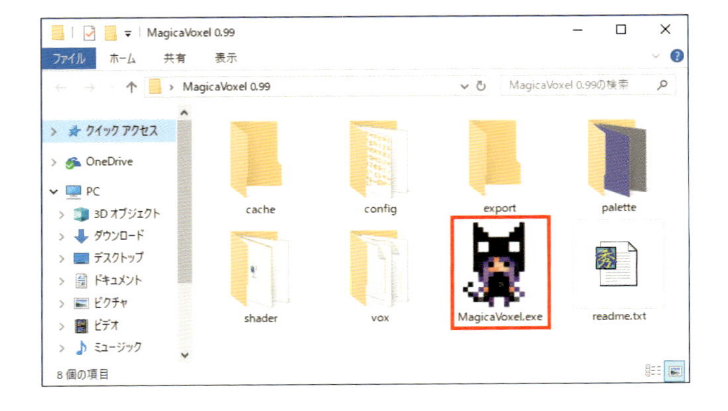

3 MagicaVoxelを起動する

「MagicaVoxel.exe」をダブルクリックすると、MagicaVoxelが起動してモデリング画面が表示されます。

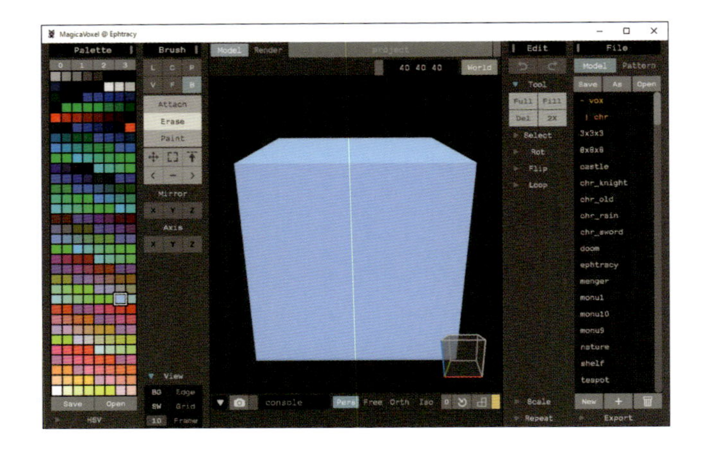

お疲れ様でした。ここまででMagicaVoxelの導入については終わりです。
次節ではMagicaVoxelの操作について説明をします。

column

サンプルモデルの紹介

MagicaVoxelには最初からいくつかのサンプルモデルが付属しています。
画面の右にあるFileツールからファイル名をクリックすると表示することができます。

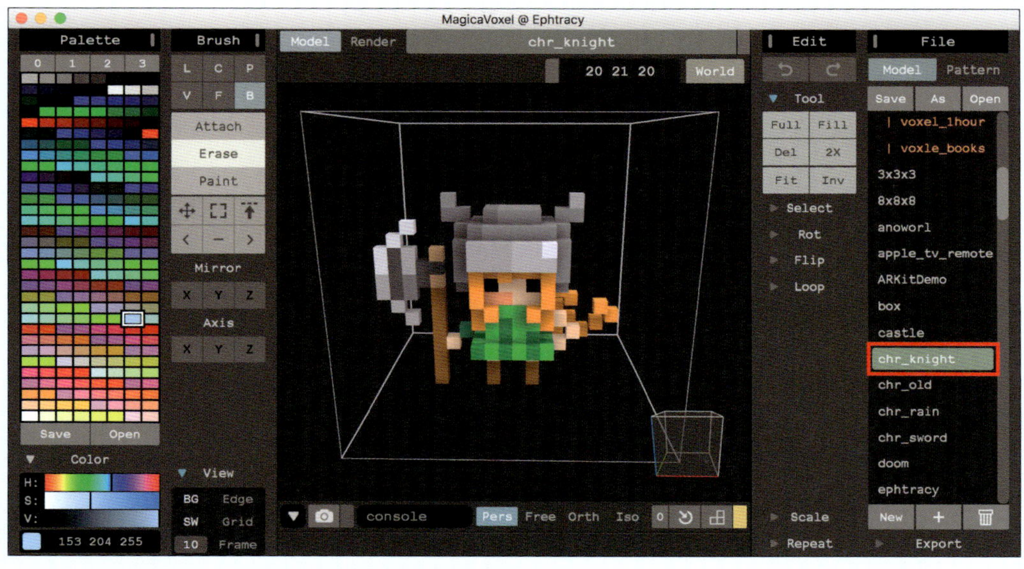

右のFileツリーから選択することでサンプルモデルをロードできる

これらのサンプルモデルはMagicaVoxelを使ってどのようなモデルが作成できるかなどがわかります。オリジナルのモデルを作成する際に参考にしてみてください。

サンプル名「chr_knight」

サンプル名「chr_sword」

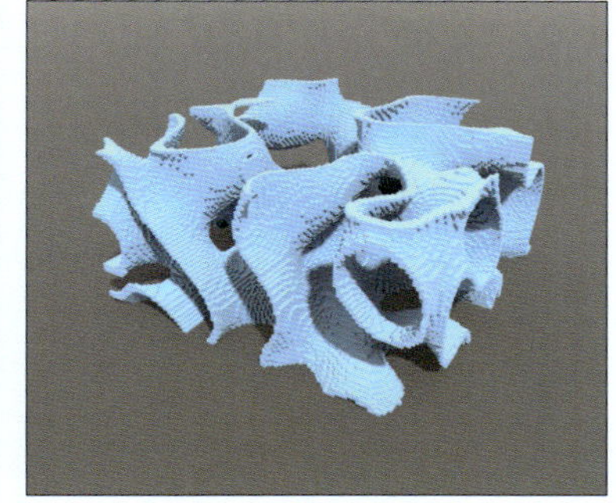

サンプル名「nature」

2-3 モデリング画面について知ろう

MagicaVoxelを本格的に使い始める前に、
モデリング画面の名称や機能の概要について説明をします。

ツールの名前と機能の紹介

操作画面の各パーツはモデリングやレンダリングに関する役割を持っています。ここでは本書の解説で使用するツールの機能と名称をあわせて説明していきます。

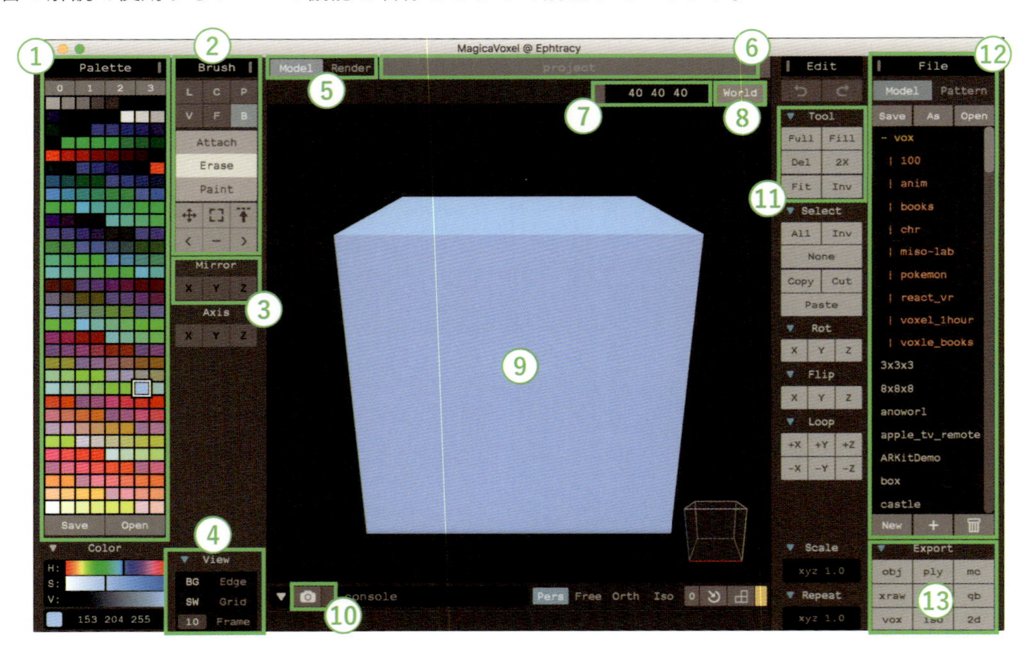

① Paletteツール

Paletteツールはモデリングする際のボクセルの色を選択できます。ボクセルの色のほかにも、バックグラウンドの色などを指定する際にも使います。

② Brushツール

Brushツールにはモデリングする際のブラシなどがまとめられています。以下のブラシがあります。

表示と名称	効果
L：ラインブラシ	直線が引ける
C：センターブラシ	円が描ける
P：パターンブラシ	他のモデルを配置できる
V：標準のブラシ	ボクセルを1つだけ置ける
F：フェイスブラシ	1面すべてにボクセルを置ける
B：ボックスブラシ	ドラッグ範囲にボクセルを置ける

また、各ブラシにはそれぞれ**Attach**（ボクセルの追加）、**Erase**（ボクセルの削除）、**Paint**（ボクセルの色塗り）などが選択できます。

Attachなどの下にある6つのアイコンはボクセルの移動や選択に関するツールです。
左上からそれぞれ以下のようになっています。

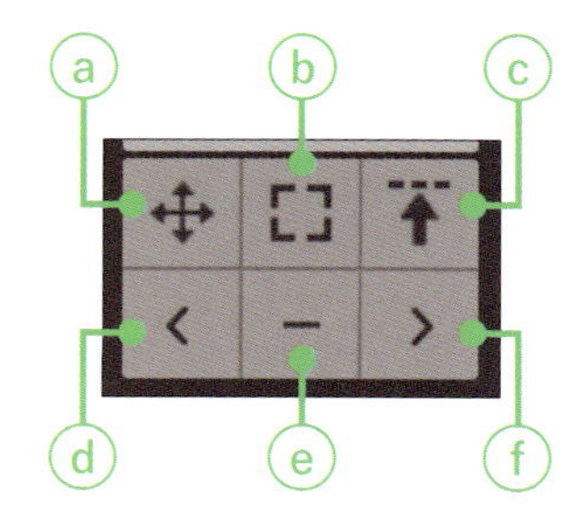

名称	効果
ⓐ **Move**	選択中のボクセルもしくはモデル全体の移動が行える
ⓑ **Box Select**	ボクセルの選択が行える
ⓒ **Region Select**	選択したボクセルの色と同じ色の領域ごとの選択が行える
ⓓ **Pick Voxel Color**	選択したボクセルの色をPaletteツールで選択できる
ⓔ **Remove Voxel Color**	選択したボクセルと同じ色のボクセルを削除することができる
ⓕ **Replace Voxel Color**	塗りつぶし機能。Paletteツールで選択している色で塗りつぶすことができる

③ Mirrorツール

Mirrorツールではモデリング中の作業をそれぞれX軸、Y軸、Z軸に沿ってミラーリングすることができます。左右対称のような造形物をモデリングするときに便利です。

④ Viewツール

Viewツールではモデルの編集時の見た目を変更することができます。右上の**Edge**を有効にすると、モデルの「辺」がわかりやすくなります。

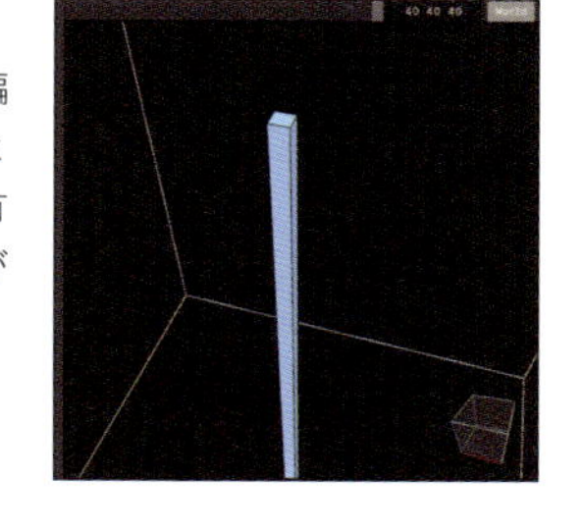

⑤ Model/Render切り替えタブ

モデリング画面とレンダリング画面の切り替えを行えます。レンダリングをしたいときはこの**Render**タブをクリックして切り替えましょう。

⑥ モデル名変更

ここではモデルのファイル名を変更することができます。モデルファイルを保存していない場合は、ファイル名を入力すると保存が実行されます。

⑦ モデルサイズ変更

配置可能な最大ボクセル数の設定ができます。空白（スペース）区切りで3つの数字を入れることができ、それぞれX、Y、Zに対応しています。MagicaVoxelを最初に起動するとX、Y、Zそれぞれに「**40**」が設定されていますが、これはX軸、Y軸、Z軸それぞれ40ボクセル分まで配置可能という意味です。この数字を変更することで、最大ボクセル数を変更することもできます。最大数は「**126**」です。

⑧ World画面への切り替え

World画面へと切り替えることができます。World画面ではレイヤーやオブジェクトを使って複数モデルを同じ空間上に配置することができます。詳しくはChaper 6（→P.104）で解説をしています。

⑨ エディタ

クリックするとボクセルを配置したり削除したりできるエディタ部分です。ここでモデリングを行います。

⑩ スクリーンショット

カメラアイコンを押すと現在エディタ部分で表示しているモデルをそのまま画像としてエクスポートすることができます。

⑪ Tool

エディタ部分のボクセルをすべて消したり、逆にすべてをボクセルで埋めるなどのツールがまとめられています。また、[**2X**]というボタンを押すと、現在のモデルを2倍の大きさにできます。

⑫ Fileツール

すでに保存されているモデルなどが表示されています。また、これから作成するモデルを保存すると、ここにファイル名が表示されます。

⑬ Exportツール

モデルファイルのエクスポートを行うことができます。Unityで扱えるobjファイル（→P.185）などがサポートされています。

これでMagicaVoxelのモデリング画面のインターフェースと機能についての説明は終わりです。
次節では実際に簡単な3Dドットモデリングを行いながら、基本操作を身につけていきましょう。

その他のツールの紹介

前のページで解説していないツールも紹介しておきます。

Axisツール

Axisツールでは軸単位でのモデリングが行えます。たとえばAxisのZ軸を有効にした状態でモデリングをすると、1回のクリックで以下のようにZ軸に沿った柱を作ることができます。

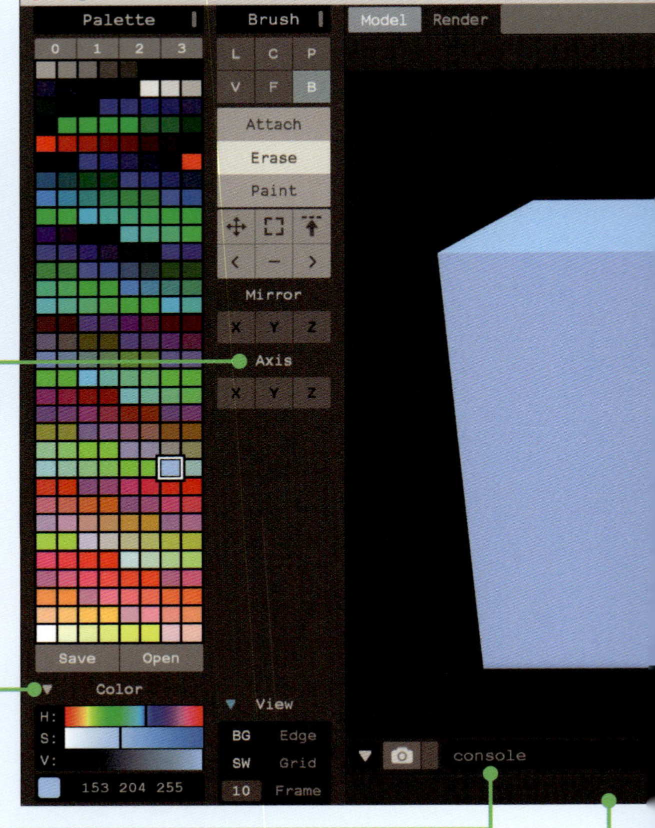

Colorツール

Paletteツールに登録されていない色を作成することができます。各HSV内を変更するかRGB値を入力することで、現在選択中のPaletteの色が置き換わります。

コンソール

エディタ部分で現在選択している位置のX軸、Y軸、Z軸の値が確認できます。原点はモデル配置可能エリアの左下にあります。

操作説明

各種MagicaVoxelのツールにマウスをホバーしたときに機能の説明が表示されます。

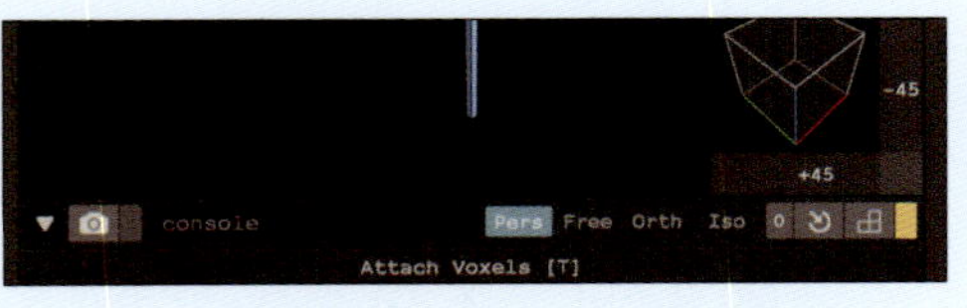

ブラシツールでAttachにホバーしたときの表示例

column

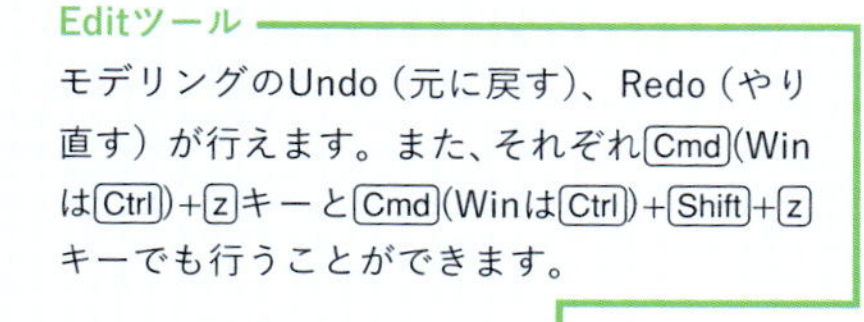

Editツール

モデリングのUndo（元に戻す）、Redo（やり直す）が行えます。また、それぞれCmd(WinはCtrl)+zキーとCmd(WinはCtrl)+Shift+zキーでも行うことができます。

Selectツール

選択に関するツールがあります。またその下にはモデルのコピー／カット／ペーストを行えるツールがまとめられています。

Rotツール

選択中のボクセルもしくはモデル全体をX軸、Y軸、Z軸それぞれに沿って回転させるツールがあります。

Flipツール

モデル全体をX、Y、Zそれぞれの軸に対して対称になるように回転させるツールがあります。

Loopツール

選択中のボクセルもしくはモデル全体の移動を行うことができ、[+**X**]なら正のX軸方向（右方向）へ、[-**X**]なら負のX軸方向（左方向）へ動かせます。他の[+**Y**][-**Y**][+**Z**][-**Z**]についても[+X]と[-X]と同様の動き方をします。

Scaleツール

選択中のボクセルもしくはモデル全体に対して数字入力でモデルのスケールをアップしたりダウンしたりできます。数字を入力してreturn（WinはEnter）キーを押すことで確定され、モデルが大きくなったり小さくなったりします。

Repeatツール

「対称とする軸（XYZ） 倍率」と入力することで、対称とする軸に対する線対称として倍率の数だけモデルを増加させることができます。たとえば「x 2」と入力してreturn（WinはEnter）キーを押すと、X軸方向に線対称に2倍のモデルが作成されます。また対称とする軸を入力せずに倍率のみを入力すると、XYZの3軸が対称になります。

カメラ補助ツール

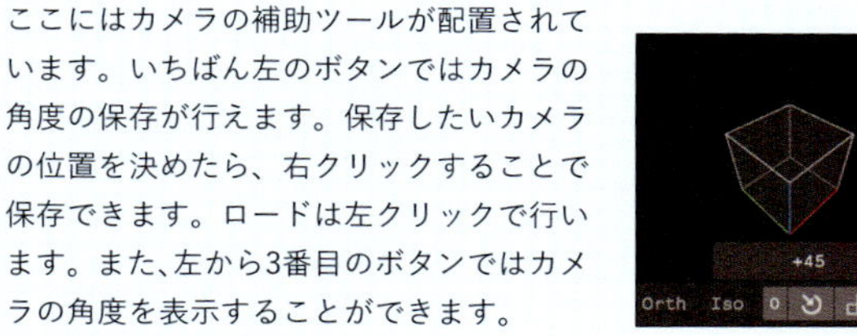

ここにはカメラの補助ツールが配置されています。いちばん左のボタンではカメラの角度の保存が行えます。保存したいカメラの位置を決めたら、右クリックすることで保存できます。ロードは左クリックで行います。また、左から3番目のボタンではカメラの角度を表示することができます。

パース

カメラのパースの設定をすることができます。全部で4つの設定ができます。デフォルトでは**Pers**設定（Perspective Camera）になっています。

2-4 基本的な形をモデリングしてみよう

ここからは基本的な形のモデリング作業をしながらMagicaVoxelの具体的な操作方法を身につけます。

立方体をモデリングしてみよう

前節で説明したとおり、MagicaVoxelにはいろいろなブラシの種類があります。まずはボックスブラシを使って、シンプルな立方体をモデリングしてみます。

立方体の完成イメージ

1 デフォルトのモデルを削除する

まずはエディタ部分にあるボクセルをすべて消してしまいましょう。エディタ内のすべてのボクセルを消すには、右のツールセットのなかにある［Tool］の［Del］を選択します。

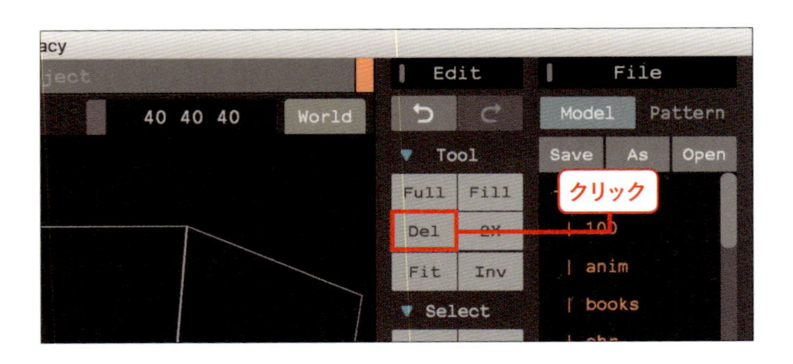

2 ボックスブラシを選択する

次にボクセルを新規で置くため、Brushツールから［B］のボックスブラシを選択①します。また、ボクセル追加モードにするために、ブラシの下にある［Attach］を選択②します。

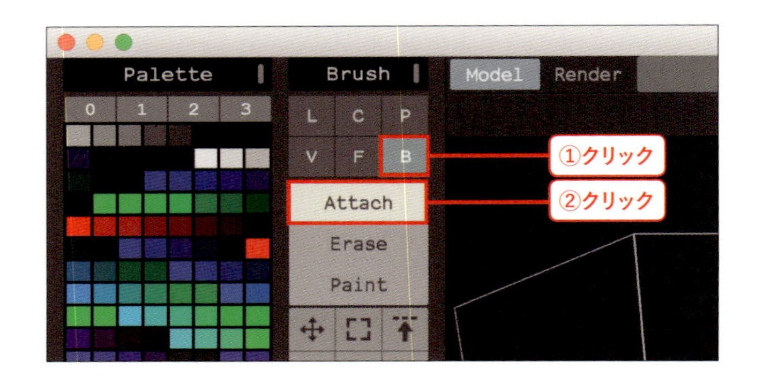

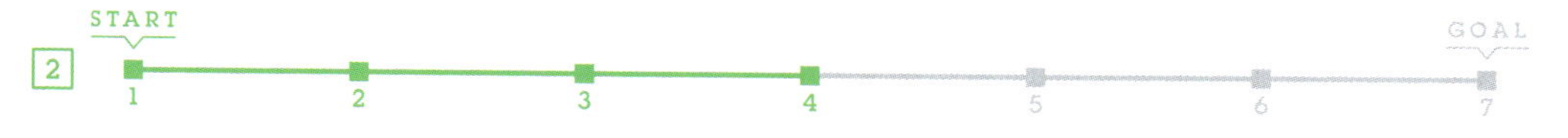

3 平たいモデルをモデリングする

ブラシを設定したら、エディタ部分でドラッグしてみてください。平べったい四角形がモデリングできます。

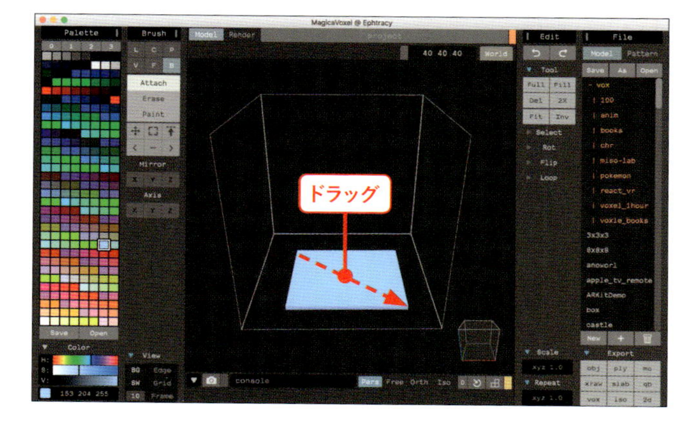

4 フェイスブラシに変更する

このままでは平面な四角形なので、積み重ねて高さを加えましょう。平面にボクセルを積み重ねる場合は［F］フェイスブラシが便利です。Brushツールから［F］を選択してブラシを切り替えます。

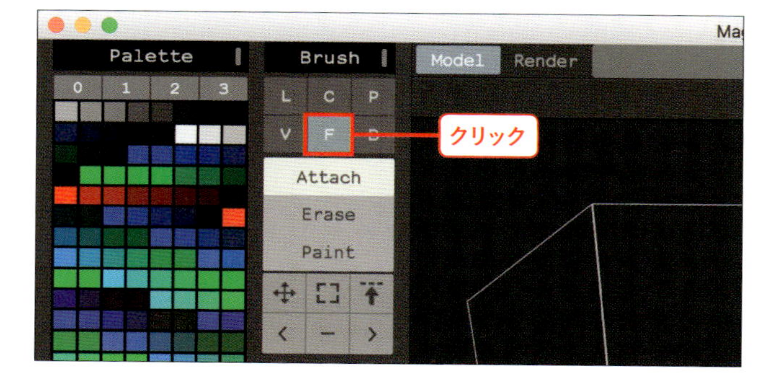

5 モデルの厚みを作る

フェイスブラシにして、先ほど作成した四角形のモデルの上でクリックすると、同じ面積でボクセルを積み重ねられます。厚みを増していくことで、立方体が完成します。

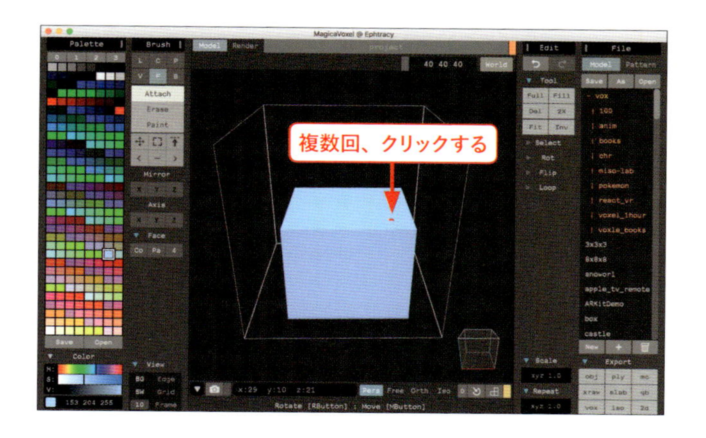

これで立方体のモデリングは終わりです。次は、円柱の制作を通して、丸い形状のモデリング方法を学んでみましょう。
操作に入る前にモデリングした立方体を、ツールセットの［**Tool**］にある［**Del**］でエディタ画面上から消しておきます。

円柱をモデリングしてみよう

次は円を描くブラシを使って円柱をモデリングしてみましょう。

円柱の完成イメージ

1 センターブラシを選択する

円を作成するためには、Brushツールから［C］のセンターブラシを選択します。このセンターブラシでは、選択したところを中心とする円を作成できます。

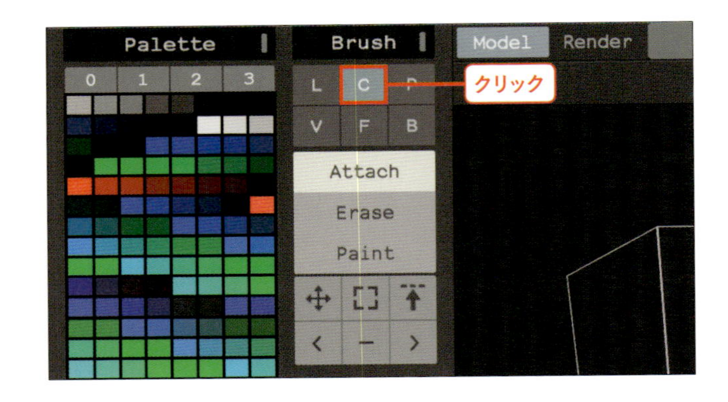

2 円をモデリングする

エディタ部分で適当にドラッグしてみます。右図のように円が描けます。

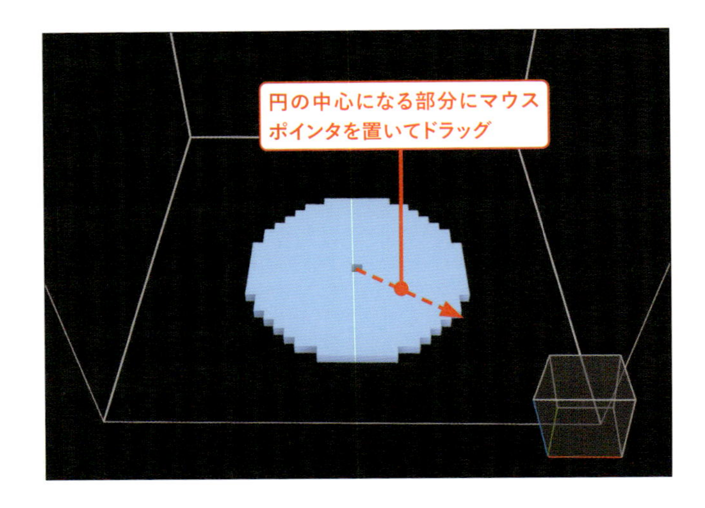

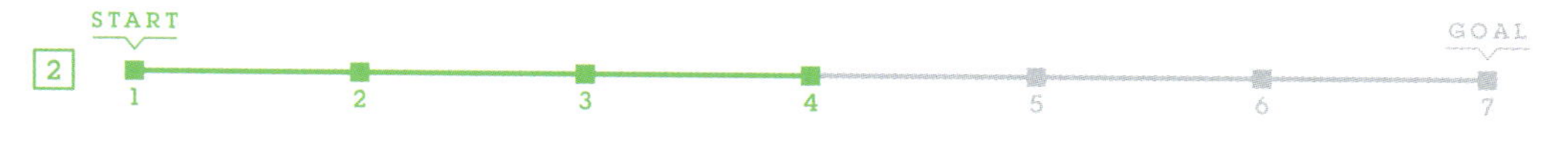

3 中心部分を埋める

センターブラシは中心部分が空白のままになるので、空いている中心をクリックして埋めてしまいましょう。

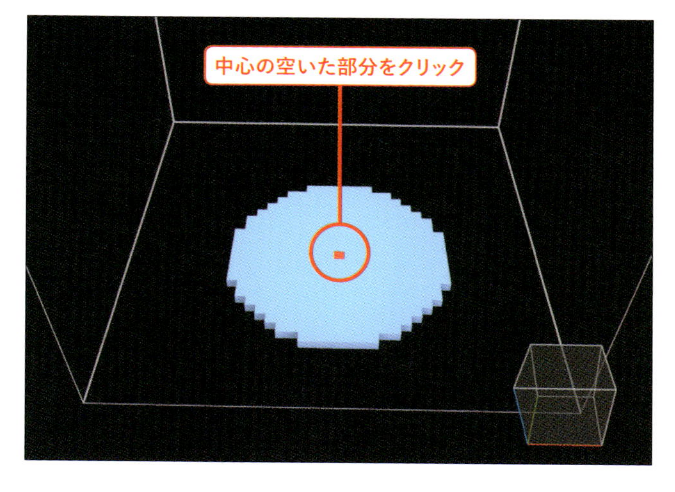

これで円が完成しました。

4 モデルの厚みを作る

円柱にするためには、立方体の場合と同じく［**F**］フェイスブラシを使って、厚みを重ねていきます。

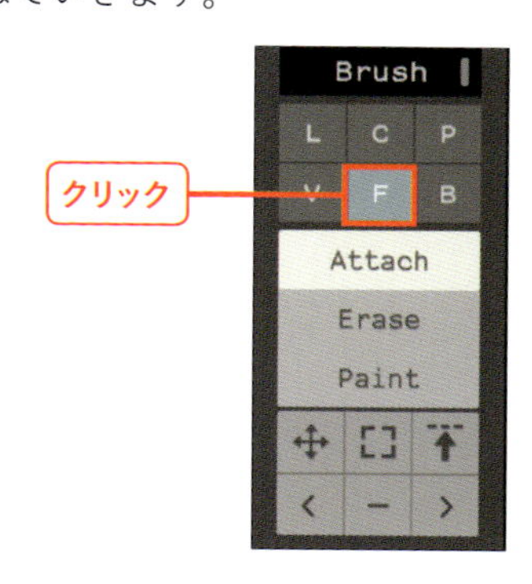

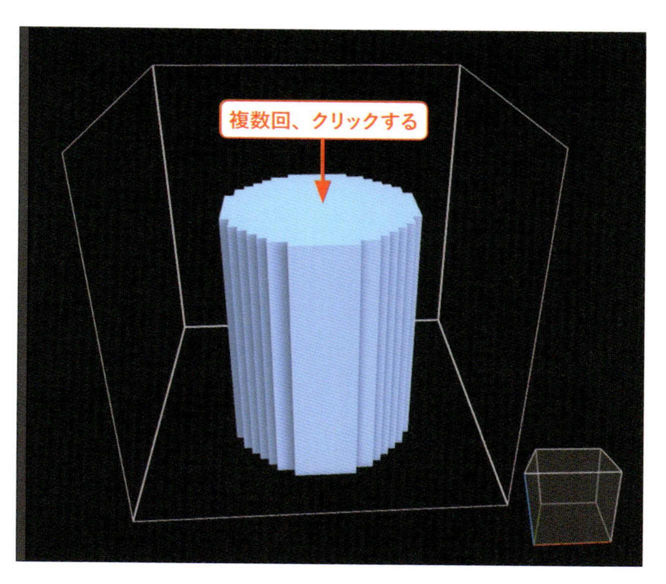

これで円柱の完成です。

ここまでで立方体と円柱のモデリングはできるようになりました。次は、立方体と円柱を組み合わせたモデリングを行ってみます。先ほどと同様、操作に入る前にモデリングした円柱を、ツールセットの［**Tool**］にある［**Del**］でエディタ画面上から消しておきましょう。

2-5 木をモデリングしてみよう

自然の木をモデリングしてみましょう。木のモデルは、前節で作成した立方体と円柱を組み合わせることで、簡単にモデリングできます。

立方体と円柱を組み合わせた木の完成イメージ

木の幹の部分をモデリングしよう

まずは木の幹の部分をモデリングしてみましょう。モデリングの仕方は、前節（P.34）でモデリングした円柱とまったく同じです。

1 茶色を選択する

まずは木の幹の色をボクセルに指定します。ボクセルに色を付けるには、MagicaVoxelの左にある**Palette**ツールから色を選択した状態で、エディタ部分にボクセルを配置するだけです。ここでは右図の色を選びました。

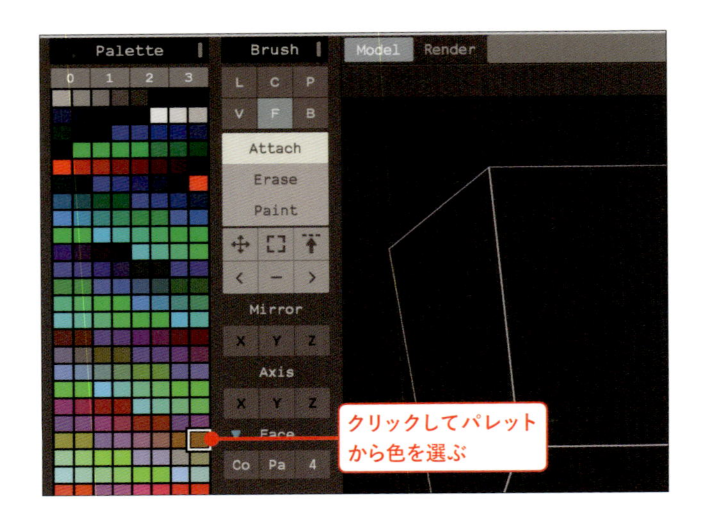

2 木の土台を作成する

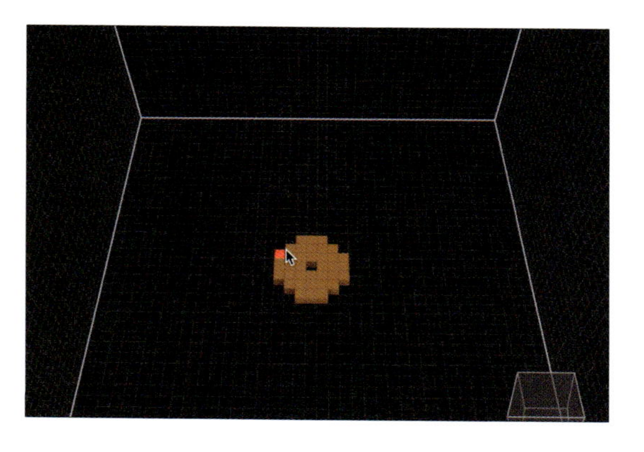

P.34の要領でブラシを［C］センターブラシにして、円を作成します。円の直径が「7」になるように円を作成してください。ボクセルのサイズはエディタ画面の下にあるコンソールで確認できます。直径7のサイズでは「radius:7」と表示されるまでドラッグします。ドラッグを終えたら、中心部の空白を忘れずに埋めましょう。

3 厚みを増して木の幹を高くする

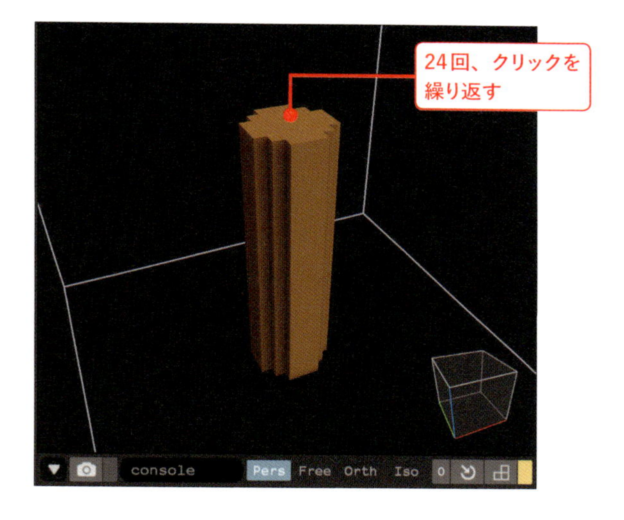

ブラシを［F］フェイスブラシに変更してボクセルを積み上げます。
ここではフェイスブラシを使って先ほど作成した円を24回クリックして、計「25」ボクセル分を積み上げました。

根っこ部分をモデリングしよう

次は木の根っこ部分をモデリングしましょう。

1 ガイド線を表示する

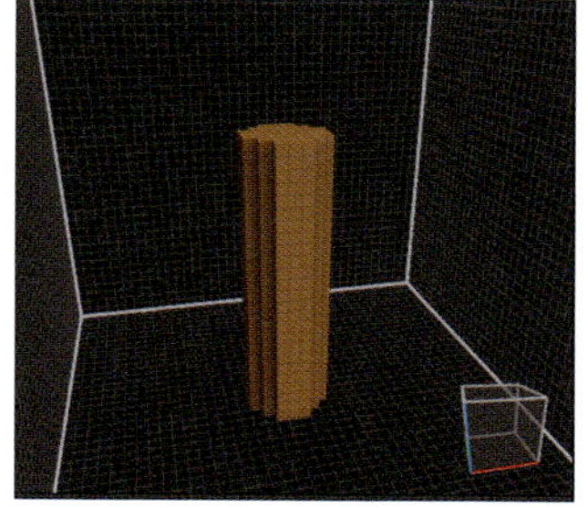

根っこの作成では細かい単位のボクセルを扱います。このような操作をする際には、格子状のガイド線を表示すると便利です。Brushツールの下にあるViewツールのなかにある［Grid］を選んでガイドを表示します。

2 根っこの部分を作成する

根っこ部分の作成ではブラシを［B］ボックスブラシに切り替えるとモデリングしやすくなります。地面と幹に沿うように木の根元にボクセルを配置していくと、根の形を表現できます。
このときに、規則正しくボクセルを配置してしまうと、自然な木の根っこらしさがなくなってしまうので、ある程度ランダムに配置するのがコツです。

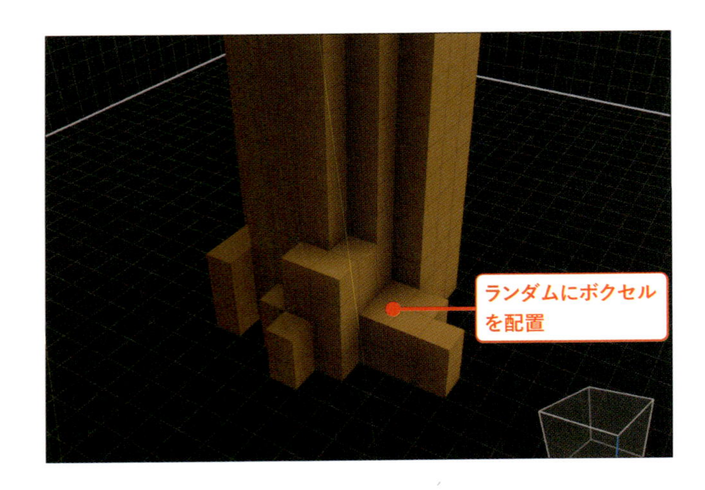

3 幹の周り全体に根っこを作成する

正面から見える範囲だけでなく、裏にも根っこを配置します。エディタ画面内を右クリックして上下左右にドラッグするとモデルが回転します。またエディタ部分を通常のスクロール操作（ブラウザなどでページを下に移動する操作）することでモデルを拡大表示できます。配置しやすい画面表示で作業を進めましょう。

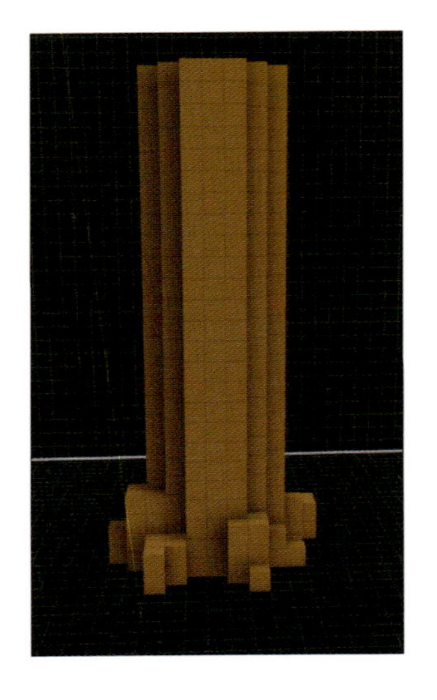

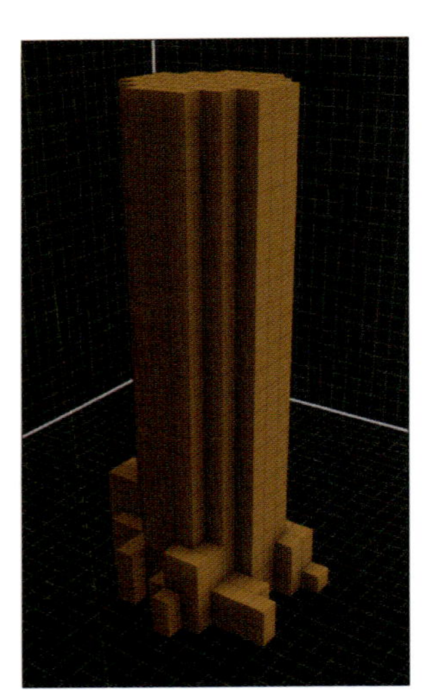

これで根っこは完成です。次は葉っぱの部分をモデリングしていきましょう。

葉っぱをモデリングしよう

木の葉っぱ部分をモデリングしていきましょう。

1 緑色を選択する

葉っぱのモデリングをするにはまず、ボクセルの色を木の茶色から葉っぱの緑に変更します。色の変更はP.36と同じく、左のPaletteツールから緑色を選択することでできます。

2 葉っぱを置いていく

色を選択したら早速、葉っぱをモデリングしていきます。根っこのモデリングと同様に、ある程度ランダムにボクセルを配置していくと、自然につけた葉っぱらしくなります。
まずは［B］ボックスブラシを使って、木の幹の上のあたりへ適当にボクセルを置いていきましょう。

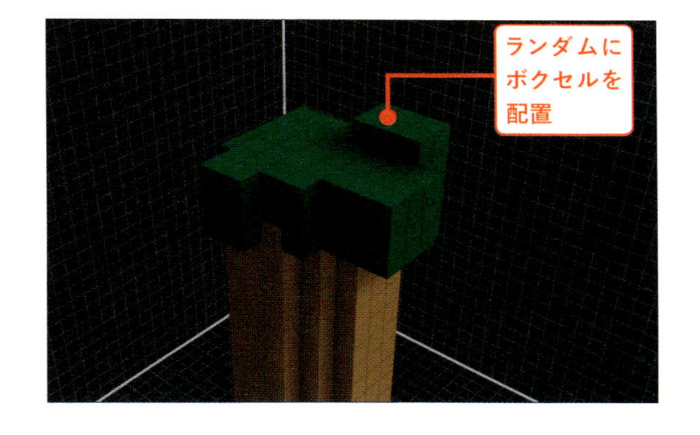

3 ボクセルを削る

ランダムな位置にボクセルを配置していくと、次第に葉っぱ部分が大きくなっていきます。
ある程度まで大きくなったら、次はボクセルを削ってみましょう。ボクセルの削除は、Brushツールを［Attach］から［**Erase**］に変更します。
ランダムに削除することで、より自然の木の葉らしい造形を表現できます。

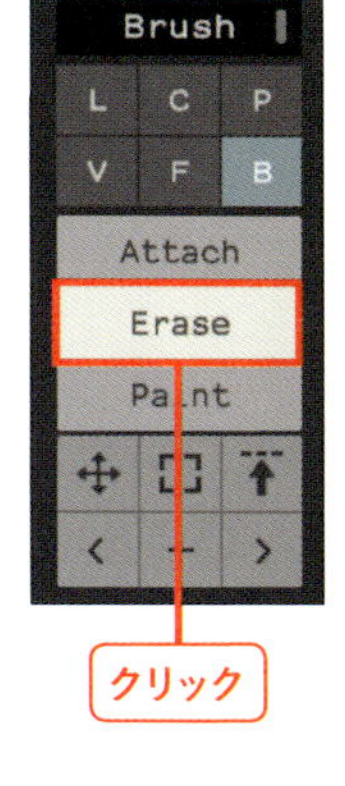

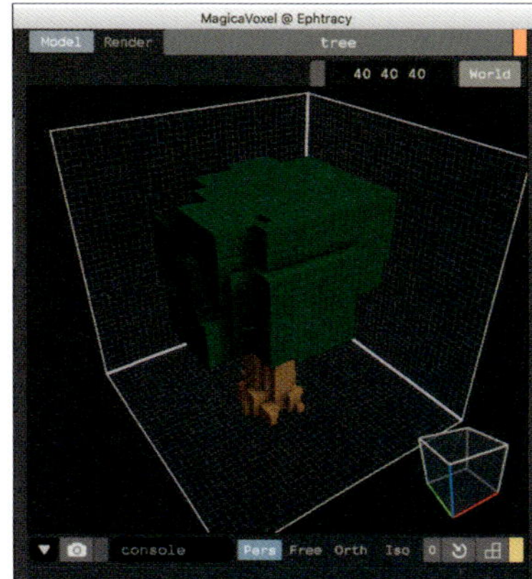

ある程度の大きさと形に整えたら、木の完成です。お疲れ様でした！

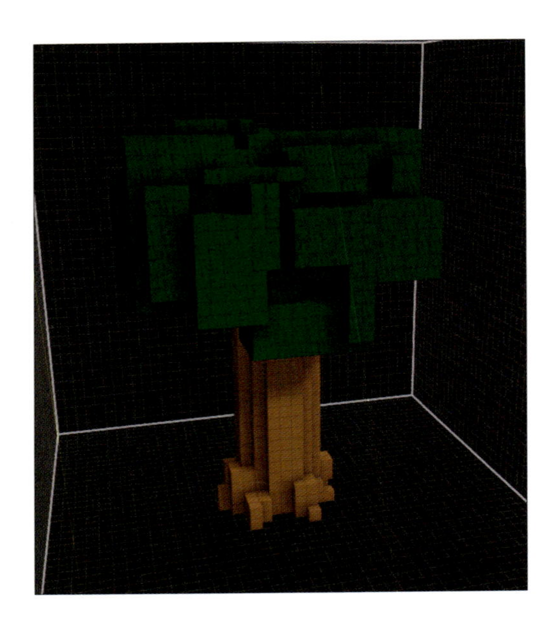

column

配置済みのボクセルの色も変更できる

すでに配置してあるボクセルの色を変更することもできます。Brushツールで［**Paint**］を選択しましょう。［Paint］を選択すると、Paletteツールで現在選択している色で配置済みのボクセルをクリックして色を塗り替えることができます。右図では半分ほどの葉っぱを赤く変更してみました。

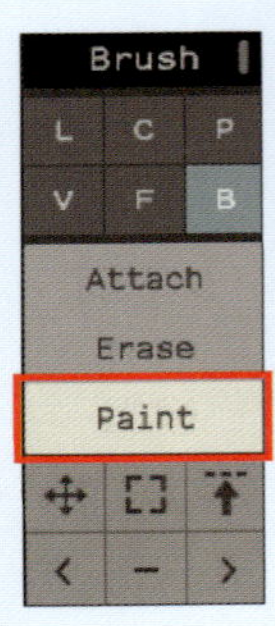

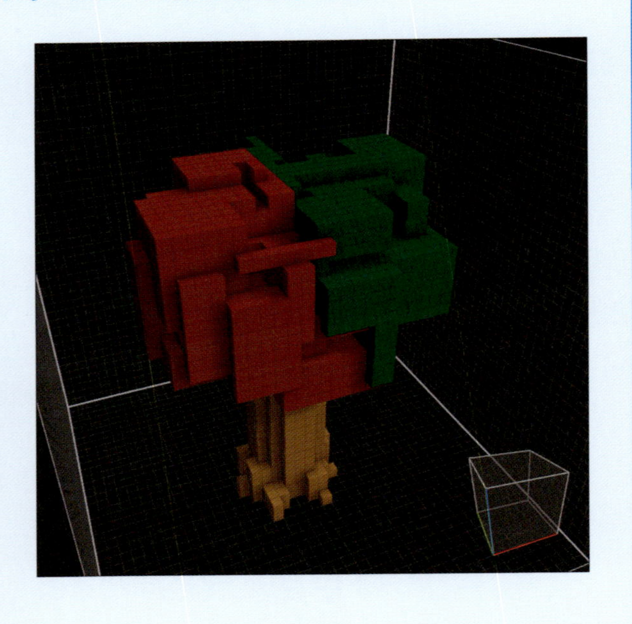

2-6 モデルを保存しよう

作成した木のモデルを保存してみましょう。

保存の操作と注意点

作成したモデルの保存は、Cmd＋S（Windowsの場合はCtrl＋S）キーで行えます。
保存をすると、ファイル保存ダイアログがあらわれますので、任意のファイル名①で、MagicaVoxelアプリと同じフォルダ内にある**voxフォルダ**のなか②に保存をしましょう。

①欧文のファイル名を付けて

②フォルダを選択

拡張子は「**.vox**」でMagicaVoxel固有のファイル形式になります。中身は他ソフトウェアのモデルファイルと同様、頂点情報などが格納されています。なお、日本語でファイル名を付けてしまうとMagicaVoxelのファイルツール内で名前が表示されないので、必ず欧文のファイル名にしましょう。

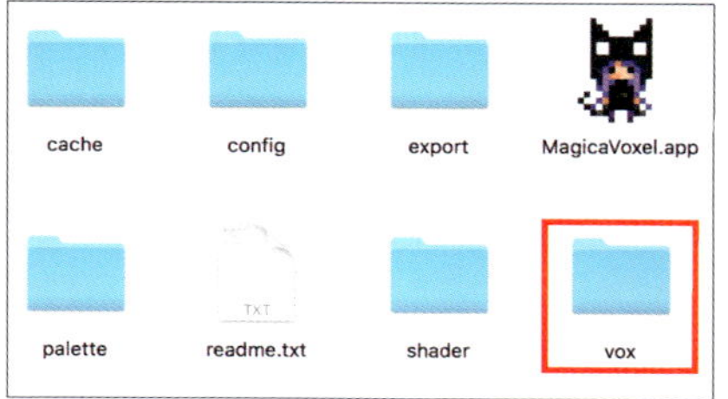

voxフォルダに欧文のファイル名で保存

voxフォルダ 以下に保存したボクセルモデルは、Fileツールからいつでも読み込むことができます。

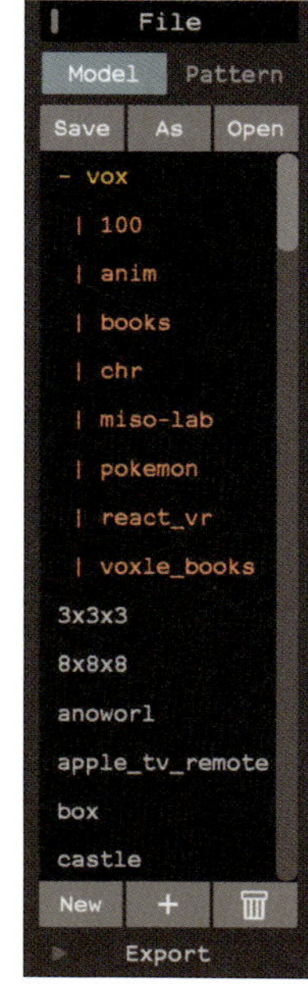

memo

頂点情報とはモデル（ポリゴン）を表示するための頂点座標のリストです。またvoxファイルには他にも色や素材などの情報を格納するマテリアル情報など、モデルを構成する上で必要な情報がまとまって保存されています。

2-7 レンダリング機能を体験してみよう

MagicaVoxelのユニークな機能のひとつでもある、
レンダリング機能を使ってみましょう。

自作のモデルを鑑賞してみよう

レンダリング機能では、作成したモデルをレンダリングして見栄えなどを確認することができます。また、各ボクセルの色ごとに素材の設定などを指定できます。たとえば、白色のボクセルだけをガラスのような見た目にする、などを簡単に設定できます。
では先ほど作成した木のモデルを例にレンダリング機能を使ってみましょう。

レンダリング画面へ切り替えよう

MagicaVoxelのレンダリング機能を使うには、モデリング画面の上部にある**Render**タブをクリックします。
Renderタブを選択すると、エディタ部分の表示が変化してレンダリング機能を使えるようになります。

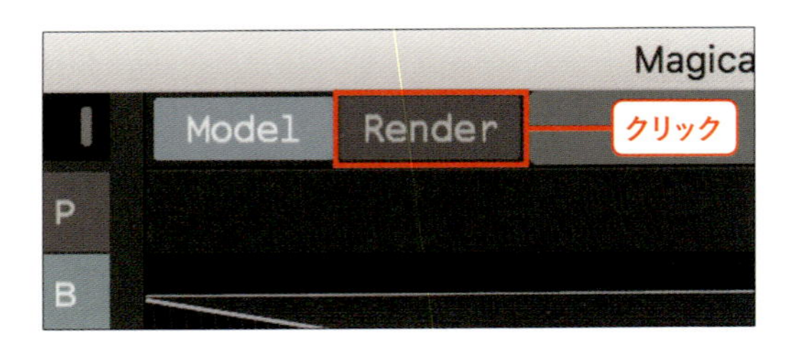

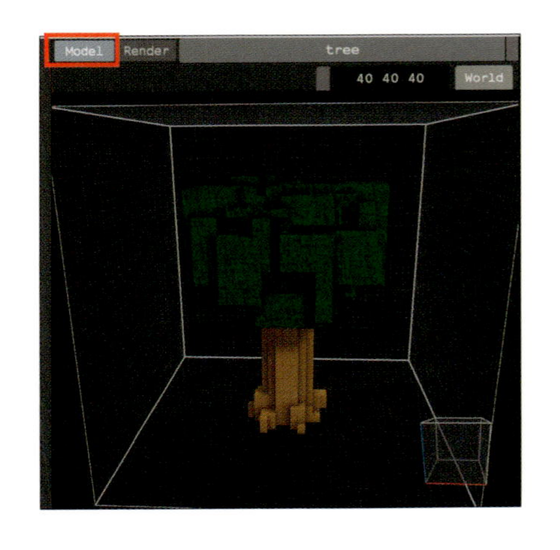

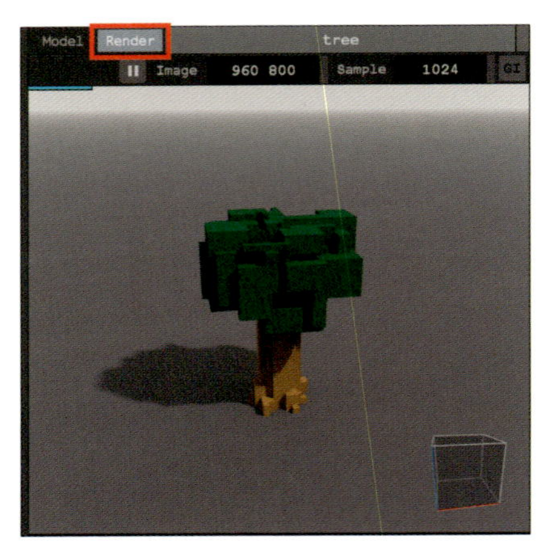

レンダリング機能を使ってスクリーンショットを撮ってみよう

先ほど作成した木のモデルを使ってレンダリングし、レンダリング結果をスクリーンショットに撮って、画像として保存してみましょう。
スクリーンショットを撮るには、レンダリング画面の左下にある**カメラボタン**を押します。

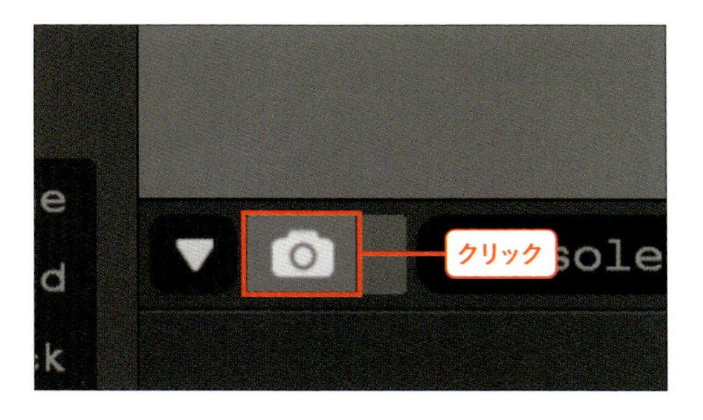

スクリーンショットを撮る際の注意点として、レンダリングが完全に終わってから撮影操作をするようにしましょう。レンダリングの進捗状況はレンダリング画面の上のプログレスバーに表示されます。右端まで到達したらレンダリングが完了した合図です。レンダリングが完了してもバーは青い表示のままになります。

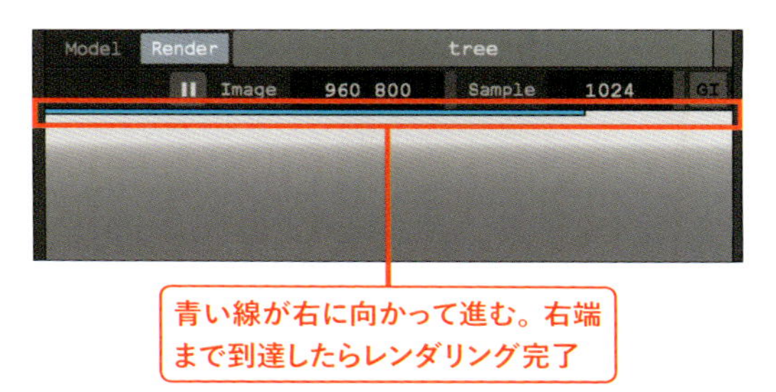

カメラボタンを押すとファイル保存ダイアログが表示されて画像の保存先を聞かれます。任意の場所を選択して保存しましょう。

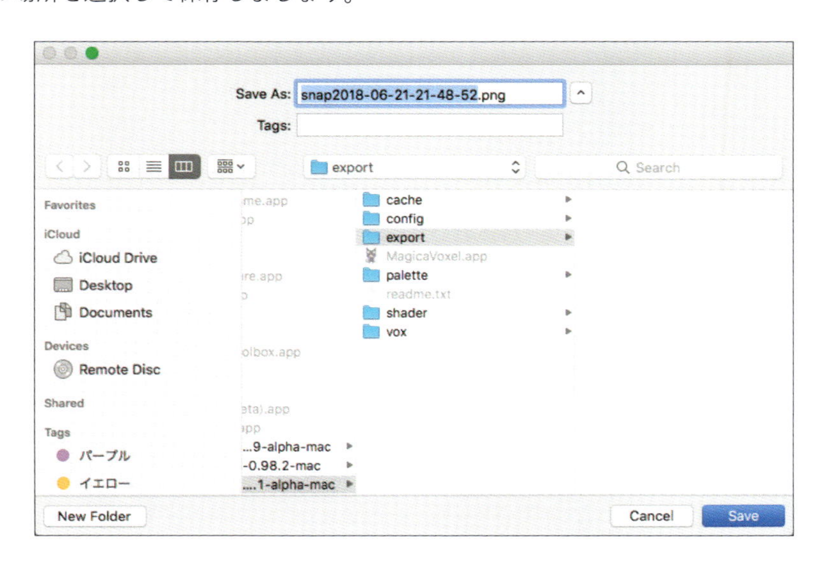

memo
スクリーンショットで生成されるファイルはpngファイルのみになっています。JPEGなど他の画像フォーマットにしたい場合は、別途pngファイルから変換を行う必要があります。

画像として保存されました。
お疲れ様でした！　これでMagicaVoxelの簡単な使い方の解説は終わりです。

まとめ

MagicaVoxelの導入から、
簡単な木のボクセルモデルの作り方までを
ざっと説明しました。
これでひと通りのMagicaVoxelの使い方を
マスターできました！

次の章では、より実践的なモデリングとして、
身近にあるものをモデリングしてみます。

Chapter 3
身近にあるものをモデリングしてみよう

本章では身近にあるものをMagicaVoxelでモデリングしてみましょう。
モデリングに慣れないうちは手元にある使い慣れた道具などを
モデリングして練習することで、楽しく3Dドットモデリングを
続けることができます。

START!

3-1 3Dドットモデリングの流れを確認しよう

本章では筆者が身近にあるものをモデリングする際に行っている一連の流れを紹介します。
その工程に沿ってモデリング作業を進めることで、
スムーズに3Dドットモデリングを行うことができます。

モデリング作業の流れ

ではさっそくモデリング工程を確認していきましょう。作業の流れを箇条書きにしました。以下のようになります。

1. 対象物を観察し、どのような構造になっているのかを理解する
2. 細かい部分をボクセルとしてどのように表現できるかを考える
3. どの部分からモデリングを始めると作業しやすいかを考える
4. 実際にMagicaVoxelでモデリングを開始する

これが筆者がモデリングをする際の流れです。工程1の構造の理解では、上下左右から自由に観察できる身近にあるもののほうが、最初のモデリング対象としてはぴったりです。次の節からは、実際に身近にあるものを例にこの流れを確認しながら実践してみましょう。

本章のモデリング対象

今回は身近にある人工物として、恐らく皆さん1台は持っているであろうスマートフォンを例にします。
本書では筆者が普段愛用しているiPhone 8 Plusを使ってモデリングの流れを解説していきます。もしAndroid端末をお使いであれば、ご自身の端末機種と見比べながら実際に作業をしてみてください。iPhoneと各種Android端末で多少の差異はあると思いますが、基本構造（画面やボタンなど）はほぼ同じはずなので、適宜読み替えながら操作を進めてください。

3-2 対象物を観察しよう

まずは対象物を観察することから始めます。このときに普段から手に持って使っているものほど、すでに対象物の構造(ボタンの配置など)を理解していることが多いのでモデリングがしやすいでしょう。また実際にモデリングする際には細かなディテールをじっくり観察することも重要です。

構造やパーツを観察しよう

iPhone 8 Plusを観察すると、大きく分けて9つの要素で構成されていることがわかります。

以上から、最低9つの要素をボクセルで再現することができれば、iPhone 8 Plusのモデルが作成できることがわかります。

これで対象物の最低限の構造やパーツを理解することができました。
次は、ここで挙げたそれぞれのパーツを、ボクセルとしてどう表現できるかを考えていきましょう。

3-3 ボクセルでの表現方法を考えてみよう

3-2節で分解したiPhone 8 Plusの各パーツをボクセルとしてどう表現できるかを一度、頭のなかでイメージしてみましょう。

頭のなかでモデリングしてみよう

MagicaVoxelでモデリングする前に一度モデルの完成形を考えてみましょう。その際にいま一度、モデル対象を細部まで見るようにします。このときにもしできる方は手書きのスケッチなどを描いてみるのもおすすめです。簡単なスケッチを描くことで、細かく対象を観察することができます。

絵が苦手でも直線のみの簡単なラフスケッチでOK

「手を動かしてモデリングしてみないとわからない！」という人もいるでしょう。筆者も3Dドットモデリングを始めてすぐのときは、どのようにボクセルで表現できるのかをイメージするだけではわかりませんでした。
最初のうちはこの工程はスキップしてもかまいません。しかし実作業に入る前に頭のなかで一回モデリングしてみるというのは、作業の手戻りが確実に減るので行ってみる価値があります。ソフトの操作に慣れたら挑戦してみてください。
まずは例として、次の3つのパーツをボクセルとして表現するにあたり、どのようにしていくのかを具体的に見ていきましょう。

・画面（3-2①）

iPhone 8 Plusの画面は縦長の長方形の形をしています。ボクセルとして表現するには、単に四角形をモデリングすればいいだけということがわかります。

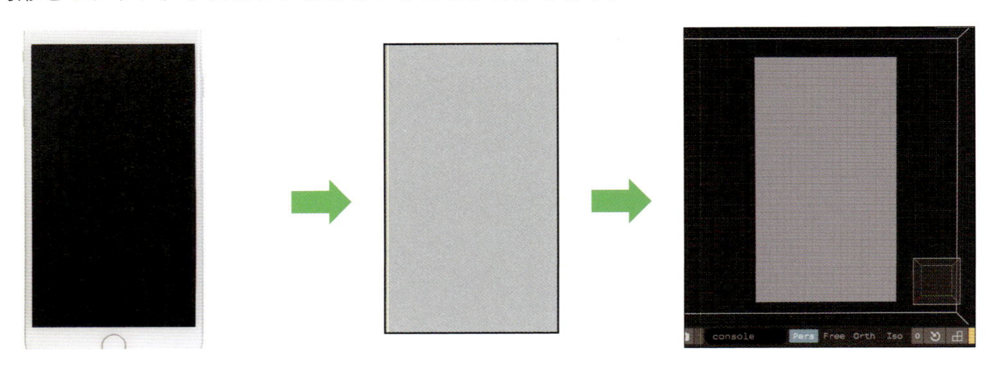

・ホームボタン（3-2②）

ホームボタンは円の形をしています。これもChapter 2で使い方を学んだ［C］センターブラシを用いれば作成できそうですね。

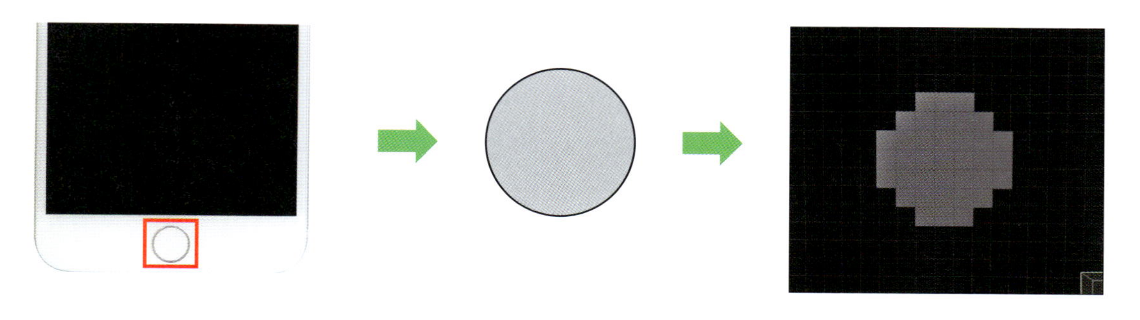

・マナーモードボタン（3-2⑦）

マナーモードボタンは普通のボタンとは違っていて、一部くぼんでいる部分があります。その部分をボクセルで表現するには、ボクセルに段差を付け階段状にすることで表現できます。

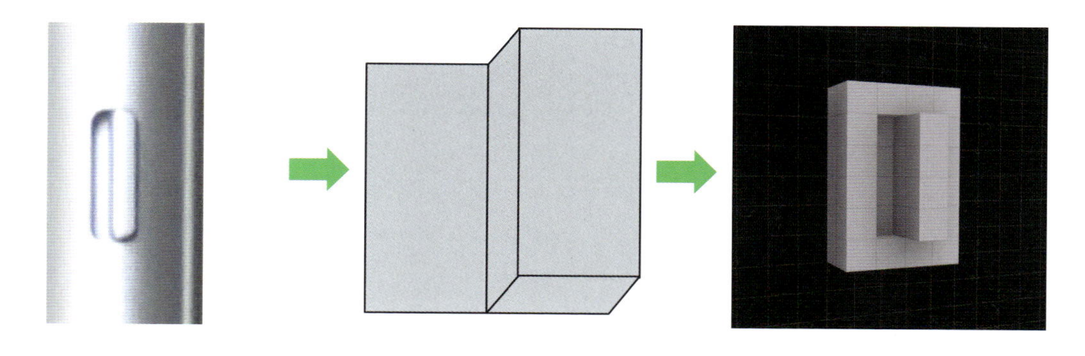

表現できる構造物のまとめ

上記の3つの例からわかるように、3Dドットモデリングでは物体の形状を以下のように分類し、モデリングしていくことが多いです。

- **四角形（直方体、立方体）**
- **円形（円柱）**
- **窪み／突起**

これらの分類をそれぞれのパーツごとに当てはめてモデリングするパーツを整理すると、その後の工程であるモデリングが進めやすくなります。

3-4 作業のしやすさを考えてみよう

次はどのパーツからモデリングを進めていくとモデリング作業がしやすいかを考えてみます。

土台部分から詳細な箇所へ

多くのケースでは土台となる部分から作成し、そこに細かなパーツを加えながらモデリングしていきます。そうすることで全体の出来栄えを確認しながらモデリングを進めることができます。また完成形であるモデルの全体像が見えてくるので、モデリング作業のモチベーションも保ちやすいでしょう。

以下は筆者がモデリングする場合の、パーツ順の例です。

1. 土台部分（iPhone 8 Plus 本体）
2. 画面
3. ホームボタン
4. 電源ボタン
5. 音量ボタン
6. マナーモードボタン
7. 上部のスピーカー
8. インカメラ／アウトカメラ
9. 背面のAppleアイコン
10. その他の細かな部分

今回の例であるiPhone 8 Plusの土台となる箇所は本体部分です。そこからモデリングを開始します。
以後は丸や四角などの単純な形状で、完成形に近い箇所からモデリングしていきます。モデリングが進んでいるのを実感でき、モチベーションを保ちながら作業ができます。本体部分の次に画面やホームボタン、電源ボタンをモデリングしていくと、サイズ感など全体のバランスも確認しやすいでしょう。

なお上記の方法とは別に、巨大な立方体や直方体から形を切り抜いていくというやり方もあります。木彫りや彫刻などのような方法です。これは正方形や長方形に近い形のモデルに対して有効な制作手順です。全体が四角形に近いオリジナルのモデル制作時にチャレンジしてみてください。

3-5 スマートフォンをモデリングしてみよう

では早速、ここまで準備してきたことを元に、MagicaVoxelを使ってiPhone 8 Plusをモデリングしてみましょう。

iPhone 8 Plusをモデリングしよう

モデリングの流れは3-4節で説明したとおりに行っていきます。

iPhone 8 Plusの完成イメージ

Step1：本体部分を作成しよう

まずはiPhoneの土台となる本体を作ります。操作の環境であるモデルサイズの設定から開始します。

1 モデルサイズを設定する

モデリングを始める前に、まずは準備として今回作成するiPhone 8 Plusのモデルサイズを決めましょう。モデルのサイズはMagicaVoxelの右上にある3つの数字を変更することで行えます。
この空白（スペース）区切りの3つの数字はそれぞれX軸、Y軸、Z軸に対応しています。MagicaVoxelを最初に起動するとX軸、Y軸、Z軸それぞれ「**40**」が設定されていますが、これはX軸、Y軸、Z軸それぞれ40ボクセルまで配置可能という意味です。この数字をそれぞれ変更することで最大ボクセル数を変更することができます。

今回は縦長のiPhone 8 Plusをモデリングするので、「33 4 64」と設定しましょう。

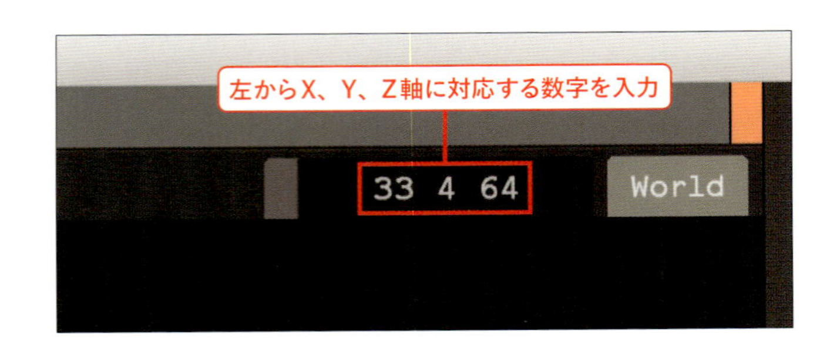

2 本体部分をモデリングする

モデルのサイズを設定できたら、次はiPhone 8 Plusの土台にあたる本体部分をモデリングしましょう。iPhone 8 Plusの本体部分は薄い長方形なのでまずは［F］フェイスブラシで一辺を埋めるように**高さ64ボクセル**、**幅33ボクセル**の直方体を作成します。

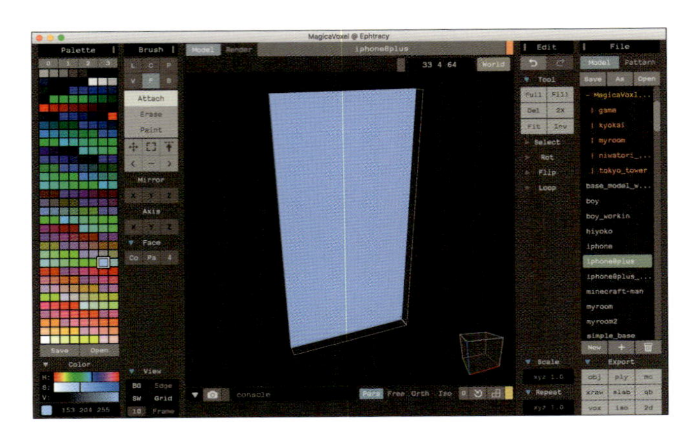

3 本体部分の厚さを設定する

次も［F］フェイスブラシを使って**4ボクセル**分の厚みを作成します。

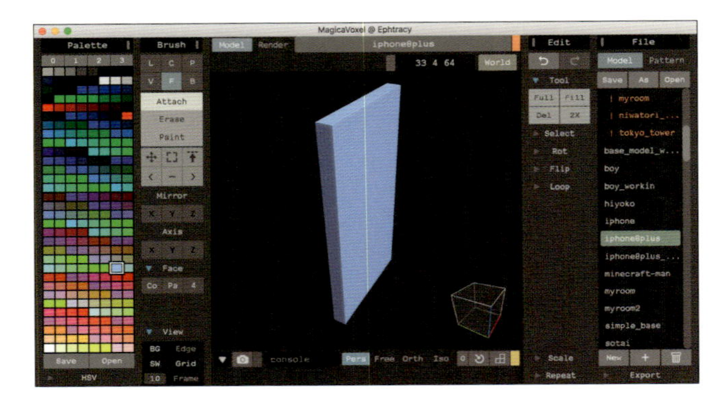

4 本体部分の角丸を表現する

本体部分のモデリングができたら、次は実際のiPhone 8 Plusのように角を丸くしましょう。先ほどモデリングした本体部分の四隅のボクセルを［B］ボックスブラシを使って削ることで丸みを表現できます。

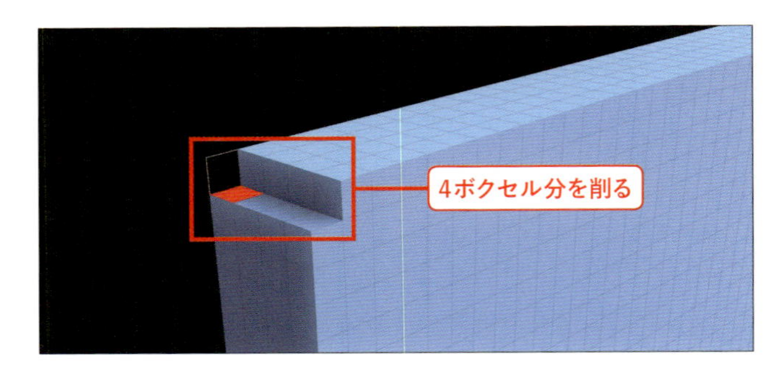

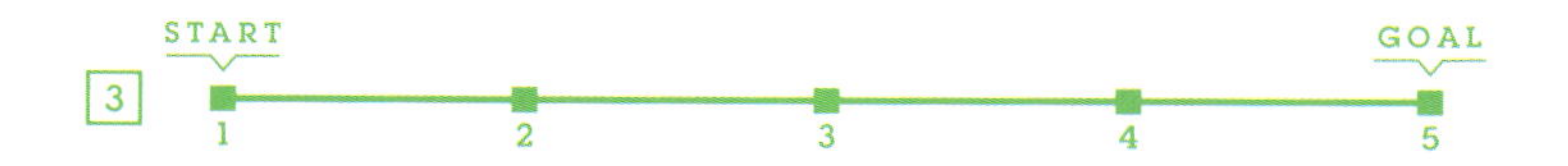

Step2：画面とホームボタンを表現しよう

次はiPhoneの画面部分とホームボタンに当たる部分を作っていきます。

5 画面部分のボクセルに色を塗る

今回は画面部分を白色のボクセルで表現します。左のPaletteツールから白色を選択①して、［B］ボックスブラシを使って画面部分を白に塗りましょう。Brushツールの［Paint］をクリック②します。
塗る範囲は左右に2ボクセル、上に6ボクセル、下に7ボクセルのあいだを取って中面を塗りつぶし③ます。

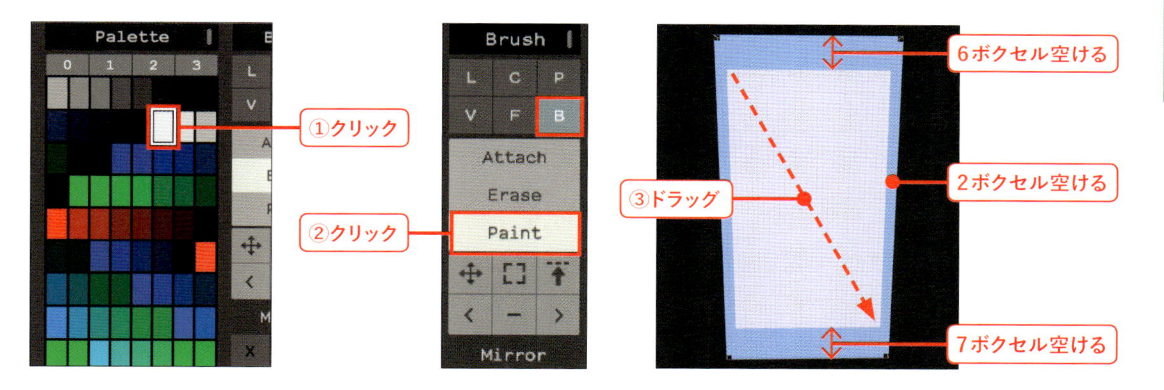

6 ホームボタン部分のボクセルに色を塗る

ホームボタンを灰色のボクセルで表現しましょう。ホームボタンは円形なので、［Paint］を選択したまま［C］センターブラシに切り替えて画面の下部分を塗ります。

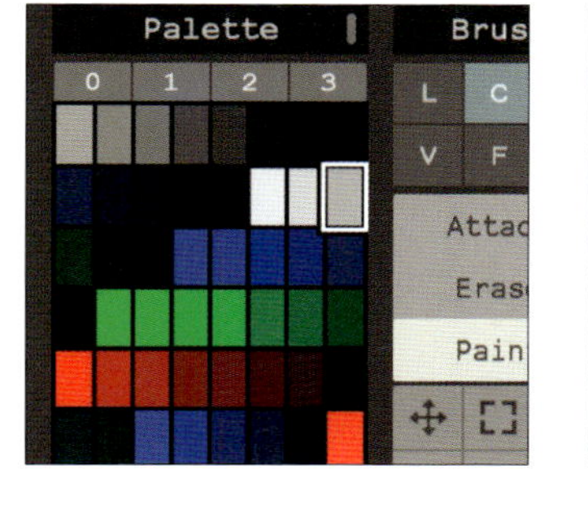

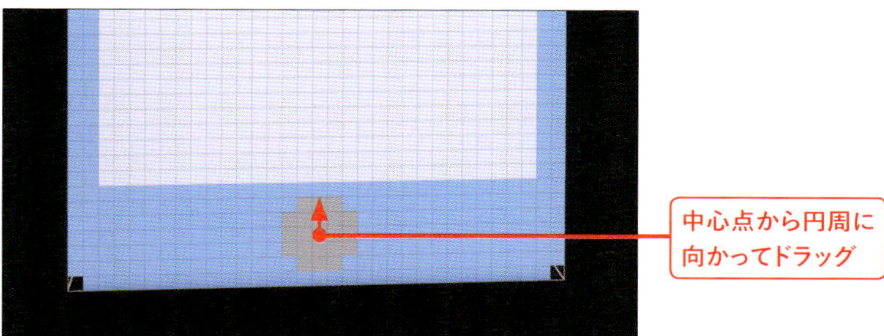

なお［C］センターブラシでペイントすると真ん中の部分の色が抜けてしまうので、中心部分をクリックして塗り足しすることを忘れずに行いましょう。

Step3：電源ボタンを作成しよう

次に本体の側面にある電源ボタンをモデリングしましょう。

7 モデルサイズを変更する

電源ボタンをモデリングする前に、モデルのサイズが「33 4 64」のままだと本体の左右にある電源ボタンなどを配置できないので、サイズを調整します。今回は左右に1ボクセルずつの拡張を行いたいので、「33 4 64」となっているところを「**35** 4 64」と横（X軸）のサイズを2ボクセル分増やします。

これで本体部分の左右に隙間ができました。電源ボタンをモデリングしていきましょう。

8 電源ボタンを作成する

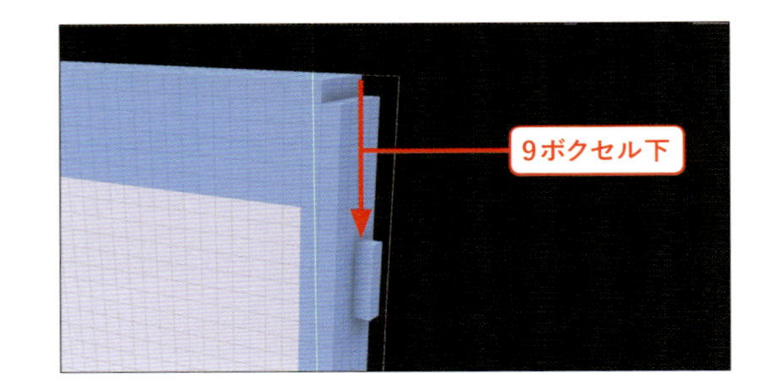

電源ボタンは長方形なので、［**B**］ボックスブラシで作成します。モデリングする位置は、いちばん上のボクセルから数えて9ボクセルめに、縦4ボクセル、横1ボクセルの長方形を作成します。

Step4：音量とマナーモードボタンを作成しよう

9 音量ボタンを作成する

次に、電源ボタンとは逆側の側面にある音量ボタン（上下2つ）をモデリングしましょう。音量ボタンも電源ボタンと同様に長方形なので、［**B**］ボックスブラシで作成していきます。モデリングする位置は、いちばん上のボクセルから13ボクセルめに4ボクセル分の直方体を作成します。また、上下2つのボタンは1ボクセル分、離して作成しましょう。

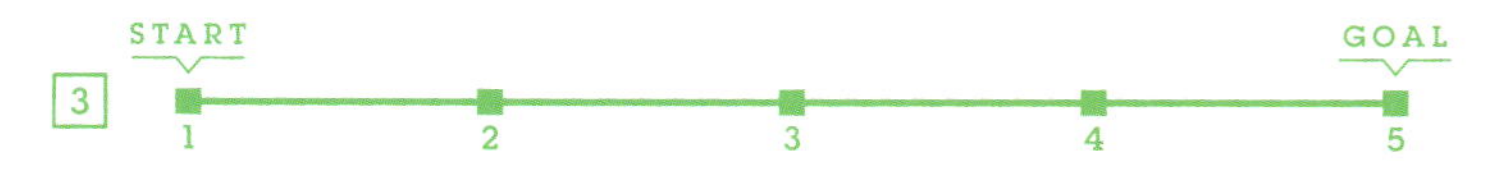

10 マナーモードボタンを作成する

次に音量ボタンの上部分にあるマナーモードボタンをモデリングしましょう。マナーモードは長方形のボタン部分と、その長方形のボタンを移動する窪み部分があるので、それぞれ［B］ボックスブラシの［Attach］と［Erase］を使ってモデリングします。モデリングする位置は、音量ボタンの2ボクセル分上に作成します。マナーモードボタンと窪みはどちらも長さ4ボクセルの長方形です。

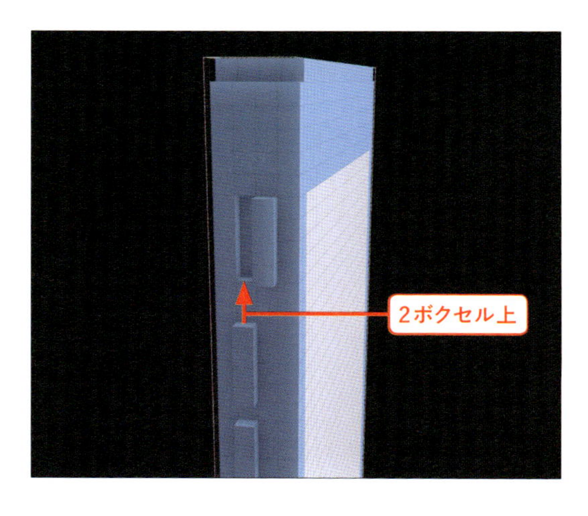

Step5：スピーカーとインカメラを表現しよう

11 上部スピーカーとインカメラ部分に色を塗る

次は上部のスピーカーとインカメラのモデリングです。この2つは小さなパーツなので、黒いボクセルとして表現するため、黒色で塗ってしまいます。Paletteツールから色を選び①、［B］ボックスブラシのモードを［Paint］に切り替え②ます。

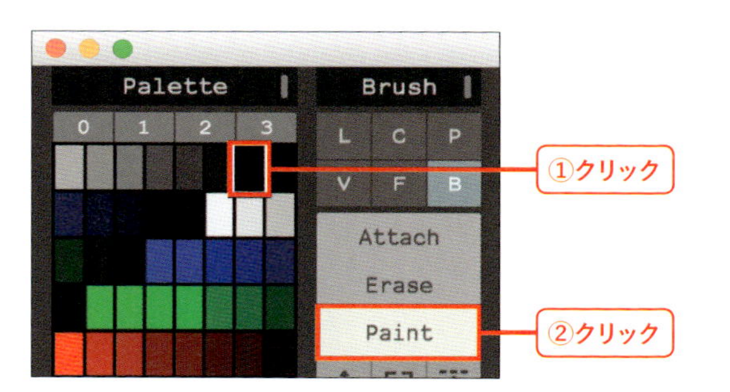

モデリングする位置は、スピーカーが上から3ボクセル分離した位置に横長に7ボクセル分、インカメラとフラッシュはそれぞれ1ボクセル分で右図のように作成します。

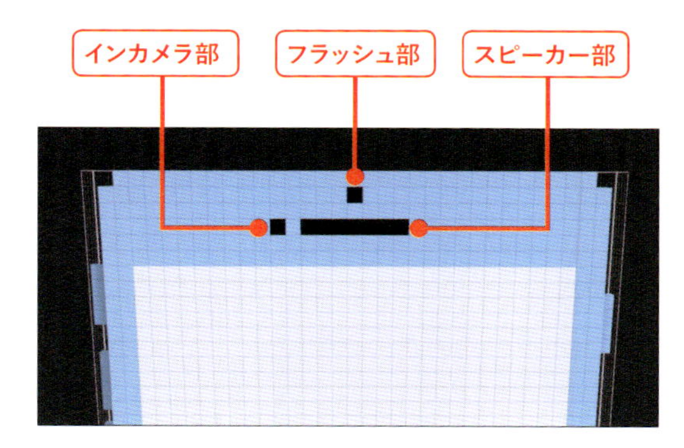

これで画面のある表側のモデリングはほぼ終わりました。

Step6：背面を作成しよう

次はiPhoneの背面をモデリングしていきましょう。背面には以下のパーツがあります。

- **アウトカメラ**
- **Appleアイコン**

12 モデルサイズを変更する

これらのパーツをモデリングしていくうえで、8で電源ボタンをモデリングしたときと同様に背面にアウトカメラなどをモデリングできるスペースがないため、モデルのサイズを変更します。今回は後ろにスペースが欲しいので、「35 **5** 64」としましょう。

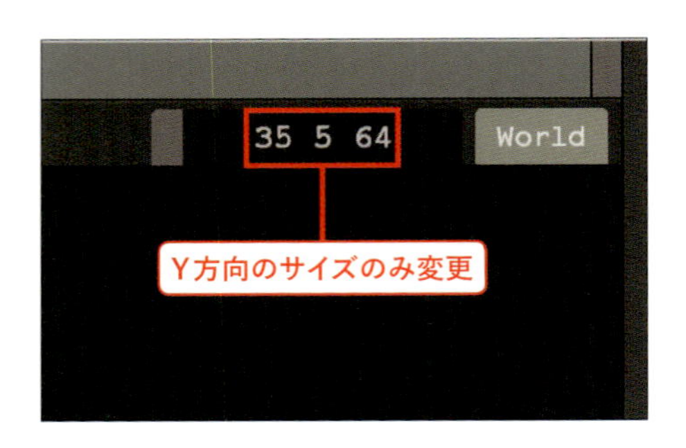

すると、今回は前の部分に対してスペースが作られてしまいました。このような場合は、モデルを前に動かすことで対処します。

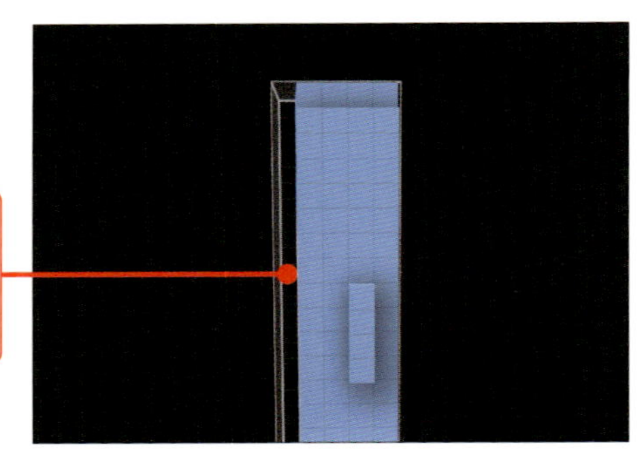

13 モデルの位置を変更する

Brushツールの下にあるアイコンボタンから**Moveツール**を選択して、モデルをドラッグすることで移動が可能です。モデルを前方に移動して、背面側にスペースを作りましょう。

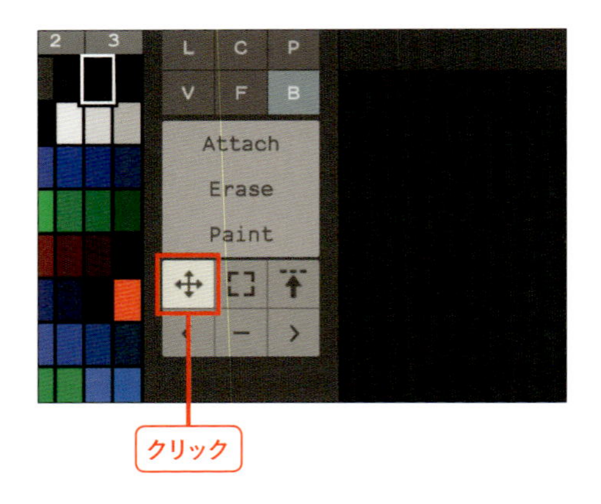

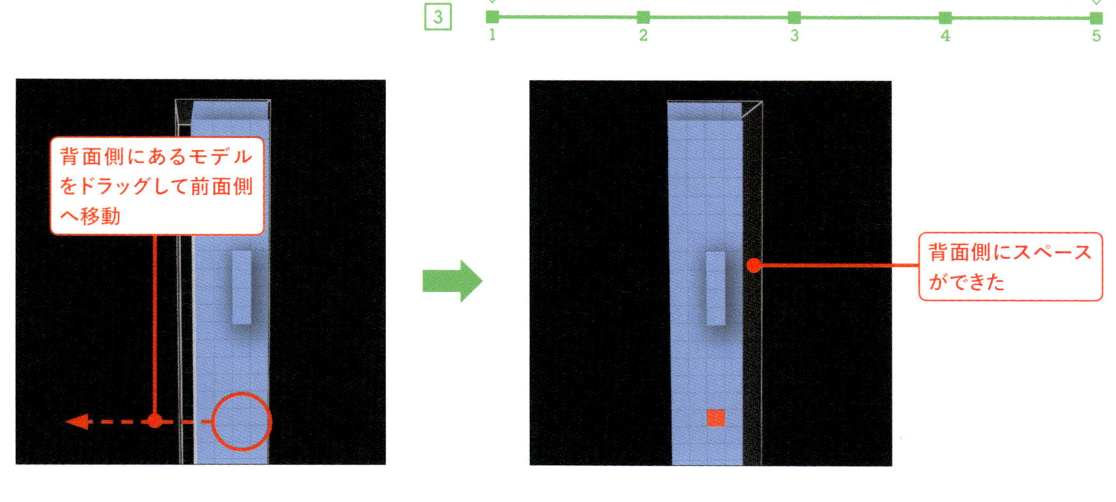

これでアウトカメラなどのモデリングが可能になりました。

Step7：アウトカメラとアイコンを作成しよう

14 アウトカメラを作成する

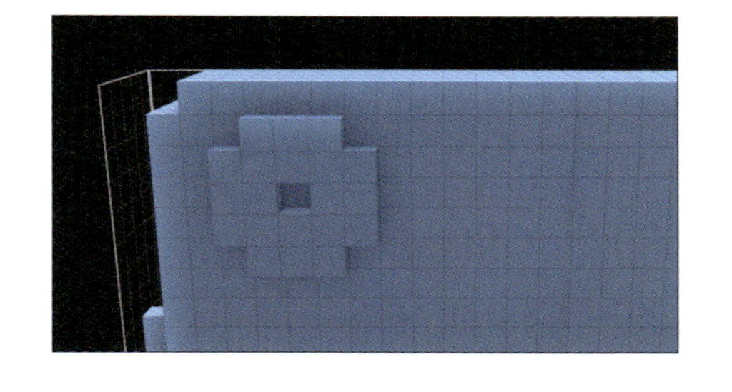

モデルサイズの調整ができたらアウトカメラのモデリングをしましょう。アウトカメラは丸と四角形を組み合わせて表現します。まず円を［C］センターブラシを使って作成します。モデリング位置は上から1ボクセル、左から2ボクセル分の位置に作成します。

円が作成できたらもう一つ同じように隣り合う形で円を作成しましょう。

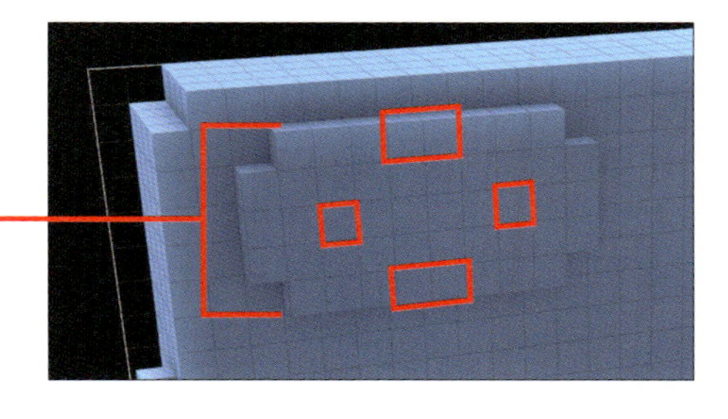

最後に中央の上下にある空きと円の中心部分を埋めれば、カメラ部分の完成です。

15 フラッシュ部分に色を塗る

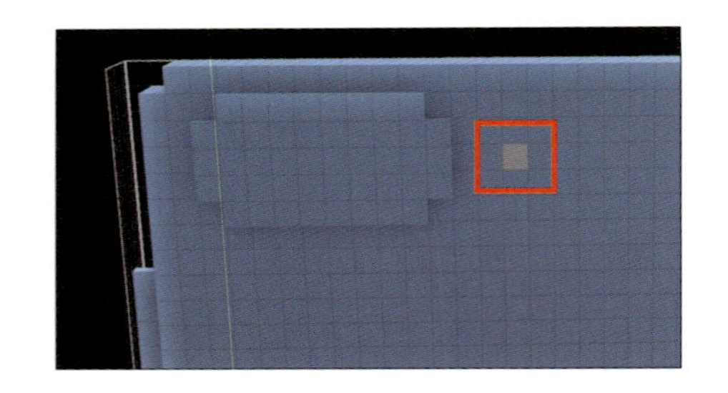

アウトカメラ用のフラッシュとして、アウトカメラの右に2ボクセル分空けた位置にあるボクセルを白色で塗りましょう。

16 Appleアイコンを作成する

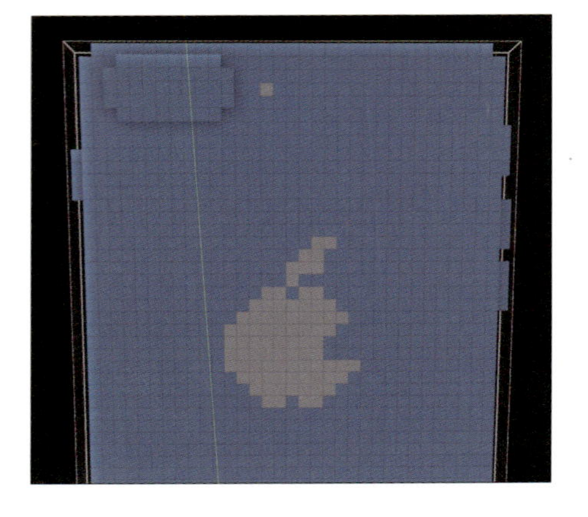

次はAppleアイコンをモデリングしていきます。このAppleアイコンはボクセルを白色にペイントして、表現していきます。このように、3Dドットモデリングで平面にペイントを用いて表現していくのは、ドット絵で2Dの絵を描くことと同じです。
ドット絵を描くのが得意な人はAppleのアイコンを描いていきましょう。苦手な人は右の画像を参考に、同じようにドットを打ってみましょう。

これですべてのパーツのモデリングが終わりました。

Step8：全体の色を整えて仕上げよう

最後に全体の色の調整をしましょう。このままだと青色のiPhoneになってしまうので、シルバー色のiPhoneを目指して色を塗っていきます。

17 前面部分の色を塗る

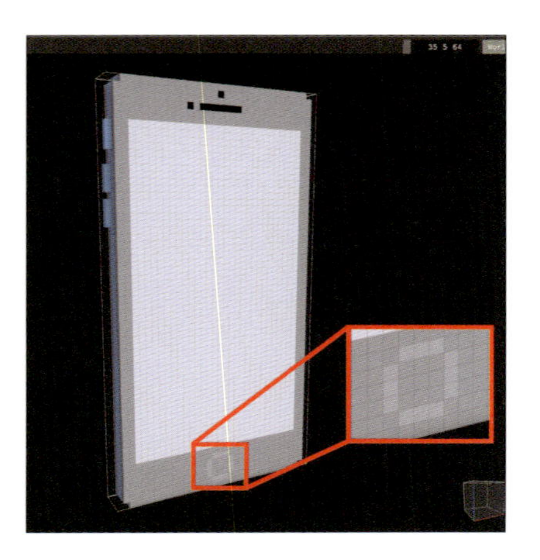

まずは前面の色です。シルバーモデルのiPhoneの場合、前面は灰色なので灰色で塗ってしまいます。またそのときに、ホームボタンの円形の中心部分も同じ灰色で塗ってしまいます。

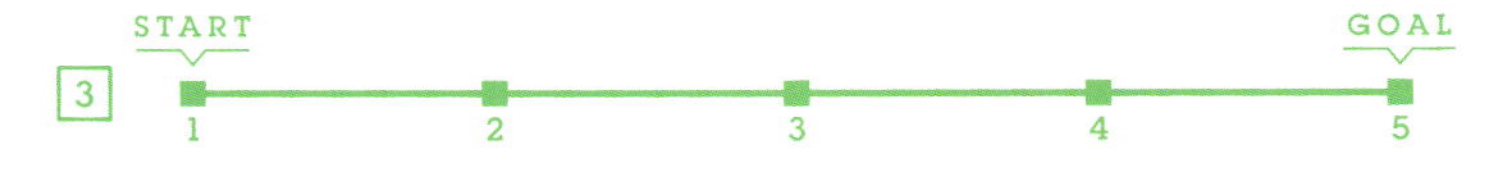

18 背面部分の色を塗る

背面も同じく灰色で塗ってしまいましょう。アウトカメラはあとで別の色を塗るので、そのままにしておきます。

19 側面部分の色を塗る

次は側面部分を塗っていきます。側面は前面と背面よりも薄い灰色で塗りましょう。またこのときに、側面にある電源ボタンと音量ボタン、マナーボタンも同じ薄い灰色で塗ります。

20 側面のライン部分の色を塗る

iPhone側面の上下にあるライン部分に色を塗りましょう。
ちょうどiPhone前面と背面をつなぐ形になります。
右図を参考に、前面や背面と同じ色で横線を入れるようにしましょう。

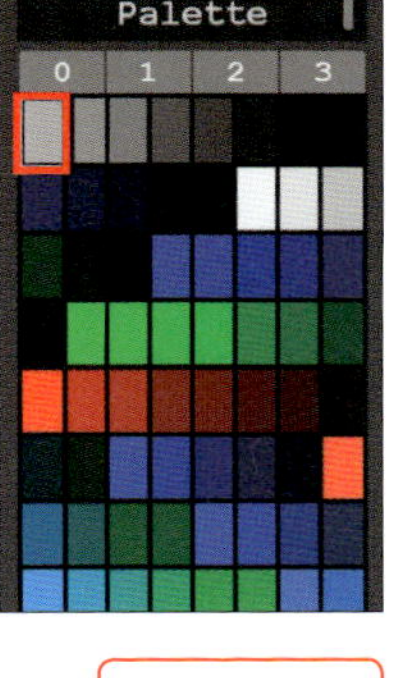

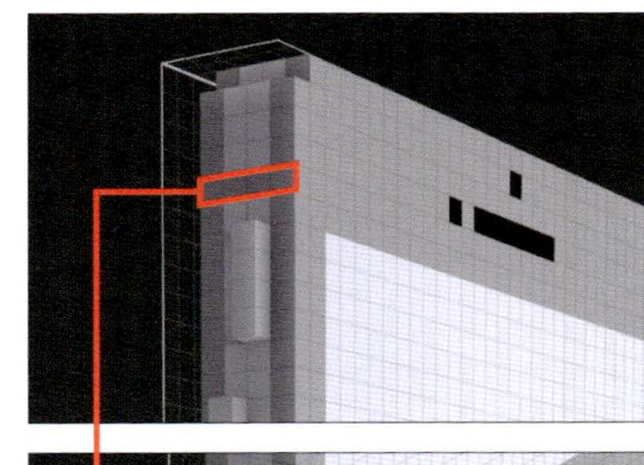

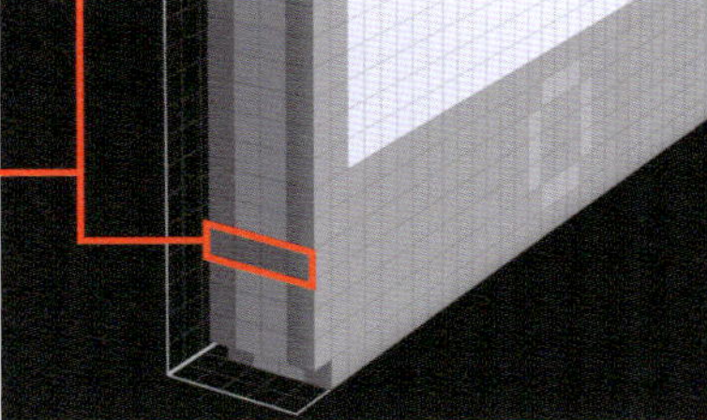

Chapter 1
Chapter 2
Chapter 3
Chapter 4
Chapter 5
Chapter 6
Chapter 7
Appendix

21 アウトカメラの色を塗る

最後に背面にあるアウトカメラを黒色に塗ったらiPhone 8 Plusの完成です！
忘れないうちにファイル名を「iphone-8-plus.vox」としてモデルを保存しておきましょう。

お疲れ様でした。

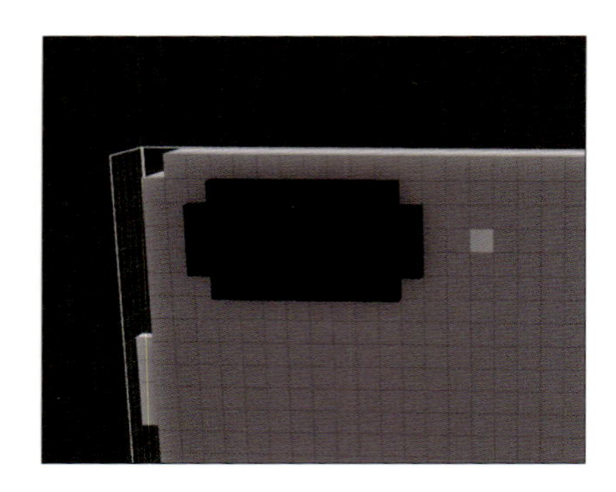

まとめ

本章では身近なもののモデリングとして
iPhone 8 Plusを例にし、実際に筆者が普段行っている
モデリングの流れを紹介しました。
もちろん、この流れだけがモデリング工程の正解ではありませんし、
意図的に流れには沿わないように進めたほうが
モデリングしやすい場面もあります。
ぜひ皆さんのやりやすい方法を模索してみてください。

次の章ではレンダリング機能の詳細な使い方を、
今回作ったiPhoneのモデルを使って説明していきます。

Chapter 4
自作モデルをレンダリングしてみよう

本章では、Chapter 2でスクリーンショットを撮っただけに終わったMagicaVoxelのレンダリング機能を、Chapter 3で作成したiPhone 8 Plusのモデルを用いてより凝った使い方をしてみましょう。MagicaVoxelのレンダリング機能でどのようなことができるのかを知ってもらいます。

4-1 レンダリング機能でどんなことができるのか

まずはレンダリング機能でどういったことができるのかを簡単に説明します。

レンダリングとは?

MagicaVoxelのレンダリング機能では、作成したボクセルモデルをレンダリングし、1枚の画像にすることができます。またそのレンダリング時にさまざまな特殊効果を設定することができます。
たとえば、黒いボクセルに対してガラスっぽい特殊効果を設定したり、黄色のボクセルには光り輝く効果を設定することができます。このような特殊効果を設定することでビルのガラス窓や、部屋の照明などを表現することができます。また背景の色や空の色、太陽の色や光の強さなどさまざまな細かい設定をすることもできます。
それらの細かい設定をしたのちレンダリングを実行して画像としてエクスポートするまでが本章の流れです。

レンダリングでできること

以下の作品は筆者が作成したモデルをMagicaVoxelでレンダリングした例です。
これらはすべてMagicaVoxelのみでモデリングからレンダリング、画像のエクスポートを行いました。MagicaVoxelのレンダリング機能は鏡やガラスのような表現や、発光体の設定、カメラのぼかしなどの表現を簡単に行うことができます。

街灯を光源に水面を反射設定にしたモデル

壁を一面ガラスにして室内が見えるようにしたモデル

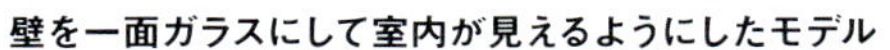

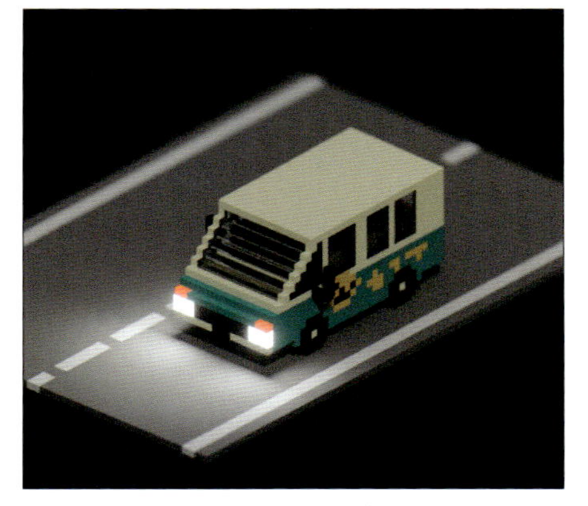

車のライトを発光させているモデル

背景をボケさせて手前の物を強調したモデル

レンダリング画面に切り替えよう

Chapter 3でiPhoneを制作したモデリング画面の状態を、レンダリング画面へ切り替えましょう。エディタ画面の上にある**Render**タブをクリックします。これでレンダリング機能が使えるようになります。

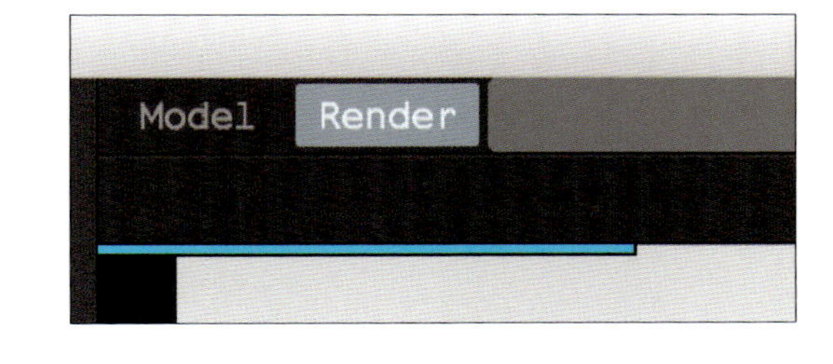

4-2 レンダリング画面について知ろう

まずはレンダリング画面の説明をしていきます。
レンダリング画面にはさまざまなツールが備わっています。

ツールの名前と機能の紹介

レンダリング画面の各パーツはモデリングやレンダリングに関する役割を持っています。
ここでは本書の解説で使用するツールの機能と名称をあわせてかんたんに説明していきます。

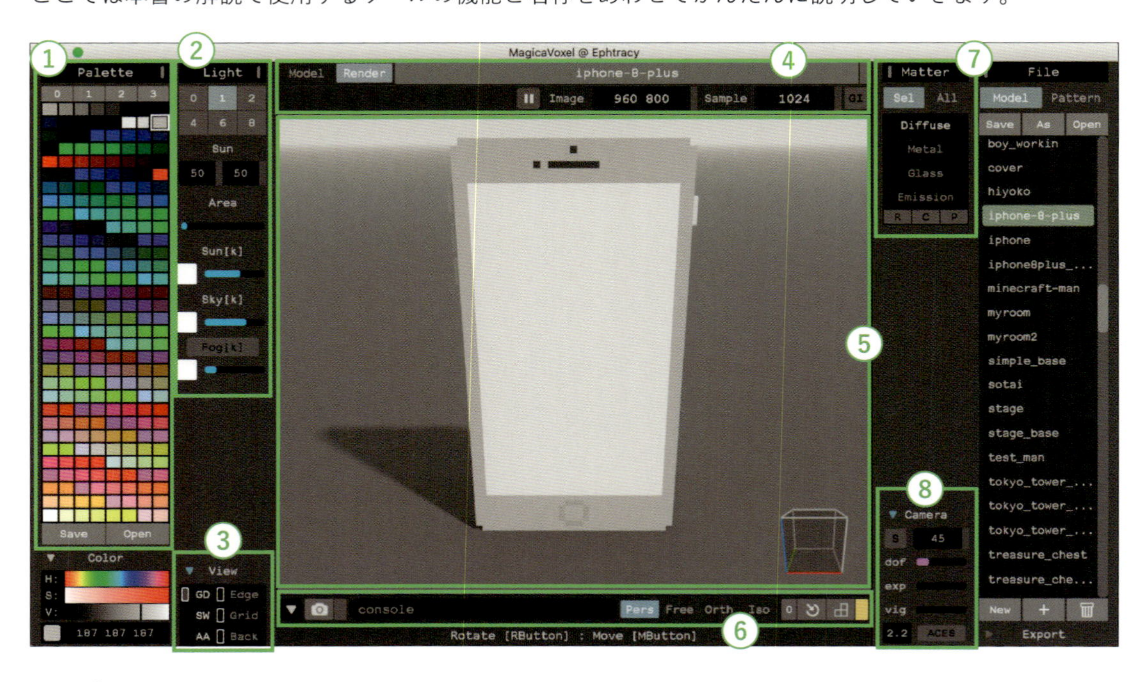

１つずつ見ていきましょう。

①Paletteツール

Paletteツールはモデリング画面と同様のものです。また、後述するMatterツールでは、ここで選択している色のボクセルに対してさまざまな特殊効果を設定することができます。

②Lightツール

Lightツールでは光源や影の設定ができます。光の反射の強さから、影の当たり方までを細かく設定します。

③Viewツール

ViewツールではGrid（ガイド線）表示などモデリング時と同じ画面表示をレンダリング時にも設定することができます。またモデリングの作業と異なる点として、地面などの色を変更できます。
細かいそれぞれのツールについては次のようになっています。

ツール	役割	色の変更
GD：Display Ground	地面を表示する	○
SW：Display Shadow	影を表示する	×
AA：Enable Anti-Aliasing	アンチエイリアス機能	×
Edge：Display Edge	モデルの辺の部分に線を表示する	○
Grid：Display Grid	1ボクセルごとのグリッドを表示する	○
Back：Display Background Color	背景色を表示する	○

④画像サイズとレンダリングプログレスバー

モデルを画像としてエクスポートする際の画像サイズを設定することができます。
また、青色のプログレスバーは、レンダリングの進捗を表しています。複雑なモデルや素材設定をしていると、バーの進みが遅くなりますが、いちばん右端まで到達するとレンダリング終了です。画像としてエクスポートするときは、プログレスバーが右端になるのを待ってから実行しましょう。

⑤Render画面

作成したモデルのレンダリング結果を見ることができます。光源を指定して影を表示したときに、どのように見えるかなどを確認できます。また、モデリング画面と同様に、右クリック＋ドラッグで画面の移動、スクロール操作で拡大が行えます。

⑥画像エクスポートボタンとView Camera設定パネル

カメラアイコンのボタンからレンダリング結果をエクスポートできたり、レンダリング画面内でのモデルの見え方（パース）を変更するView Cameraのボタンが置いてあります。View Cameraの詳細については下のコラムを参照してください。

⑦Matterツール

各ボクセルの素材設定を行えます。たとえば、黒色のボクセルをガラスの素材設定にする、などができます。

⑧Cameraツール

フォーカスや被写界深度の設定など、現実のカメラと同じような撮影設定が行えます。

column

View Cameraを使ってみる

⑥にはView Cameraという以下の4つのボタンが置いてあります。

1. **Pers**：Perspective Camera
2. **Free**：Freestyle Camera
3. **Orth**：Orthogonal Camera
4. **Iso**：Isometric Camera

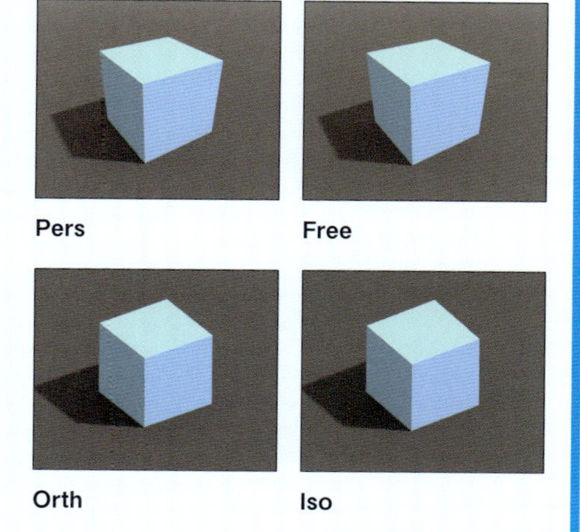

これらはすべてレンダリング画面内でのモデルの見え方（パース）の設定を変更するものです。右の例のように大きく分けて2つの見え方があります。それぞれ［Pers］と［Free］、［Orth］と［Iso］は見え方は同じですがCameraの角度などの操作方法が違います。
このなかでも特に筆者は［Orth］の設定をよく使います。この［Orth］の設定はドット絵などに使われるようなパース設定ですので、ボクセルモデルとの相性がよいためです。

これでレンダリング画面の説明は終わりです。
次は実際に各ツールに触れながら、モデルをレンダリングしてみましょう。

4-3 光の強さを設定してみよう

ここからはレンダリング画面の各機能を使って、3章で作成したiPhone 8 Plusのモデルをレンダリングしていきましょう。

空と太陽の明るさを設定しよう

まずは光の設定をいじってみましょう。ここでは**Lightツール**を使っていきます。

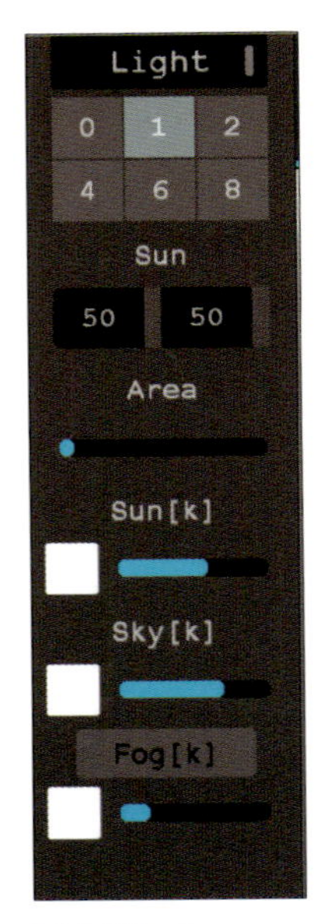

Lightツール

このLightツールを使って、下図の完成イメージのような"夜中に蛍光灯などに照らされているiPhone"をレンダリングしてみましょう。この設定には、MagicaVoxelの「太陽」と「空」それぞれの光の強さを調整していきます。

夜中に蛍光灯などで照らされているiPhone 8 Plusの完成イメージ

1 空の光の強さを設定する

MagicaVoxelの「空」とは、レンダリング画面内に広がる地面の上にある白色の空間のことです。まずはこの部分の光の強さを設定します。
空の光の強さはLightツールの下にある［**Sky[k]**］によって設定可能です。今回は暗闇にするため、[Sky[k]]（空）の光の強さを最弱にしてみましょう。光の強さを変更するには、[Sky[k]] の青いバーをドラッグします。最弱にするため、いちばん左までドラッグしてみましょう。

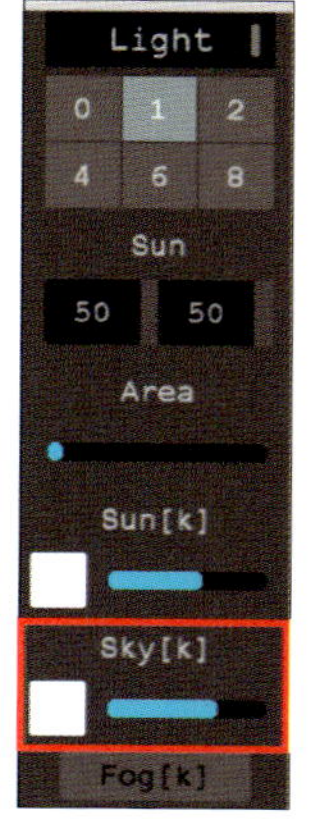

背景は明るい

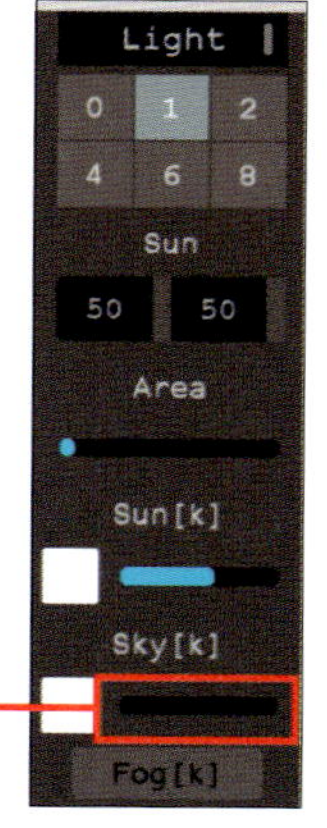

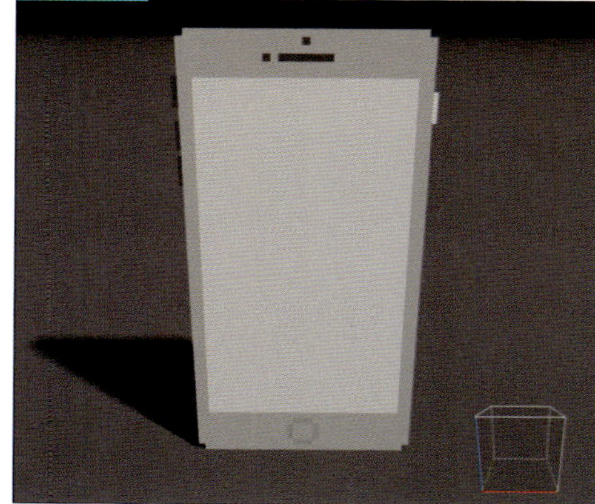

レンダリング結果が変化して、画面が暗くなった

2 太陽の光の強さを設定する

MagicaVoxelの「太陽」とは、レンダリング画面内の照明のことを指します。次はこの太陽の光の強さを、デフォルトの値よりも強く設定してみましょう。

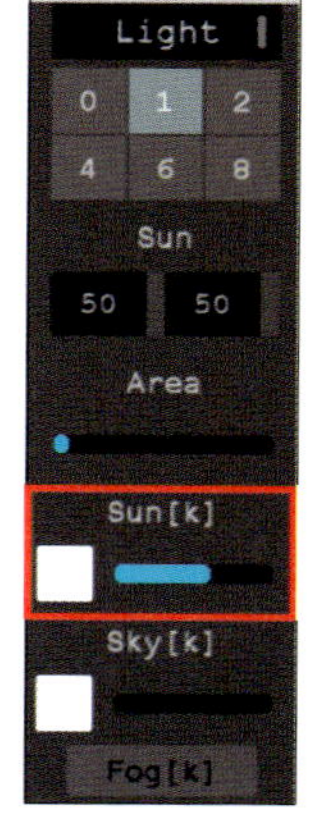

Sun［k］を強くする前

太陽の光の強さは［**Sun[k]**］によって変更可能です。［Sun[k]］の設定の変更方法は**1**の［Sky[k]］と同じです。［Sun[k]］の青いバーを操作して、光を強くするために右側へドラッグします。

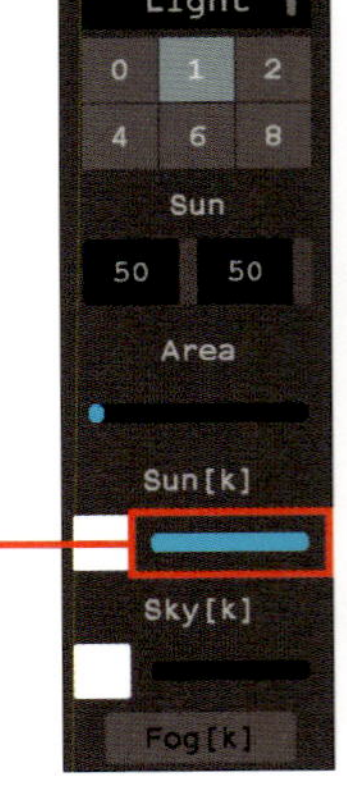

レンダリング結果が変化して、iPhoneに当たる光が強くなった

これで暗闇のなかで蛍光灯に照らされているiPhoneが完成しました。

column

太陽や空の色も変更できる

MagicaVoxelのレンダリング機能では、太陽や空の色も変更できます。［Sun[k]］や［ Sky[k] ］の光の強さを変更するバーの左にある四角いボタンが、設定されている色を表示しています（デフォルトでは白）。ここの色を変更することで、太陽や空の色を設定します。四角いボタン部分をクリックすると、Paletteツールで選択されている色に置き換えることができます。下の例では太陽の色を淡黄色に、空の色を水色に変更してみました。

このように太陽と空の色を変更することで、いろいろなシチュエーションを表現することができます。ぜひ色を変更して試してみてください。

レンダリング画面でiPhoneが地面に埋もれてしまって見えない場合

レンダリング機能で表示した場合に、もしiPhoneのモデルが右図のように地面に埋もれてしまい、表示されない部分がある場合はWorld機能を使うことで表示させるようにできます。

World機能を使うにはEditタブをクリックして一度モデリング画面に戻り、右上にある［World］ボタンを押しましょう。

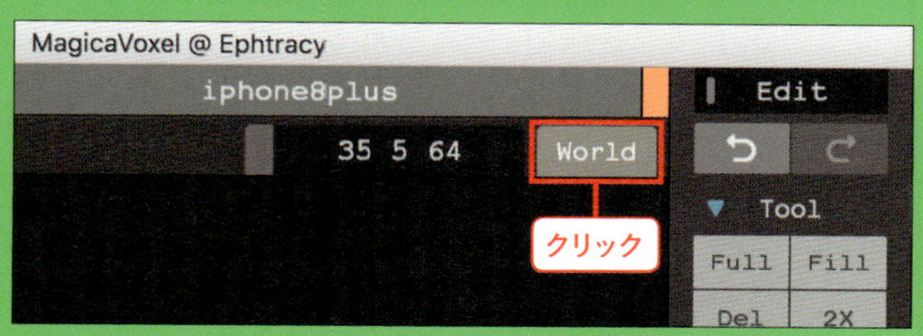

World画面に遷移すると矢印を使ってモデルを動かすことができます。上方向に伸びる矢印をドラッグして、上に動かして地面よりもモデルが上に位置するように動かしましょう。

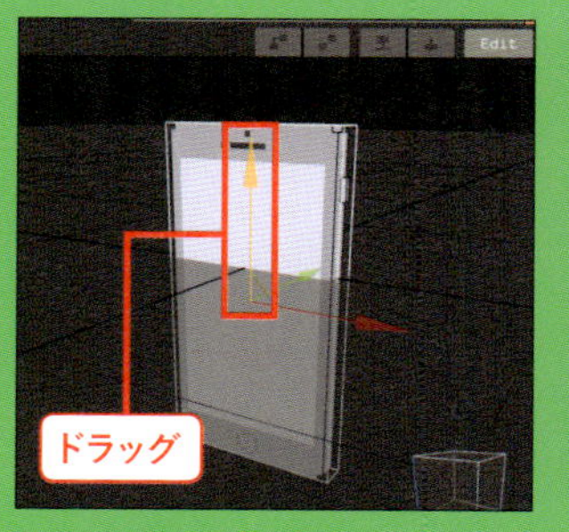

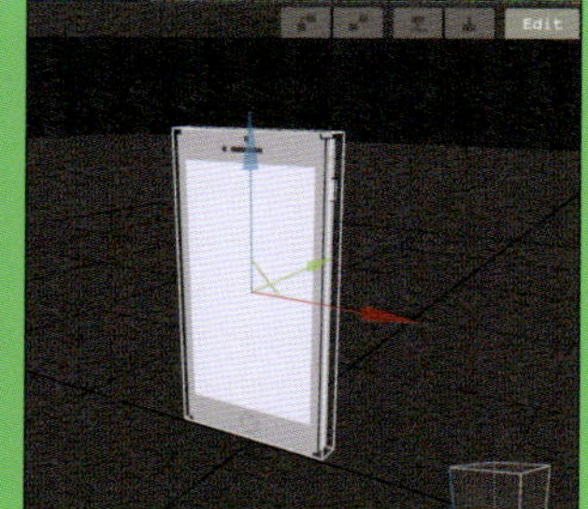

この操作により、レンダリング画面内でも地面より上にモデルが表示されます。

4-4 光の当たり方と影の強さを設定してみよう

次は太陽の位置や影を調整してみましょう。レンダリング機能では太陽の位置や影の付き方を細かく調整することができます。

太陽の位置と影の付き方を設定しよう

太陽の位置と影の調整は、それぞれLightツール下の［**Sun**］と［**Area**］から行います。

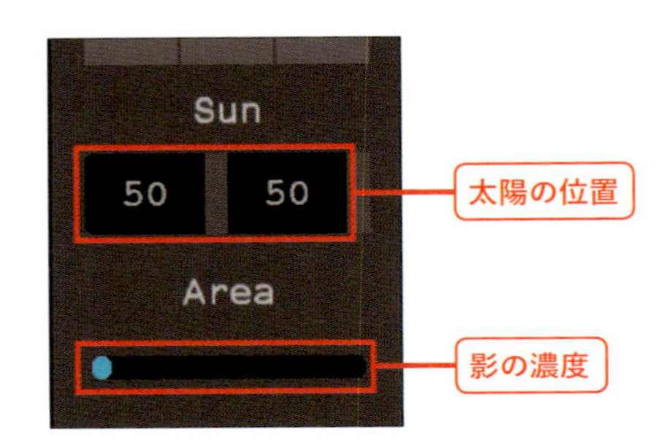

1 太陽の位置を調整する

まずは太陽の位置を調整してみましょう。太陽の位置調整は［**Sun**］で行います。
［Sun］の設定は、右と左それぞれ2つの値から成り立っています。右と左の値はどちらもデフォルトは「**50**」です。左の数字はPitching（左右の軸を中心とした回転）、右の数字はYawing（上下の軸を中心とした回転）を意味しています。

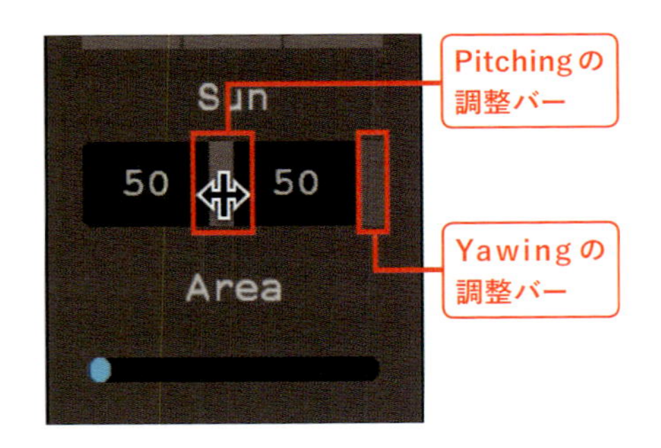

それぞれ右端にあるバーをドラッグすると、マウスポインタの形が✥に変わり、値を変化させることができます。値を変化させると、太陽の位置が変化し、その結果モデルに対する光の当たり方と影が変化します。

オレンジの矢印がPitchingで90 ～ －90度、グリーンの矢印がYawingで0 ～ 360度の範囲でそれぞれ調整できる

以下は左から「Pitchingのみを変更した場合」、「デフォルトの場合」、「Yawingのみを変更した場合」の図です。

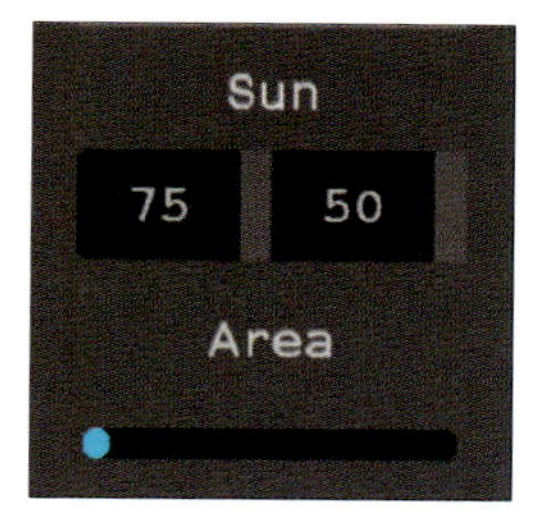

Pitchingのみを変更した場合

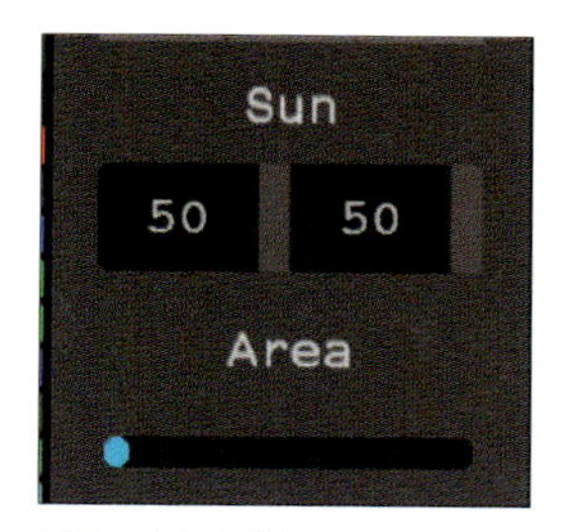

デフォルトの場合

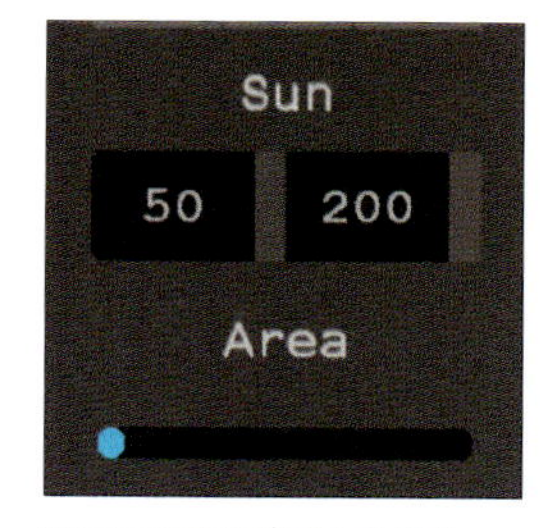

Yawingのみを変更した場合

このように太陽の方向を変えることで影の付き方に変化が出ます。

2 影の濃度を調整する

次に影の付き方の調整をしてみましょう。影の調整では、どの程度くっきりと影を描画させるかを設定できます。

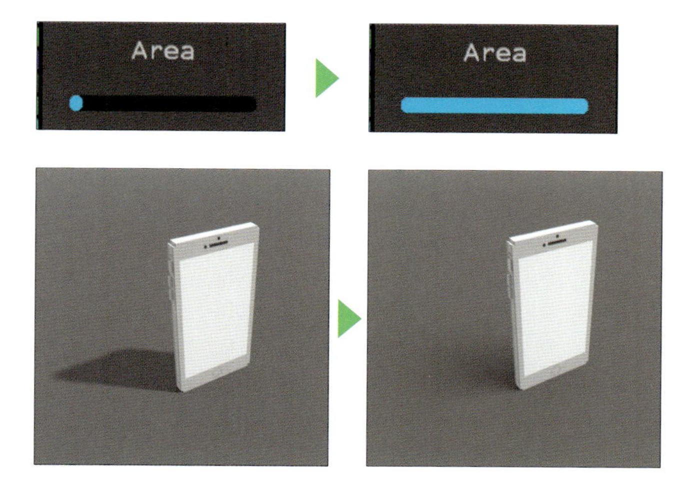

影の調整は、[**Area**] から行います。[Sun[k]] などの操作と同様に、[Area] にある青のバーをドラッグすることで設定を変更します。
右の例では [Area] の設定を右いっぱいにしてみました。デフォルトの [Area] の設定と比べるとかなり影が薄くなっているのがわかります。

これで光の設定は終わりです。次はボクセルに特殊効果を設定できるMatterツールを扱ってみましょう。

4-5 ボクセルに特殊な効果を設定してみよう

ボクセルに特殊な効果を設定して、ガラスやライトなどをレンダリングしてみましょう。

ボクセルに特殊効果を設定するには?

右の例ではiPhoneの液晶部分をガラスに、手前にある赤いボクセルを発光体にする設定にしました。

レンダリング結果の完成イメージ

ボクセルに特殊な効果を設定するには**Matterツール**を使います。これらの設定の仕方を、ひとつずつ見ていきましょう。
なお、このMatterツールでは［**Sel**］ボタンを押していると特定の色ごとに特殊な効果を設定することができます。［**All**］ボタンが押されている状態ではすべての色が対象となり、一度にすべてのボクセルに特殊効果が設定されます。
ここでは［Sel］ボタンを有効にして特定の色ごとに特殊な効果を設定していきましょう。

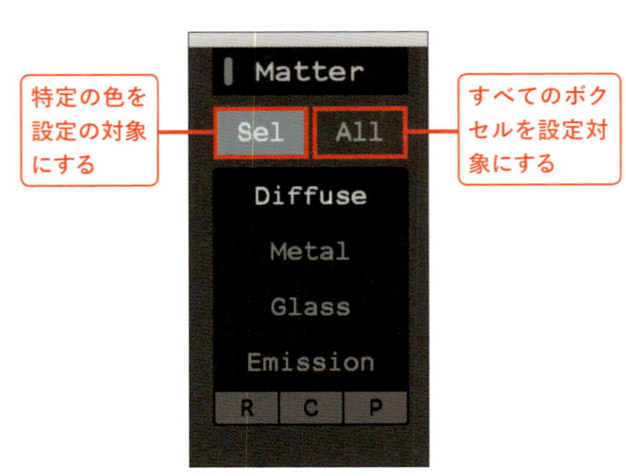

ガラスの設定にしよう

まず最初はiPhoneの液晶部分をガラスの設定にしてみましょう。

Matterツール内にある［Glass］という設定が、ガラスっぽい質感にするツールです。［**Glass**］をクリックして選択しましょう。下に設定項目が表示されます。

［Glass］の設定項目は全部で4つあります。

Glass	透明率	Refract	反射率
Rough	表面の粗さ	Attenuate	細かさ

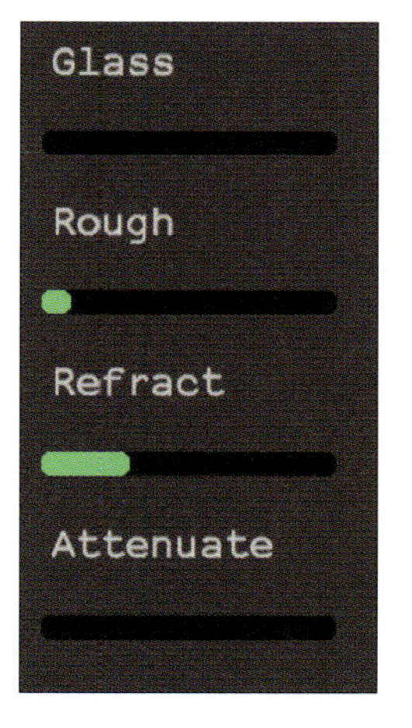

各項目の値を設定することで、ボクセルをガラス素材のような質感にすることができます。ではiPhoneの液晶部分をガラスの設定にしてみましょう。

1 液晶部分を選択する

まずは［Glass］の各項目を設定するまえに、PaletteツールでiPhoneの液晶部分と同じ色を選択しましょう。Option（WinではAlt）キーを押しながらiPhoneの液晶部分をクリックすることで色の選択ができます。
色の選択ができたら、次はいよいよ設定です。

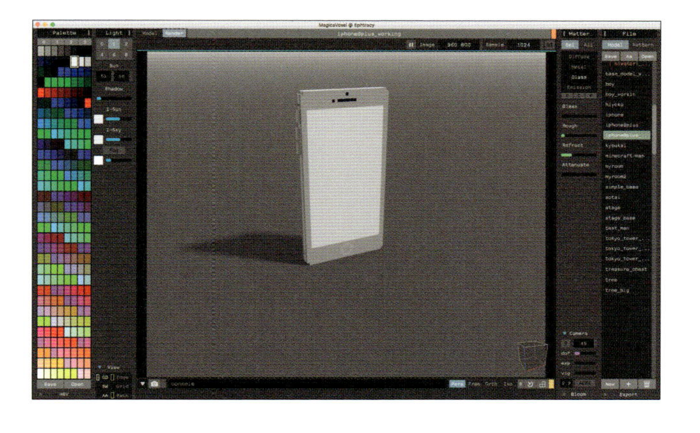

2 透明率を設定する

まずは［**Glass**］を設定していきます。［Glass］の値は緑色のバー部分をドラッグすることで操作可能です。適当な位置までバーをドラッグしてみてください。レンダリング結果が変化して色が変わりました。

これは液晶部分のボクセルの透明度が上がり、その下にあったボクセルが見えるようになった結果です。このように［Glass］の値を変えると、ボクセルを透明にすることができます。

column

すべてのボクセルを透明にする方法

今回は色をPaletteツールで選択して、特定の色を設定したボクセルにのみGlass効果を設定しましたが、すべてのボクセルに対して同じ設定を適用することもできます。

やり方は簡単です。Matterツールのいちばん上にある［Sel］と［All］のボタンから［All］を選択することで可能です。この状態では、すべての色に対して特殊効果を一括で設定することができます。そのため、先の［Glass］の値をこの［All］で適用すると、すべてのボクセルを透明にする表現が可能です。

3 反射率を設定する

次は［**Refract**］の設定を触ってみましょう。この［Refract］では反射率を設定することができます。［Refract］も［Glass］同様にバー部分をドラッグすることで値の設定が可能です。適当な位置までドラッグして、設定してみましょう。

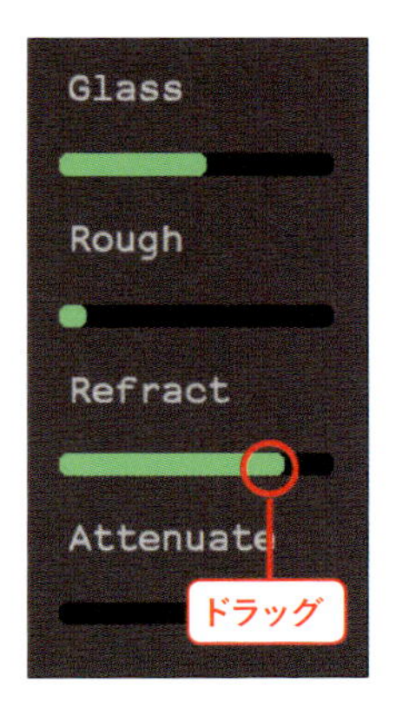

［Refract］の設定値を上げると、液晶部分が地面の反射の影響を受けて若干黒くなります。

4 反射を確認するためのモデルを設置する

［Refract］の設定結果がわかりやすいように、iPhoneの手前に四角いモデルを置いてみます。
Render画面からモデリング画面に戻って、反射させるモデルを追加します。まずはChapter 3で行ったように、モデルサイズを大きくしてモデルを置ける場所を設けましょう。今回はサイズを「35 5 64」から「35 **100** 64」としました。iPhoneの前後にスペースができるので、正面前に赤色の四角いモデルを配置します。サイズと色は適当で大丈夫です。

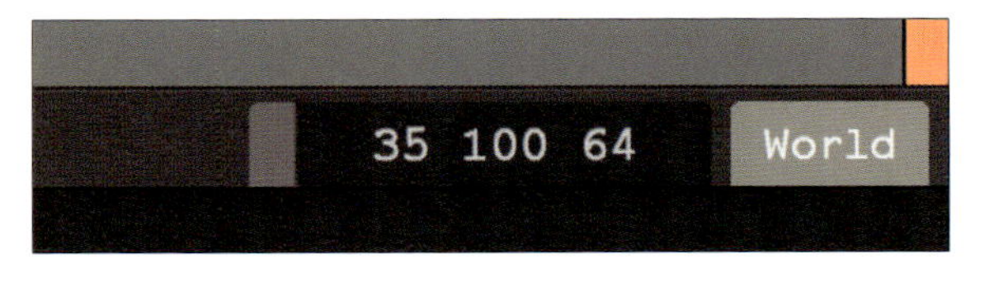

5 レンダリング画面で確認する

タブをクリックしてRender画面に戻ると、先ほど［Refract］を設定したiPhoneの液晶部分に、手前に置いた赤い立方体が反射して映っているのがわかります。
もし反射がわかりづらい場合は、レンダリング画面を右ドラッグしてモデルを回転させて、角度を変えてみましょう。

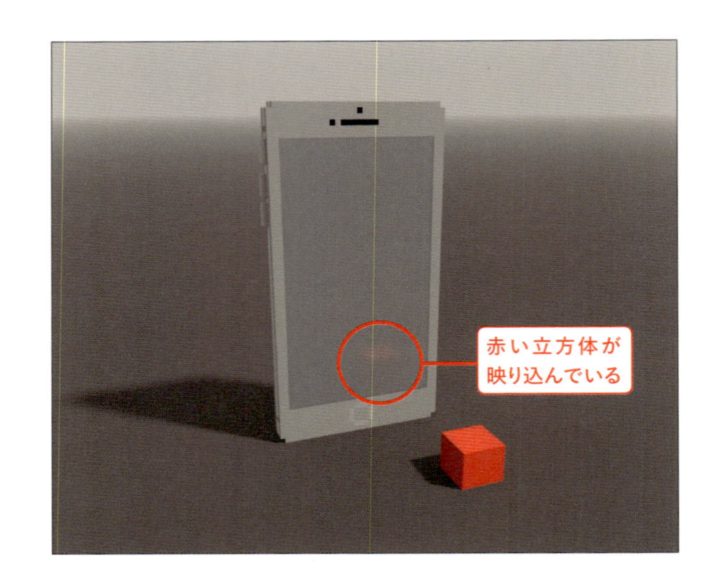

これでiPhoneの液晶部分をガラスにする設定は終わりです。

ボクセルを発光させよう

先ほど手前に置いた赤い箱を発光体にする設定をしてみましょう。

ボクセルを光らせるには、［**Emission**］の設定を行います。［Emission］も［Glass］同様に、選択すると下に設定項目が表示されます。

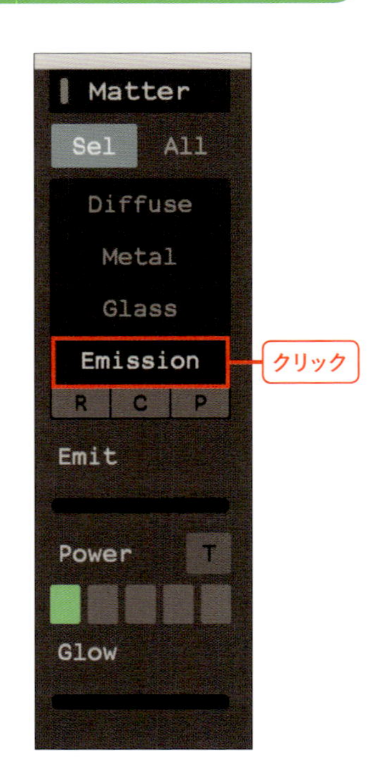

［Emission］には全部で3つの設定項目があります。

Emit	光の放射ぐあい
Power	光の強さ
Glow	輝き度合い

ここでは主に［**Emit**］と［**Power**］を使っていきます。では実際に、先ほど作成したiPhoneの手前に配置した赤い立方体のモデルを光らせてみましょう。

1 確認用に画面を暗くする

光っていることをよりわかりやすくするために、あらかじめLightツールの［**Sun[k]**］と［**Sky[k]**］の値を小さくして、画面を暗くしましょう。

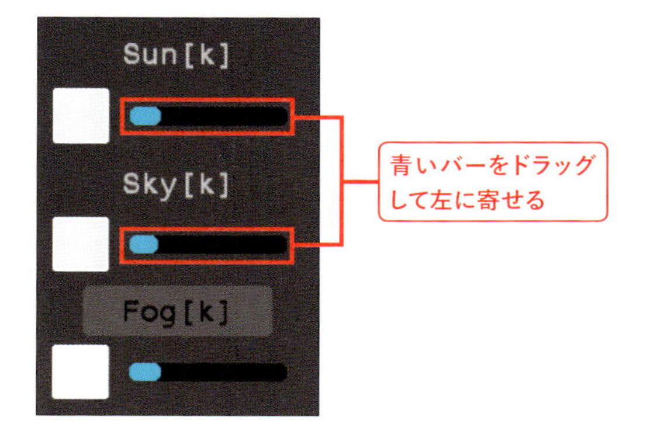

2 光の放射度を設定する

Paletteツールで赤色を選択した状態で、［Emission］を設定していきます。［**Emit**］の値を設定するとモデルが光ります。［Emit］も他の設定と同様に、バーをドラッグすることで値を操作できます。iPhoneの手前にあるモデルが光っているのがわかります。

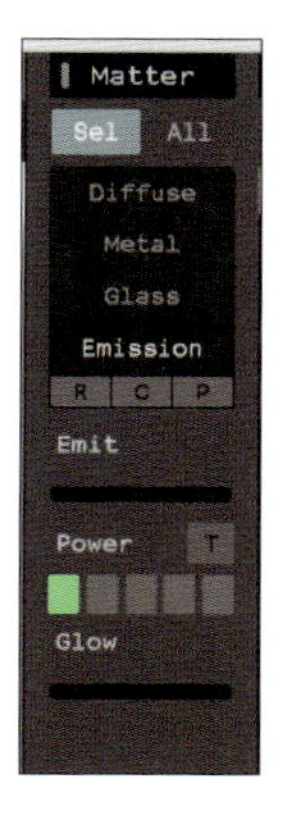

3 光の強さを設定する

次は光をより強くするために［**Power**］の設定を行います。［Power］は全部で5段階の値に対応しています。今回はレベル「**3**」の設定にしてみました。光の強さが上がったのがわかります。

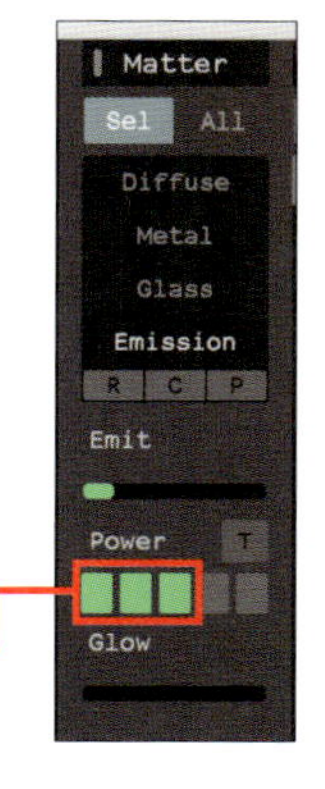

これでガラスの設定と発光体の設定がひと通りできました。
Lightツール同様に、Matterツールにもここでは説明しきれない設定がいくつかあるのでぜひ自分で試して遊んでみてください。なお、［**Metal**］の設定はChapter6（P.112）で行います。

4-6 その他の便利な設定を知ろう

最後にこれまで説明したもの以外で、レンダリング画面に備わる便利な機能をいくつか紹介します。

地面の色を変えよう

レンダリング時の地面の色の変更ができます。変更してみましょう。

1 色を選択する

地面の色を変更するには、まずPaletteツールで変更したい色を選択します。今回は水色にしてみましょう。

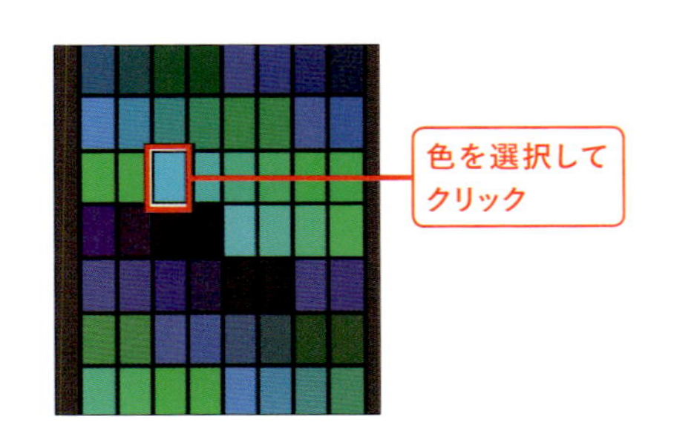

2 地面の色を設定する

Viewツールの［GD］の横にある縦棒のボタンを押すことで、地面の色が変わります。簡単に地面の色を変更できるので、モデルにあった地面の色を選んで設定してみましょう。

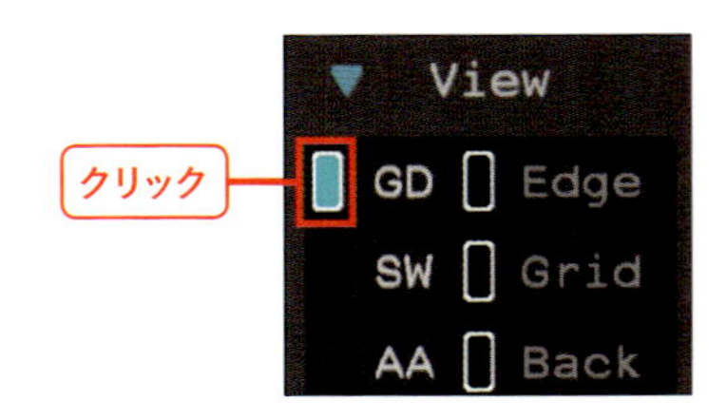

column

背景とエッジの色を変更する方法

地面と同じ要領で背景の色とモデルのエッジの色も変更できます。それぞれ、[Back]と[Edge]の横にある縦棒をクリックすることで変更できます。

デフォルトでは［Back］と［Edge］の設定は無効になっています。Paletteで色を設定したらそれぞれのボタンをクリックして有効にしましょう。

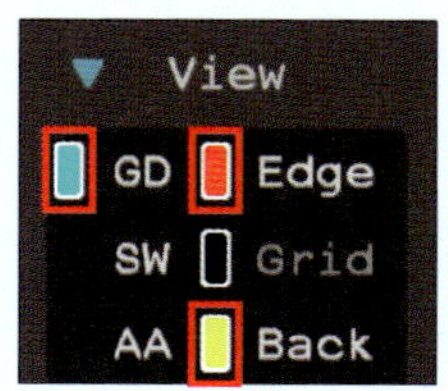

背景が透明な画像をエクスポートしよう

最後に背景を透明にした画像をエクスポートしてみましょう。
背景を透明にするには先ほども使った**Viewツール**を使います。このViewツールで、地面や背景をレンダリングしないように設定できます。先ほど色を変更したときは地面や背景を有効にしましたが、今回はその逆です。
では実際に、地面と背景をレンダリングしないようにしてみましょう。

1 設定を無効にする

地面と背景をレンダリングしないようにするには、[GD]と［Back］ボタン(Edgeも有効になっていたら［Edge］も)を押して、非選択状態にします。すると、レンダリング画面のモデリング以外の部分が灰色になります。この状態が、地面も背景もレンダリングされていない状態です。

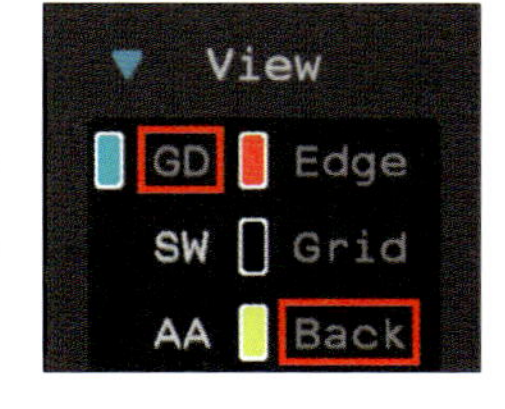

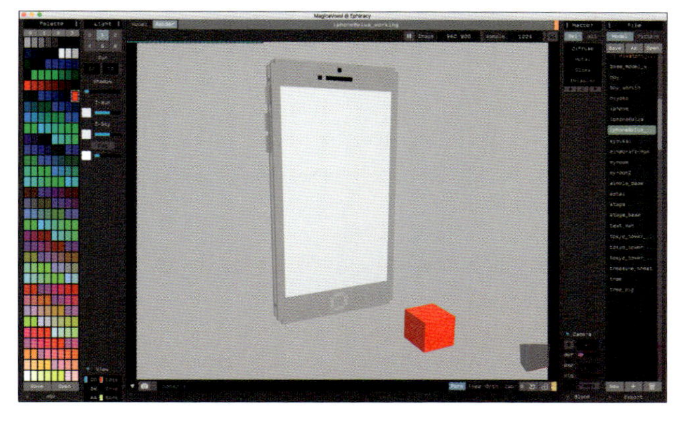

2 アルファチャンネルを有効にする

レンダリング画面下のカメラアイコンの右にあるバーをクリックして、アルファチャンネルを有効にします。この状態でカメラボタンを押して画像をエクスポートすると、背景が透明な画像が作成できます。

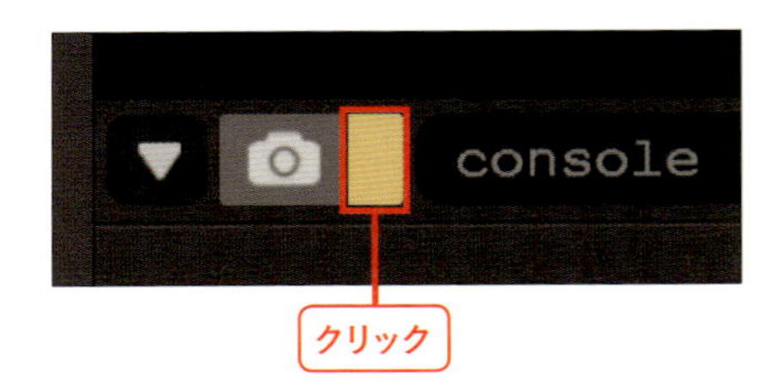

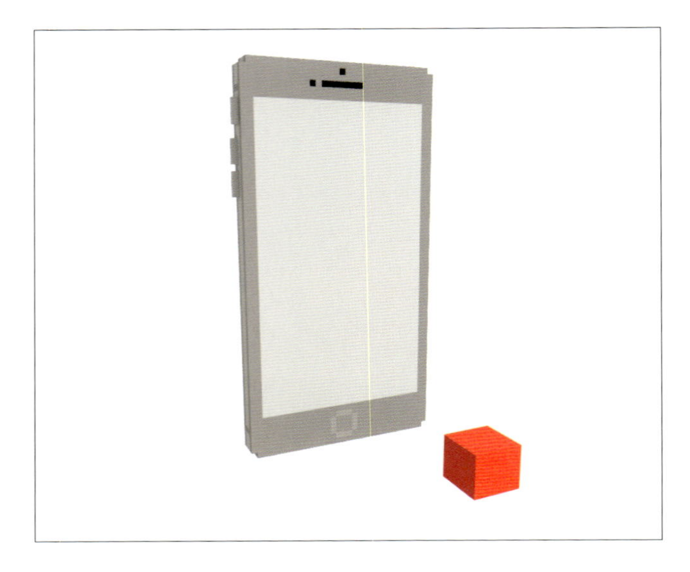

memo
アルファチャンネルとは画像のどこを透明にするかの情報です。MagicaVoxelの場合、アルファチャンネルを有効にすると背景が透明になった状態で画像が保存されます。

まとめ

これでひと通りMagicaVoxelのレンダリング画面と
機能の説明を行いました。
まだまだ説明しきれていないレンダリング機能の設定が
ありますが、他の設定に関しても基本は紹介した方法で
操作が可能です。いろいろと設定を変えて試してみてください。

次の章からはより実践向きの学習内容として、
キャラクターをモデリングしていきましょう。

Chapter 5
キャラクターをモデリングしてみよう

本章ではMagicaVoxelを使って、キャラクターを
モデリングしてみましょう。
キャラクターといっても、本書では絵心がない人を
メインターゲットにしていますので、
絵を描けない人でもキャラクターをモデリングできる術をご紹介します。

5-1 絵心なしでキャラクターをモデリングするには

まずは絵を描くのが苦手な人でも、どのようにしたらキャラクターをモデリングすることができるようになるかを説明します。

絵心がなくてもモデリングはできる!

キャラクターをモデリングできるようになるには、紙に描く絵と同様、すでにある絵図や物体を模写することが大事です。3Dドットモデリングは鉛筆やペンを使って描いた絵と違い、ボクセルを決まった位置に配置することで完璧に模写することができます。
このような理由から、本章では参考になる見本を探して、それを模写してモデリングする方法を解説します。
次からは参考になるモデルの探し方を紹介します。できれば、手に取って自由にいろいろな角度から眺められるものが望ましいのですが、必ずしもそのようなものが手に入るわけではありません。今回は2通りの方法を紹介します。

手に取れるモデルの探し方

まずは手に取ることのできるモデルの探し方です。これはボクセル風のものを探すことで可能です。おすすめなのはnanoblockです。
nanoblockとは、LEGOブロックよりも小さいサイズのブロックを積み重ねてキャラクターや建物を作っていくおもちゃです。
小さいブロックを積み重ねていることから、3Dドットモデリングで単純に真似することで、モデルを制作することができます。

『ジャイアントパンダ』
(品番 NBC_159)

『アワードセレクション バニーガール』
(品番 NBC_251)

nanoblock.

人気のキャラクターモデルも手に入る

このnanoblockがLEGOブロックよりも参考にするモデルとして優れている点として、非常にたくさんのキャラクターの商品が発売されていることがあります。ポケモンをはじめとして、ドラえもんなどのキャラクターのnanoblockが実際に販売されています。このnanoblockを購入し実際に組み立てることで、自分の手で触れることのできるモデルが手に入ります。

自身の手で実際に組み立てることにより、前後左右・上下から見た形状のバランスや構造を理解することも同時にできます。構造を理解することは、モデリングする際の大きな助けとなります。

インターネット上での探し方

次はインターネット上でのモデルの探し方を紹介します。インターネット上では、Googleの画像検索などを使えばいろいろなモデルを検索することができます。しかし、これには一点致命的な問題点があります。それは、あらゆる角度からモデルを観察することができないという点です。

多方面からモデルを観察できないと、見えない部分は他の資料に当たるか、自分の想像で補うほかありません。著者が考えるに、絵心がない人はこの「想像」がとても難しいのです。そもそも想像できるのであれば、自分で好きなモデルを頭のなかで描いてモデリングすることができますよね。そうしたくてもできないので、参考になるモデルを探しているのです。

3Dデータ共有サービスの利用

そこで、インターネット上でモデルを探す場合は、Poly（https://poly.google.com/）を使うことを強くおすすめします。PolyとはGoogleが運営する3Dモデル共有サービスです。自作の3Dモデルをアップロードしてインターネット上に公開することもできますし、他のユーザーがアップロードし公開している3Dモデルも閲覧することができます。検索することで、気に入った参考モデルが見つかるでしょう。
またこのPolyの素晴らしいところとして、3Dモデルをさまざまな角度から閲覧することができるという点です。先ほどの画像検索時のデメリットが解消されます。

本章ではこのPolyを用いて、あらゆる角度から参考になるモデルを観察しながら、キャラクターのモデリングを行ってみましょう。

Googleの3Dデータ共有サービス「Poly」

カラーパレットの使い方

MagicaVoxelでは色の選択をPaletteツールで行いますが、表示されているカラーパレットに選択したい色がない場合があります。そのような場合は、Paletteツールのタブを切り替えたり、自分で色を作成することで対処できます。

パレットを切り替える

1 Paletteツールにはタブでパレットを切り替えられる機能があります。デフォルトではいちばん左の「0」のタブが選択されている状態です。

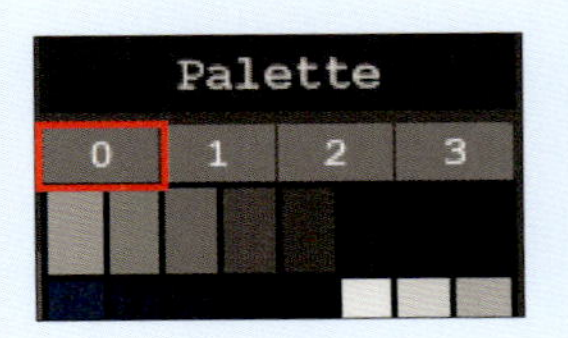

2 「1」や「2」のタブを選択することで、パレットを切り替えることができます。

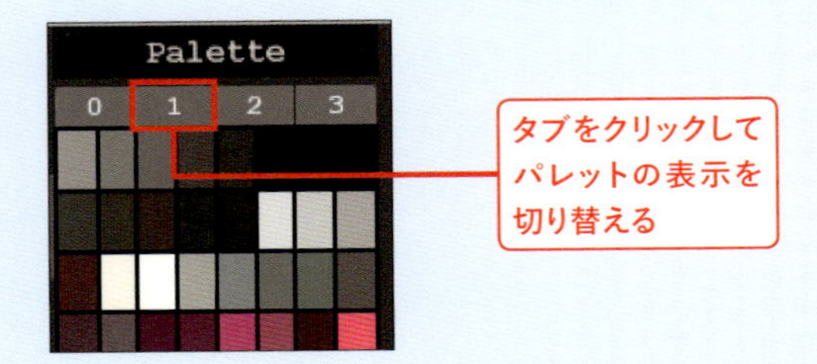

ここで注意が必要です。タブを切り替えると、モデリング中のモデルの色が変化してしまいます。これはモデルの色がパレットを切り替えることで変更されたことが原因です。
右はパレット「1」で作成したモデルを、パレット「0」に切り替えて色が変化した例です。

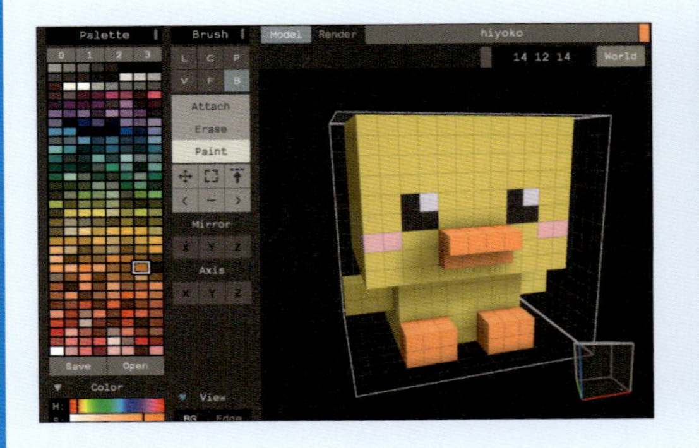
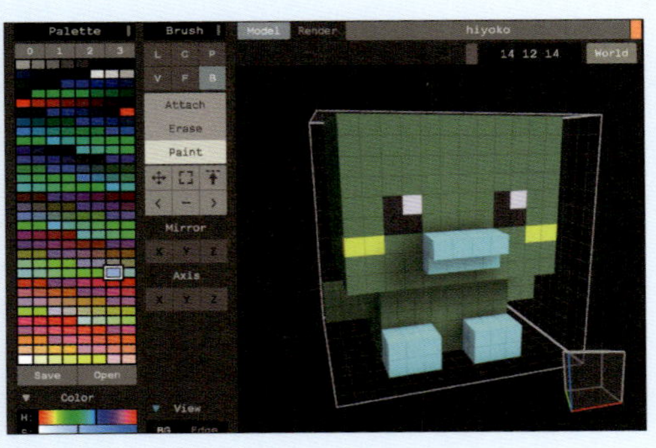

MagicaVoxelでは、モデルの色を色情報として記憶しているのではなく、Paletteツールのパレットの配置番号で記憶をしています(プログラミングでいう配列のindexのみを記憶していると考えるとわかりやすいかもしれません)。そのためパレットが切り替わった場合、記憶している配置番号に対応する色も一緒に切り替わるので色が変化してしまう、といったことが起きます。
このような仕様から、ひとつのボクセルモデルはひとつのパレット内の色を使って作成することが推奨されています。

column

色を作成する

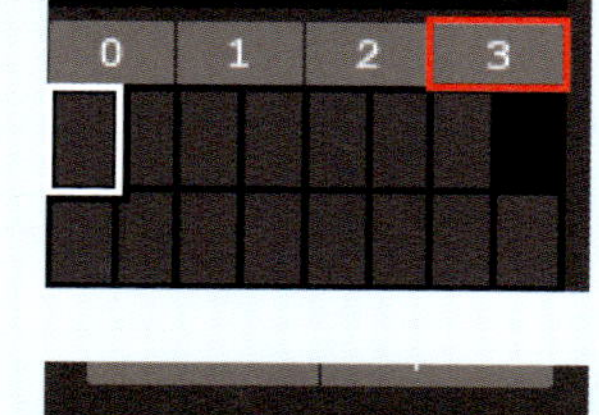

Paletteツールでは色を作成することや、オリジナルのカラーを登録する自分専用のパレットを用意することができます。
Paletteツールの「3」番タブは空（から）のパレットです。オリジナルパレットの作成にはここを使います。

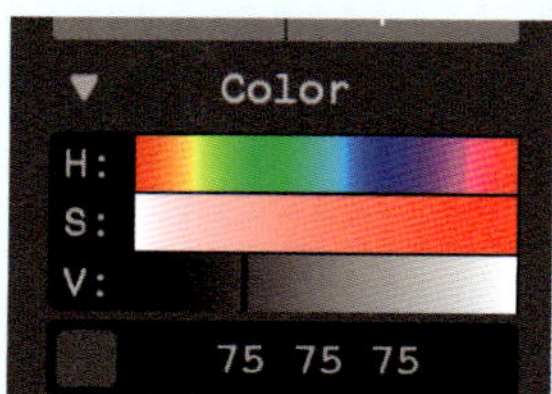

色の作成は、パレットのひとつを選択した状態で、Paletteツールの下にある**Colorツール**で行います。Colorツールの［H：S：V：］とはHSV色空間のことです。それぞれ色相（H）、彩度（S）、明度（V）を表しています。
また［HSV］の下にある3つの数字はRGB値です。このようにColorツールではHSVもしくはRGBの値で色を作成することができます。

試しに紫色を作成してみましょう。RGBの値を「**197 72 255**」と入力します。空のパレットで新規作成するだけでなく、すでに登録されている色を編集することもできます。

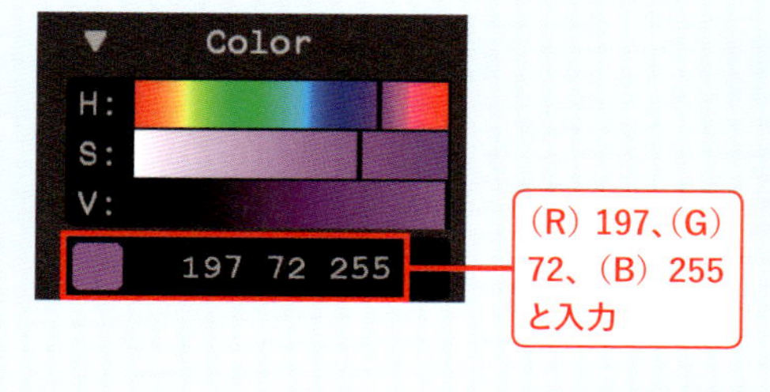

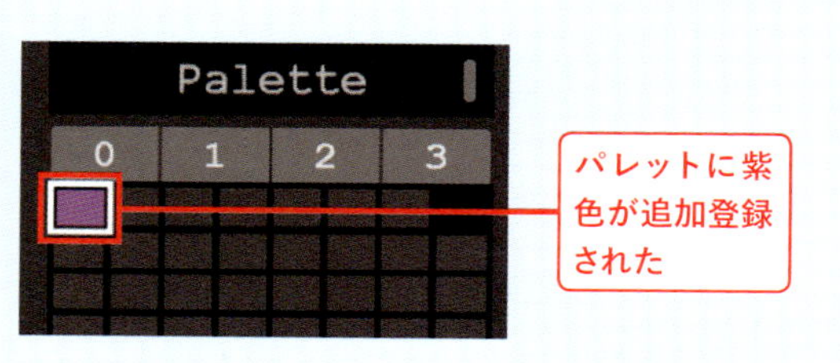

こうして作成したパレットは保存することができます。保存するとpngファイルとして保存されます。
またすでに保存したパレットのpngファイルを読み込んで使うこともできます。pngファイルの保存と読み込みには、Paletteツール下にある［Save］ボタンと［Open］ボタンを使用します。

5-2 ひよこのキャラクターをモデリングしてみよう

早速、キャラクターをモデリングしてみましょう。
今回は筆者がMagicaVoxelを使ってモデリングし、Polyにアップロードしたひよこのモデルを参考にモデリングをしてみます。

ひよこをモデリングしよう

ひよこのモデリングをしてみましょう。実際にモデリングする際にはPolyの画面でひよこを360度動かし、参考にしながらモデリングするのをオススメします。

Polyのリンク
https://poly.google.com/view/bxU6M3D_B_x

ひよこキャラクターの完成イメージ

1 新規モデルを作成する

まずは新規でモデルファイルを作成しましょう。
Fileツール下の［**New**］ボタンを押すと新規のモデルファイルが作成されます。

新規モデルファイルが作成されたら、初期配置されているモデルをToolの［Del］で消しておきましょう。

2 モデルサイズを設定する

次にサイズの設定です。今回のひよこのモデルのサイズは「**20 20 20**」と設定します。

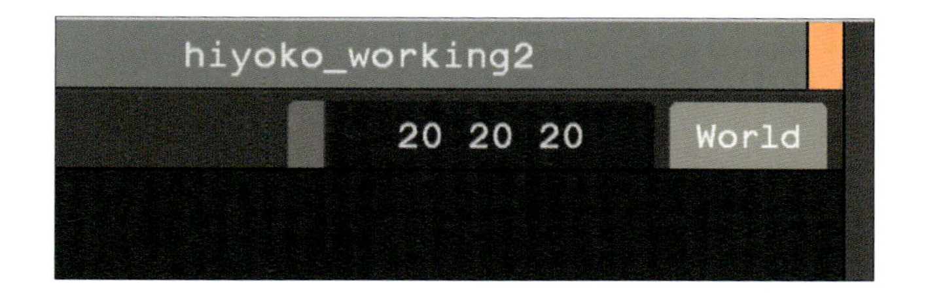

3 胴体をモデリングする

サイズの設定ができたら、最初は胴体のモデリングから始めます。ひよこの胴体は、「**X: 8**、**Y: 6**、**Z: 5**」ボクセルの直方体を作成します。今回は黄色いひよこをモデリングするので、Paletteツールから適当な黄色を選択して、Colorツールで「**251 226 81**」に微調整します。

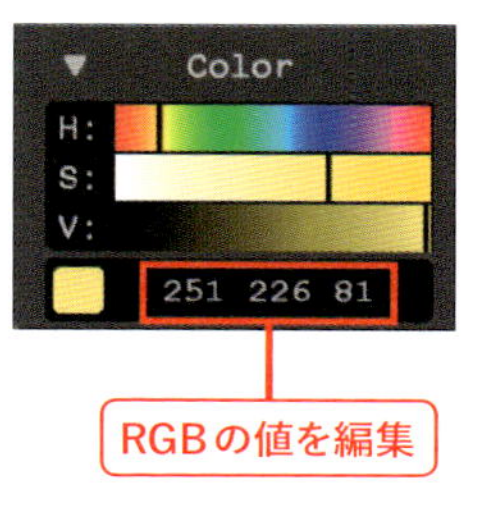

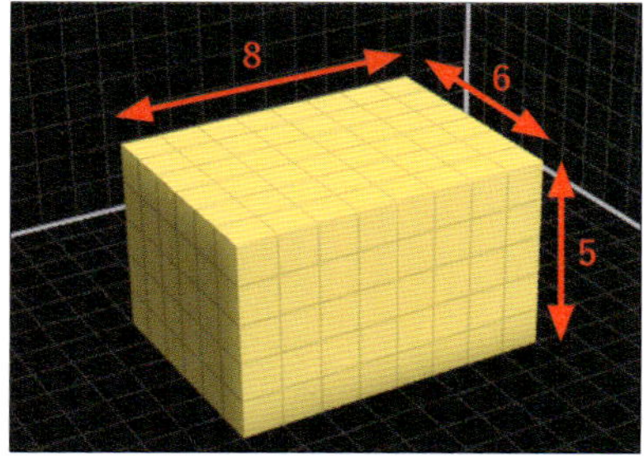

4 手をモデリングする

胴体ができたら、次は手（羽）のモデリングです。図のように、横に長い直方体をモデリングすると手になります。「**X: 3**、**Y: 2**、**Z: 2**」ボクセルの直方体を左右の側面に配置します。
このときに、まず直方体の1段めをモデリングしてその上に［**F**］フェイスブラシを用いてボクセルを積み上げるとモデリングしやすいです。

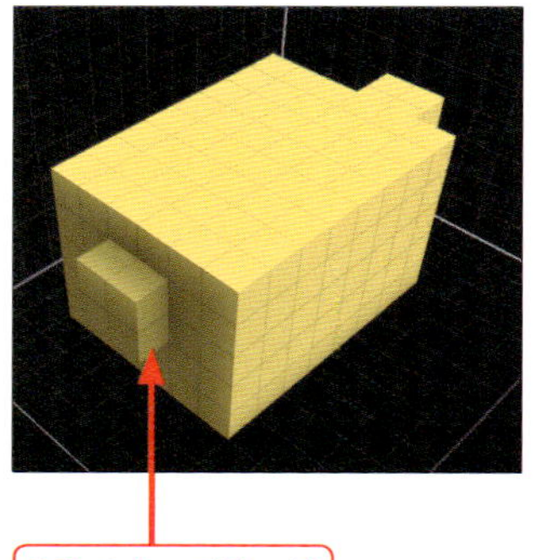

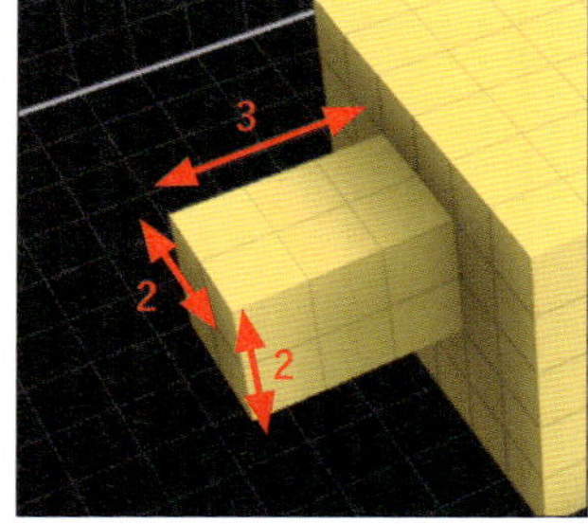

5 尻尾をモデリングする

次は尻尾のモデリングをしましょう。尻尾は胴体の後ろ部分に、階段上になるようにボクセルを配置します。尻尾のサイズは、**X: 2**のボクセルを階段状になるように2段で組み合わせます。

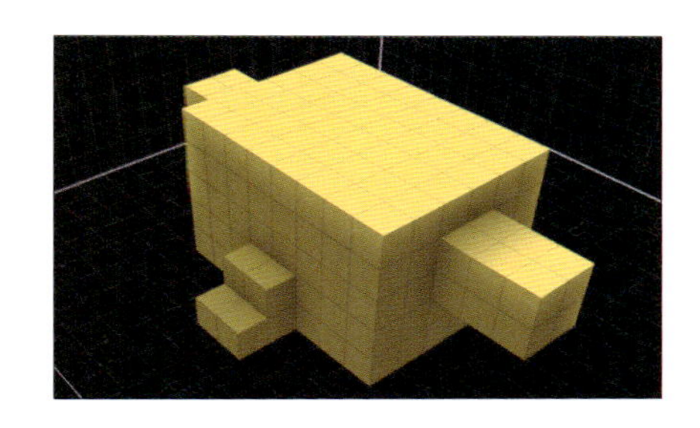

6 足をモデリングする

次は足をモデリングしましょう。足は胴体の前部分にモデリングします。ちょうどひよこがお尻を下にして座っている感じをイメージしながら、足をモデリングすると作業がしやすいでしょう。サイズは左右両方とも、「**X: 3、Y: 2、Z: 2**」ボクセルです。左右それぞれの間隔を2ボクセル分、空けます。足は胴体などと区別がつくように茶色でモデリングします。

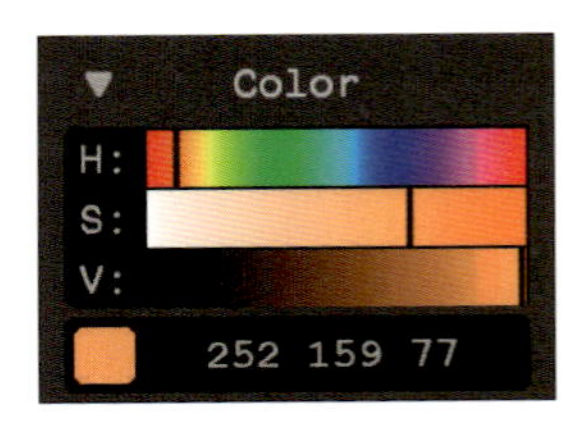

足やくちばし部分の色

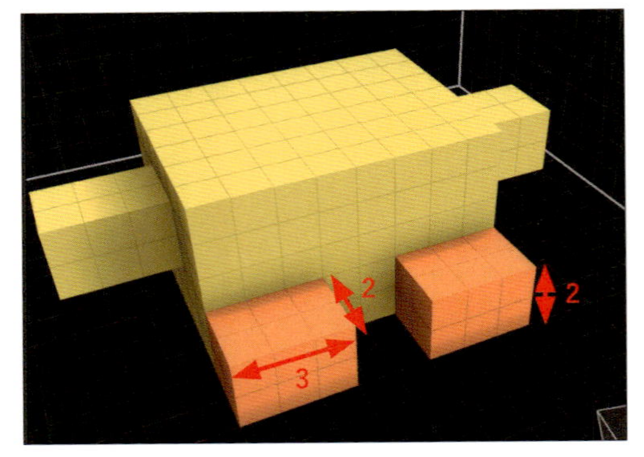

7 頭をモデリングする

次は頭を胴体に乗せるようにモデリングしましょう。胴体と比べて頭を大きくすると、デフォルメされたようになってかわいい造形になります。サイズは「**X: 12、Y: 10、Z: 9**」ボクセルの四角です。

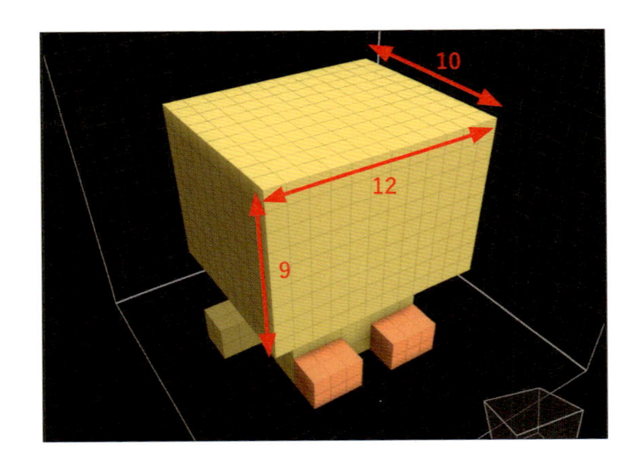

8 くちばしをモデリングする

次は顔の中心部分にくちばしをモデリングしましょう。サイズは「**X: 4、Y: 1、Z: 1**」ボクセルの直方体を逆階段状にしてモデリングします。足と同じ茶色で作成します。

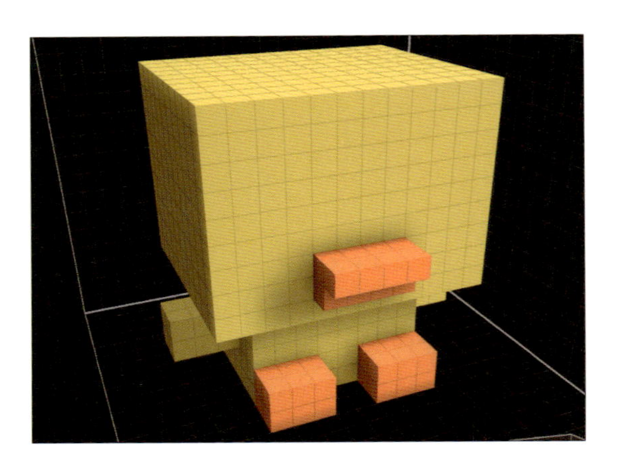

9 顔を表現する

いよいよ最終工程です。仕上げに目やほっぺたなどを、顔のなかに色を塗って表現していきましょう。
図のように、くちばしの近くに目を塗ると、よりかわいらしい造形になります。

黒目、白目、ほっぺたには以下の色を使用しました。

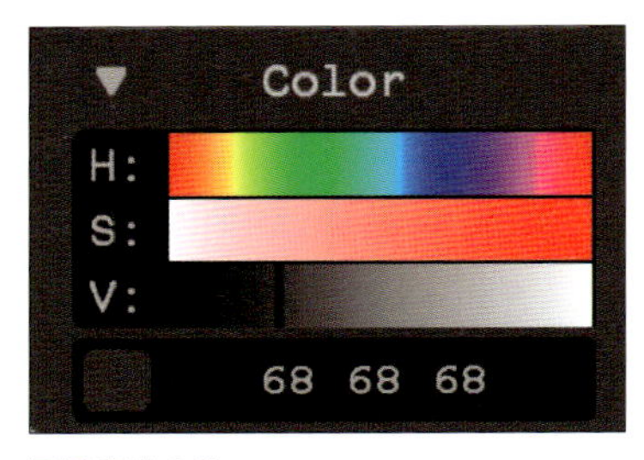

黒目部分の色

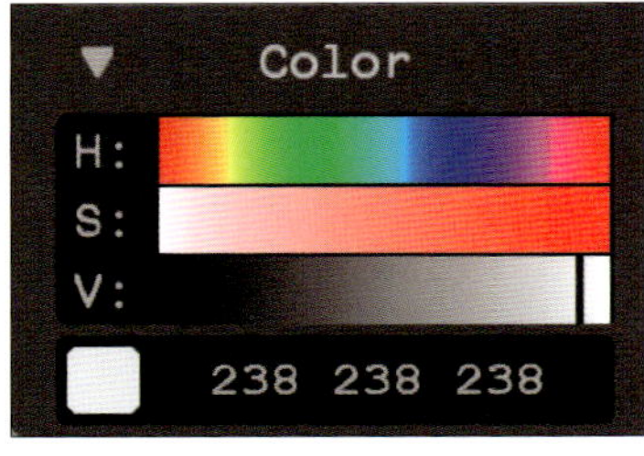

白目部分の色

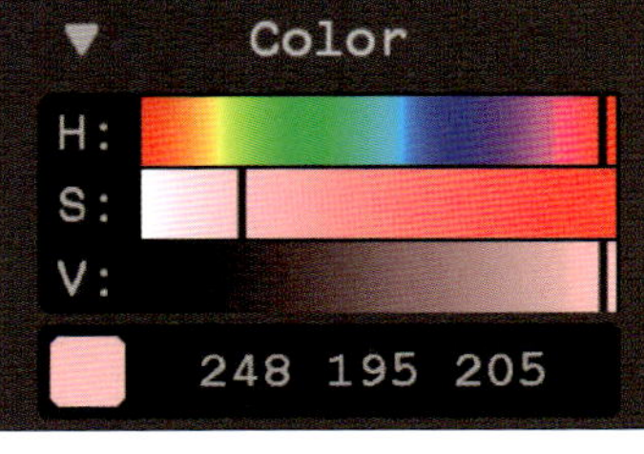

ほっぺたの色

これでひよこのモデリングは終わりです。Fileツールの［Save］ボタンを押してファイルを保存しましょう。

> **memo**
> 保存の詳細については2-6「モデルを保存しよう」(P.41) を参照してください。

5-3 キャラクターを増やしてみよう

前節で作成したひよこは非常にシンプルなものですが、そのため応用範囲も広いモデルです。ここではひよこのモデルを元に、別のキャラクターをモデリングしてみましょう。

にわとりをモデリングしよう

にわとりのモデルは、先ほど作成したひよこのモデルを元に作成できます。実際にモデリングしてみましょう。

Polyのリンク
https://poly.google.com/view/0LXTc2oALmL

にわとりキャラクターの完成イメージ

1 ひよこのモデルをコピーする

モデリングを始める前に、ひよこのモデルを流用するためにFileツールの［**As**］ボタンを押して、別モデルとしてにわとりモデルを新規に作成して保存しましょう。

［As］ボタンを押すとファイルを保存するダイアログが表示されます。ファイル名を決めて保存しましょう。

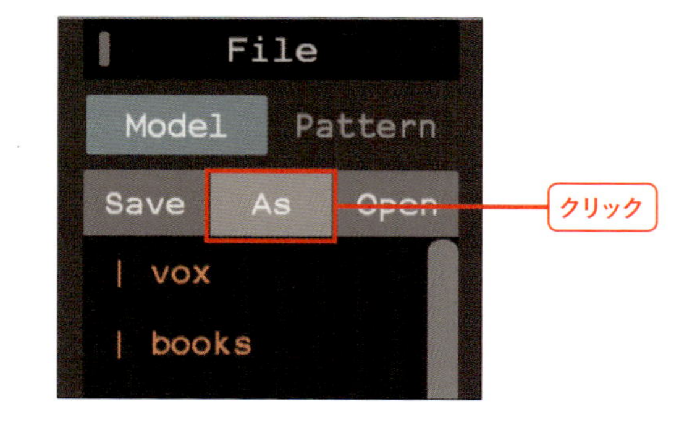

2 モデルサイズを調整する

ひよこモデルのコピーができたら、まずはモデルのサイズを調整しましょう。ひよことにわとりのサイズを比べると、にわとりのほうが少し大きいです。今回はサイズを「**25 25 25**」と変更しました。
これでひよこの上部分にスペースができました。

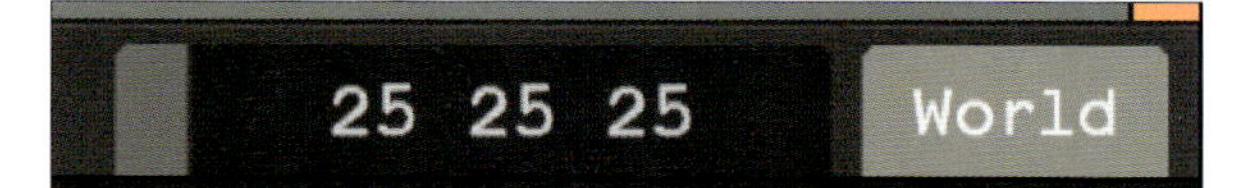

memo
モデルサイズを変更するとレンダリング時にモデルが地面に埋まってしまったり、逆に空中に浮いてしまうことがあります。
その場合はChapter 4のHELP!（P.69）のように適時、表示位置を修整しましょう。

3 胴体を長くする①頭の切り離し

まずはひよこの胴体部分を長くするために、一旦ひよこの頭と胴体を切り離しましょう。
モデル同士を切り離すには、Brushツールの下にある**Box Select**ボタンを押して①、ボタンの下にある［Box］と選択されている部分を、右の［**Rect**］を選択して変更します②。
Box Selectツールは、ボクセルを選択状態にすることができます。選択状態にすると、選択されているボクセルのみを移動させることができます。また［Box］から［Rect］に変更することで、画面上で自由にボクセルを選択することができます。
では実際にモデルを選択していきましょう。選択はエディタ画面で選択したボクセル上をドラッグすることで行えます。今回は頭部のみを移動させたいので、ドラッグして頭を選択します。
このときの注意点として、頭以外が選択されると、その部分も移動させたときに付いてきてしまうので、必ず頭のみを選択した状態にするようにしましょう。

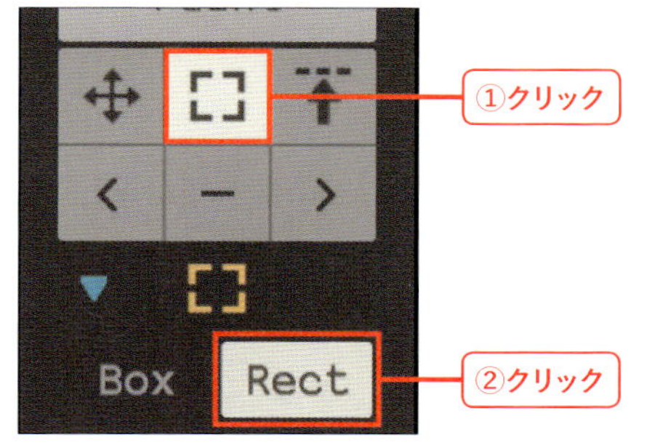

HELP!

ボクセルの選択がうまくいかないときは

もし選択したくない部分が選択されてしまったら、Shift +Cmd（Winでは Alt）キーを押しながら余計なボクセルをドラッグしなおしましょう。これで選択が解除されます。
逆に追加で選択したい場合は、Shiftキーを押しながらドラッグします。

4 胴体を長くする② 頭部の移動

選択ができたら、頭を移動させましょう。移動には、Brushツール下の**Move**を使います。

Moveを使用すると①、選択状態のボクセルを移動させることができます。頭部を上に3ボクセル分移動②させましょう。

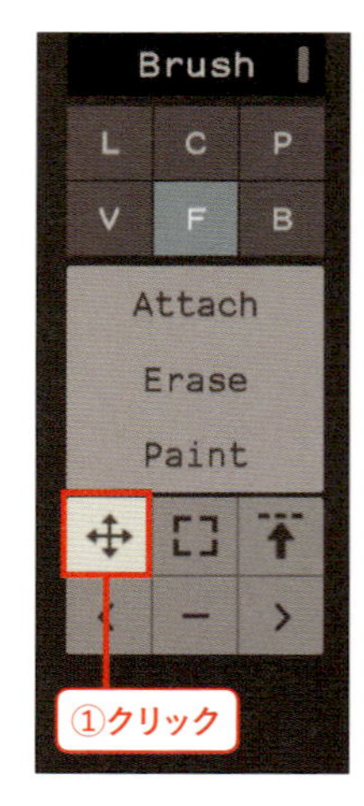

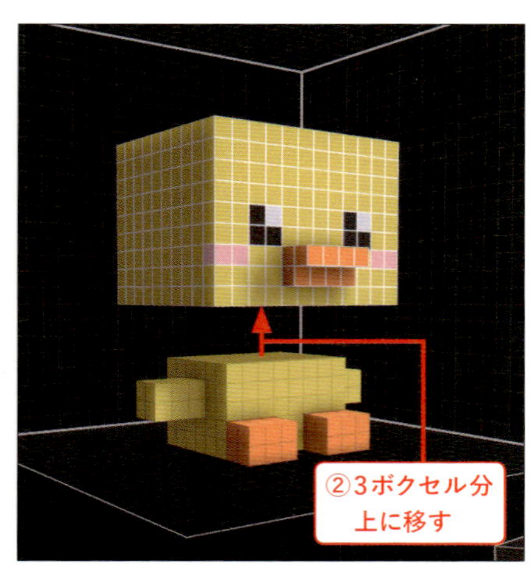

5 胴体を長くする③

頭の移動ができたら、胴体部分の高さを3ボクセル分伸ばしましょう。[**F**]フェイスブラシを使うとあっという間です。こうすることで、ひよことにわとりの身長に差をつけます。

6 手の位置を変える

胴体が伸びたことによって手の位置も変えたほうが見栄えがよくなります。上に2ボクセル分移動させましょう。

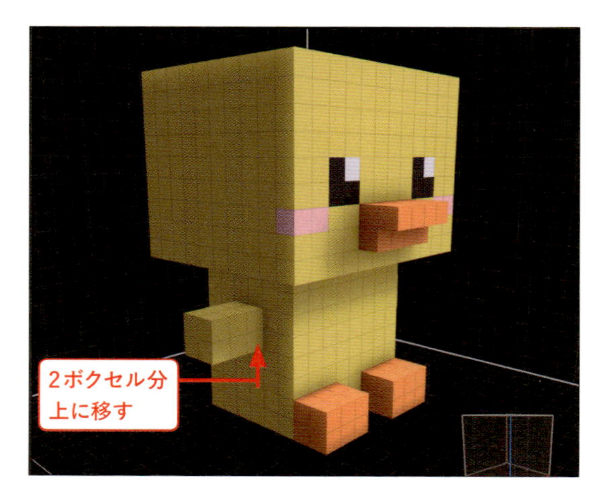

7 色を塗り替える

次はにわとりの色に塗り替えていきましょう。にわとりは白がベースになっているので目のハイライトと同じ白色に［**F**］フェイスブラシを使って塗り替えます。そのときに、ほっぺたの部分も白に塗り替えるのを忘れないようにしましょう。
また、目のハイライトだけは同色になってしまうため灰色を使用します。

目のハイライトの色は右図の灰色に変更しました。

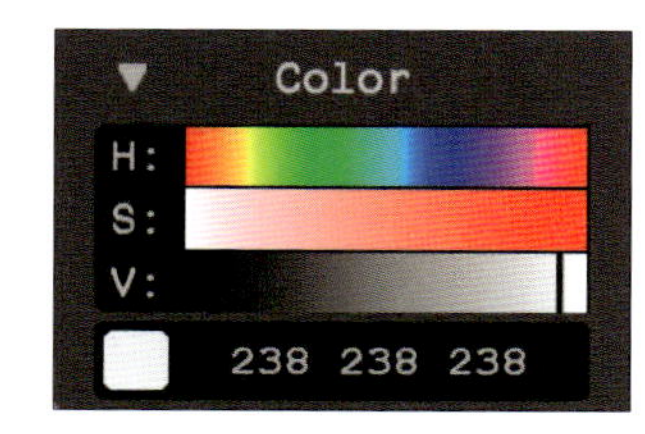

目のハイライトの色

8 トサカをモデリングする

トサカは頭の中心部分に底部を「**X: 2**、**Y: 6**」ボクセル分並べ、3段を重ねた階段状にモデリングします。色は赤を選択しました。

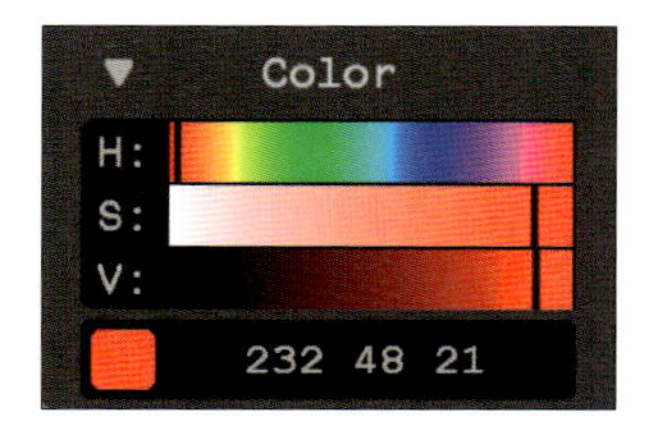

トサカの色

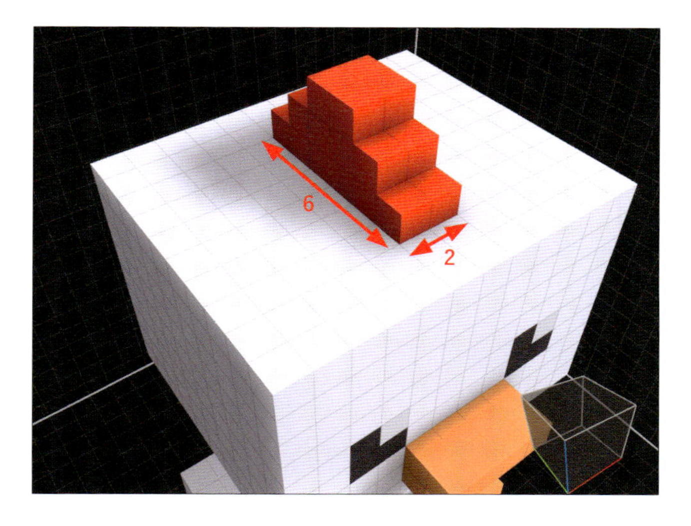

9 あご下のひだをモデリングする

最後にあごの下にあるひだをモデリングして、にわとりのモデリングは終わりです。真ん中に2×2ボクセルの立方体を、左右に1ボクセルずつ配置しています。色はトサカと同色です。

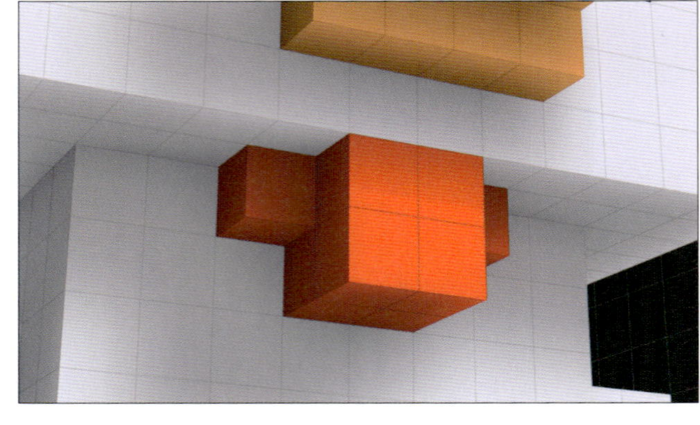

これでにわとりが完成しました。
このように3Dドットモデリングでは、シンプルなモデルをほかのモデルに応用できることがあります。今回作成したひよこやにわとりのモデルから、他の動物キャラクターをモデリングすることも可能ですので、ぜひチャレンジしてみてください。

まとめ

本章ではシンプルなキャラクターをモデリングしてみました。
本章で行ったように、他の人がモデリングしたモデルを参考にすると、3Dドットモデリングでは絵心がない人でもモデリングすることができます。
好みのキャラクターを見つけてモデリングしてみてください。

次の章では部屋のなかをモデリングする方法を紹介します。

Chapter 6 部屋のなかをモデリングしてみよう

本章では、MagicaVoxelを使って部屋の内装やインテリアをモデリングしてみます。
部屋というのはさまざまなもので構成されていますが、一つひとつの構造は単純だったりします。
それらを組み合わせて、一つのモデルを作ってみましょう。

6-1 部屋の造りやインテリアを観察しよう

まずはモデリング対象の部屋を確認してみましょう。
どのような間取りになっているか、どんな構造物や
家具類があるかなどを細かく観察します。
また、部屋のどこからどこまでをモデリングするか、という
線引きも重要ですのでその確認も行います。

モデリングする部屋について

本章では筆者の部屋をMagicaVoxelでモデリングしたモデルを例にし、解説を進めます。
実際にこのモデルをさまざまな角度から見られるようにPolyにアップロードしたので、
そちらも参照しながらモデリングを進めていきます。

部屋と家具類の完成イメージ

Polyのリンク
https://poly.google.com/view/dKp4ioP-hY1

また、本章の解説では以下のものを例としてモデリングしていきます。

- 壁
- 床
- 窓
- 天井
- 照明
- 冷蔵庫

どんなに大きな構造物でも、個別に分割していくと一つひとつはそれほど複雑なものではありません。それらを丁寧にモデリングしていくことで、自分や好きなキャラクターの部屋などをボクセルモデルで再現することができます。

ダウンロードできるモデルデータ

なお本章では作成手順を解説しない家具類のモデルデータをダウンロードできるようにしてあります。それらをダウンロードしてもらい、本章の最後で部屋のなかに配置してみましょう。ダウンロードについてはP.12を参照してください。

ベッド

ローテーブル

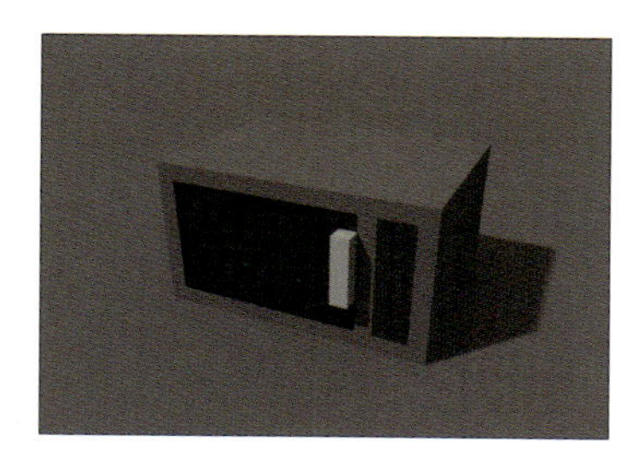

電子レンジ

クローゼット棚

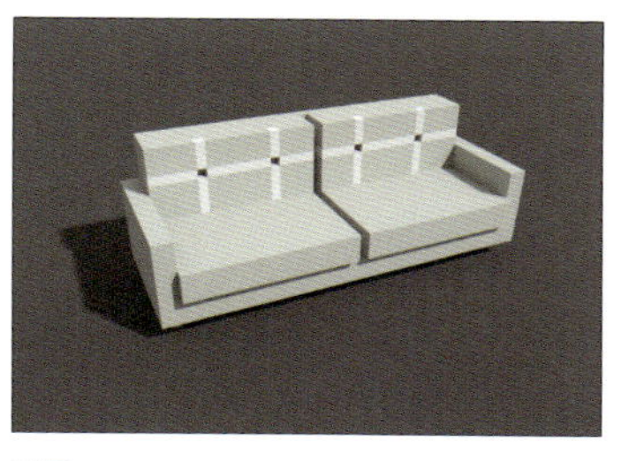

ソファ

ラグマット

6-2 部屋の基礎部分をモデリングしてみよう

まずは部屋の基礎部分をモデリングしてみましょう。
部屋は壁と床と窓で構成されています。
窓を設置する壁と床のモデリングから開始します。

壁と床と窓をモデリングしよう

新規ファイルを作成して、あらかじめ表示されているモデルをToolの［Del］で削除したらモデリングを開始します。

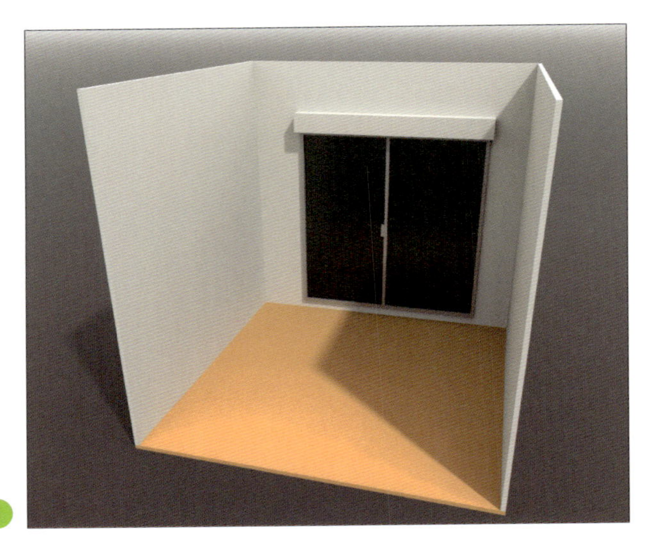

部屋の構造の完成イメージ

1 壁と床をモデリングする

壁と床をモデリングしましょう。とてもシンプルなモデルです。モデルのサイズは「**87 87 86**」にします。サイズの調整ができたら、サイズいっぱいに［**F**］フェイスブラシを使って床をベージュ色に、壁部分の3面を白色のボクセルで作成しましょう。

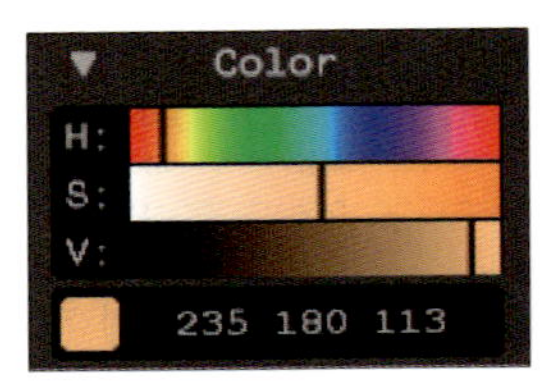

床の色

2 窓をモデリングする

窓の外枠となる部分をモデリングします。右図を参考に、フレーム部分と鍵部分をモデリングしていきます。モデルの位置は図を参考にしてください。窓枠のサイズは「**X: 59、Z: 61**」ボクセルです。

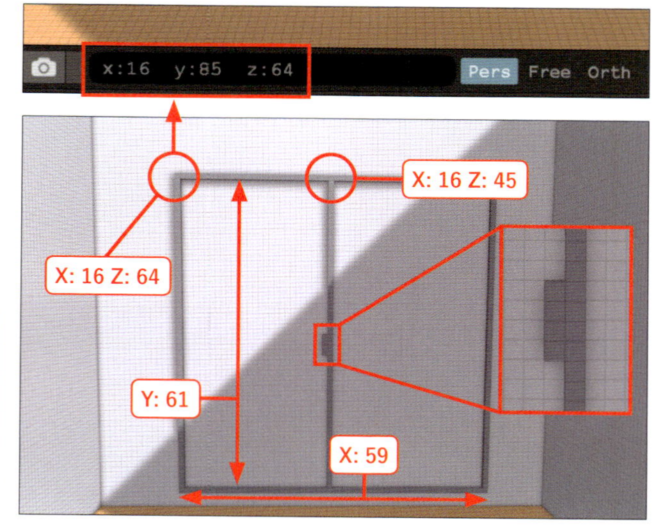

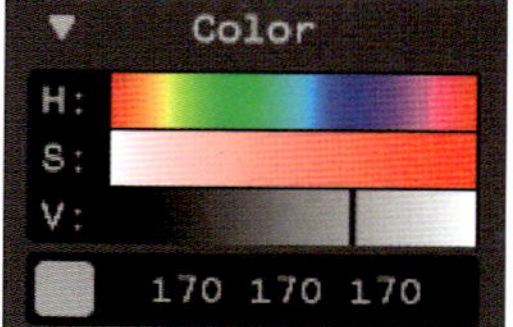

窓枠の色

3 窓ガラスをモデリングする

次に窓のガラス部分をモデリングしていきます。先ほどモデリングしたフレーム内を、黒色で塗りつぶすことで、ガラス部分を表現します。

4 ガラスの質感にレンダリングする

3 でモデリングした黒色の部分を、Chapter4で説明したレンダリング機能でガラスの設定にします。レンダリング画面に切り替えて、**Matterツール**を図のように設定します。今回は窓の反射を表現するために、[Refract] を強めに設定しました。

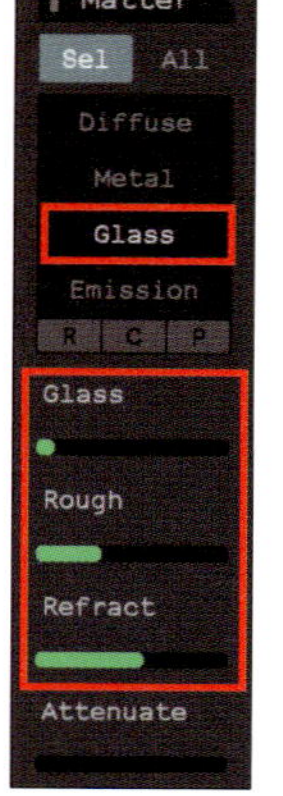

5 カーテンボックスをモデリングする

モデリング画面に戻って窓の上にあるカーテンレールのカバーをモデリングします。モデリングするといっても非常にシンプルです。図のように、横に長い「**X: 61、Y: 4、Z: 6**」ボクセルの直方体を作成します。モデルのサイズは窓の横幅よりも1ボクセル分大きくしています。

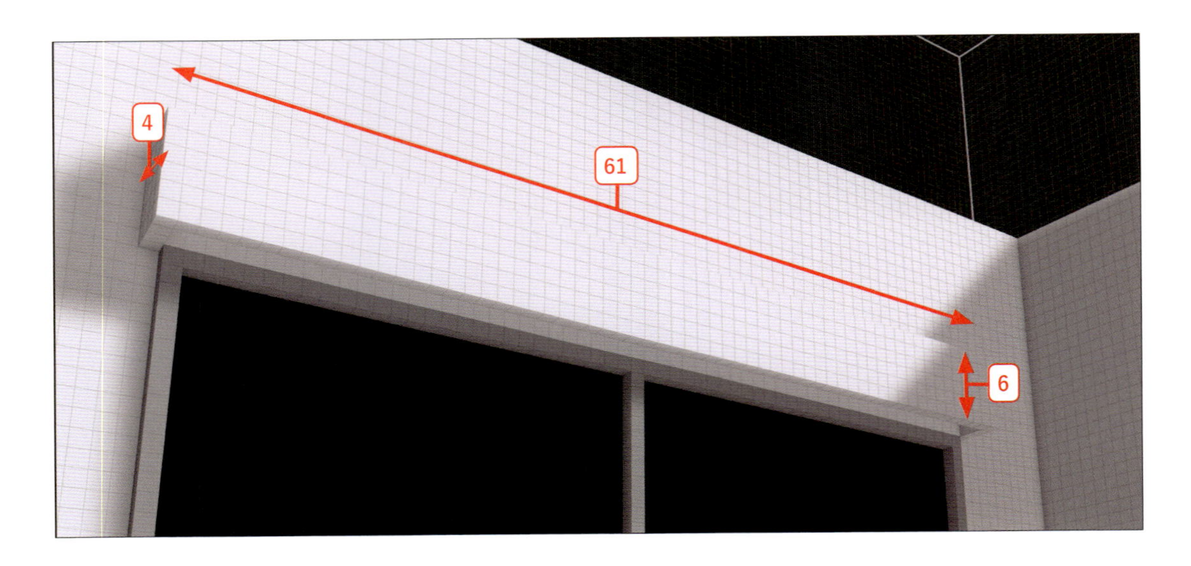

これで壁と床、窓のモデリングは完了です。

column

MagicaVoxelには便利なショートカットがいっぱい

MagicaVoxelにはショートカット機能が多数存在しています。ここではそのなかでも筆者がよく使うショートカットを紹介します。

ショートカット	機能	ショートカット	機能
6（もしくは Fn6）	スクリーンショット	d	横の反時計回り回転
w	ズームイン	q ＋ Space	縦の下方向平行移動
s	ズームアウト	e ＋ Space	縦の上方向平行移動
q	縦の下方向回転	a ＋ Space	横の左方向平行移動
e	縦の上方向回転	d ＋ Space	横の右方向平行移動
a	横の時計回り回転	Tab（モデル編集画面もしくはWorld機能時のみ）	モデル編集画面とWorld機能の入れ替わり

これらはモデリング中に頻繁に行う操作のショートカットになっているので、作業中に使うと効率が上がります。ぜひ気に入ったショートカットを使ってみてください。

またMagicaVoxelには他にもショートカットが存在します。それらは作者のページにまとまっていますのでこちらもご覧ください。

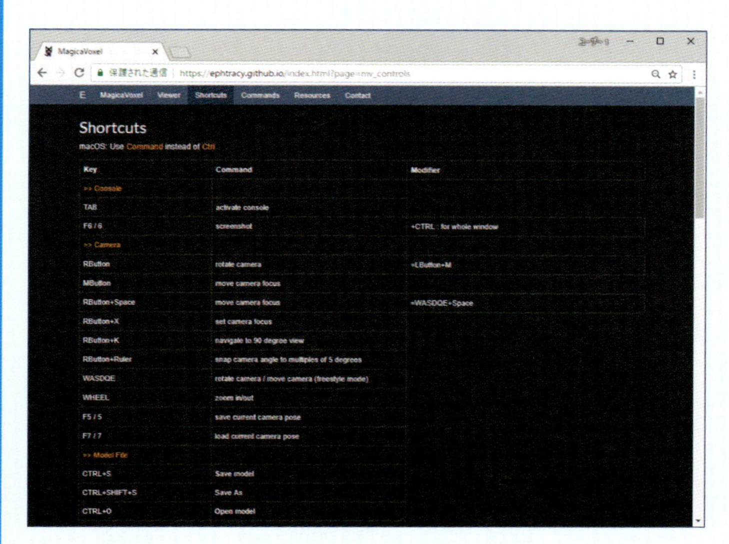

ショートカットの紹介ページ
https://ephtracy.github.io/index.html?page=mv_controls

6-3 照明をモデリングしてみよう

次は部屋のなかの照明をモデリングしましょう。
レンダリングで照明を光らせるまでを解説します。

天井と照明機器をモデリングしよう

先ほど作った部屋と窓のモデルに照明を加えてみましょう。まずは照明を設置する天井部分をモデリングします。

1 天井をモデリングする

天井は壁と同じようなモデルを部屋の上の部分に取り付けます。天井をモデリングする際には、モデルのサイズを「**87 87 87**」に変更し［**F**］フェイスブラシを使います。色は壁と同色です。この天井の中心部分に、照明をモデリングしていきます。

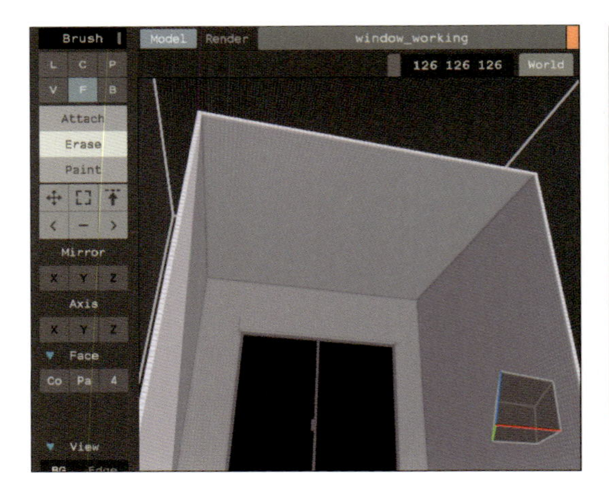

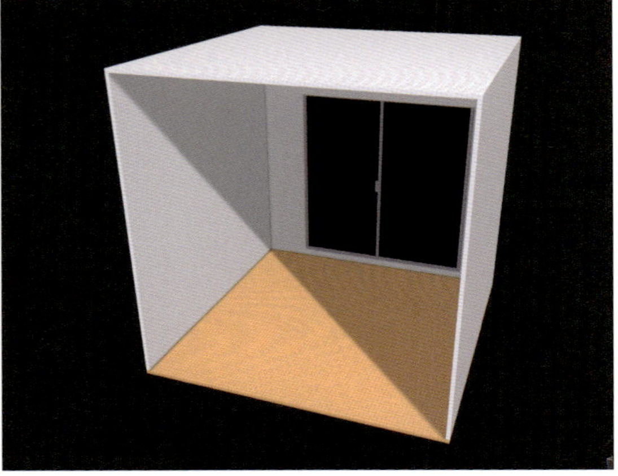

2 照明をモデリングする

照明はよくある丸形のシーリングライトをイメージしてモデリングします。[C] センターブラシを使って**半径7ボクセル**の円をモデリングします。またこのときに、照明の色を発光させたい色に変更するのを忘れないようにしてください。今回は壁の白に近い白色を選択しました。

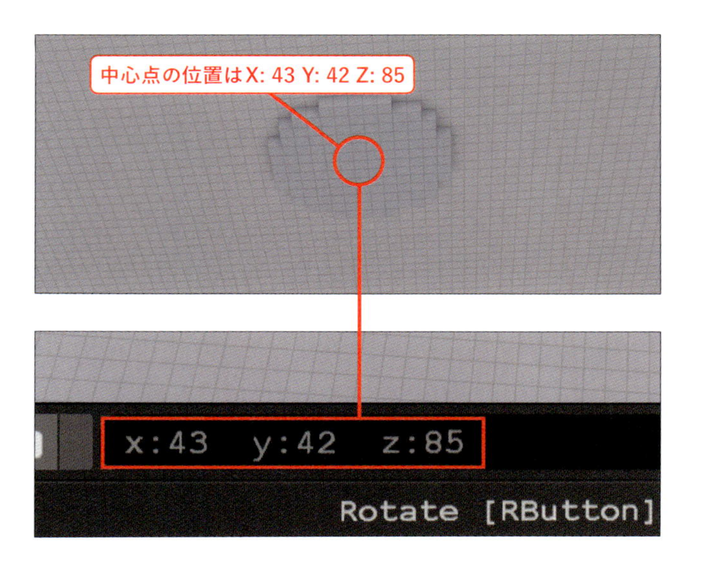

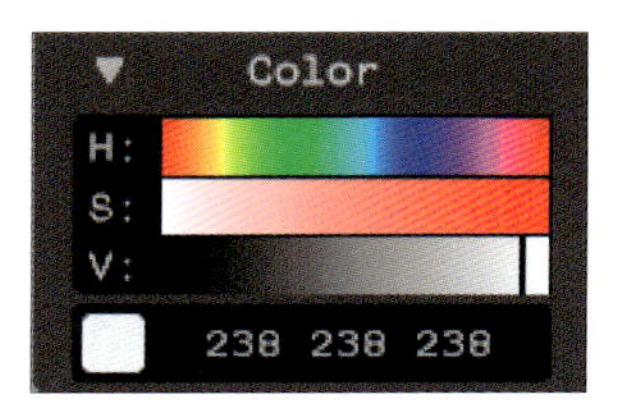

照明の色

3 レンダリングで照明を光らせる

モデリングできたら、Chapter4で説明をしたレンダリング機能で、ボクセルの発光の設定を照明に適用しましょう。右図のようにMatterツールを設定して、部屋の照明を作成することができました。

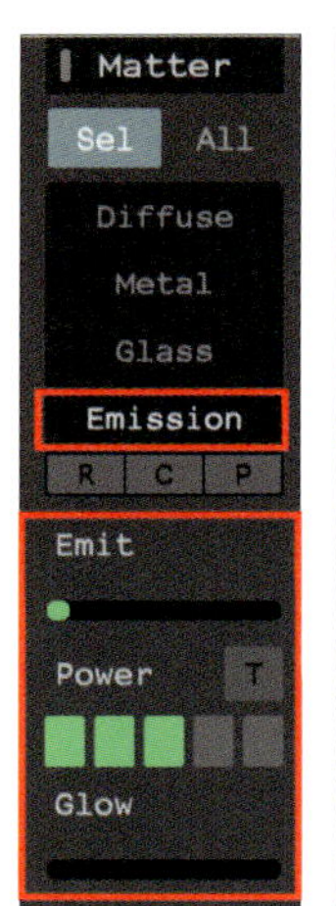

これで照明のモデリングは終了です。今回はむき出しのシーリングライトをモデリングしましたが、本物の照明機器と同様にガラスの設定などを用いてカバーをモデリングするのも面白いかもしれませんね。

6-4 World機能を使って家電製品をモデリングしてみよう

ここまでで部屋の基礎部分は完成しました。
次はMagicaVoxelのWorld機能を使って、
部屋のなかに家電をモデリングして配置してみましょう。

World機能とは?

World機能を簡単に説明すると、一般的なお絵かきソフトによくあるレイヤー機能です。各モデルごとにレイヤーで個別に管理することができ、3D空間上で自由に移動や配置を行えます。そのため複数のモデルを効率的に扱うことができ、多数のモデルを一括でレンダリングしたいときなどに有効な機能です。

サンプルではそのWorld機能を使って、以下の家具や電化製品をモデリングして部屋に配置してみました。

- **ベット**
- **ローテーブル**
- **冷蔵庫**
- **電子レンジ**
- **クローゼット棚**
- **ソファ**
- **ラグマット**

全部を部屋に配置すると、右のようになります。
それではWorld機能を使って実際に家電をひとつモデリングして配置してみましょう。

World機能の使い方

まずはWorld機能の使い方の説明からです。World画面へはモデリング画面の右上にある［**World**］ボタンから遷移できます。

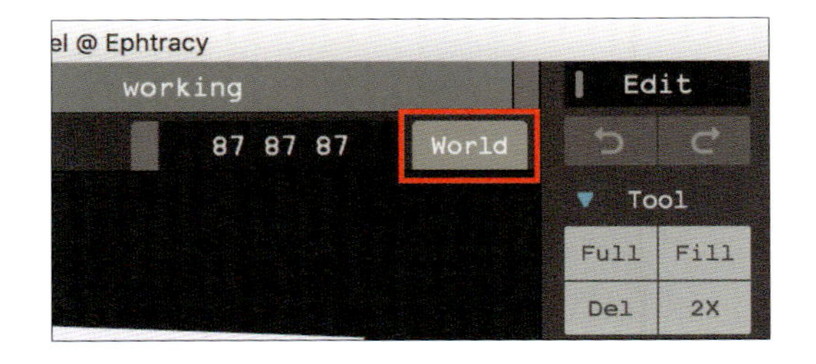

World画面の説明

World画面は以下のようになっています。

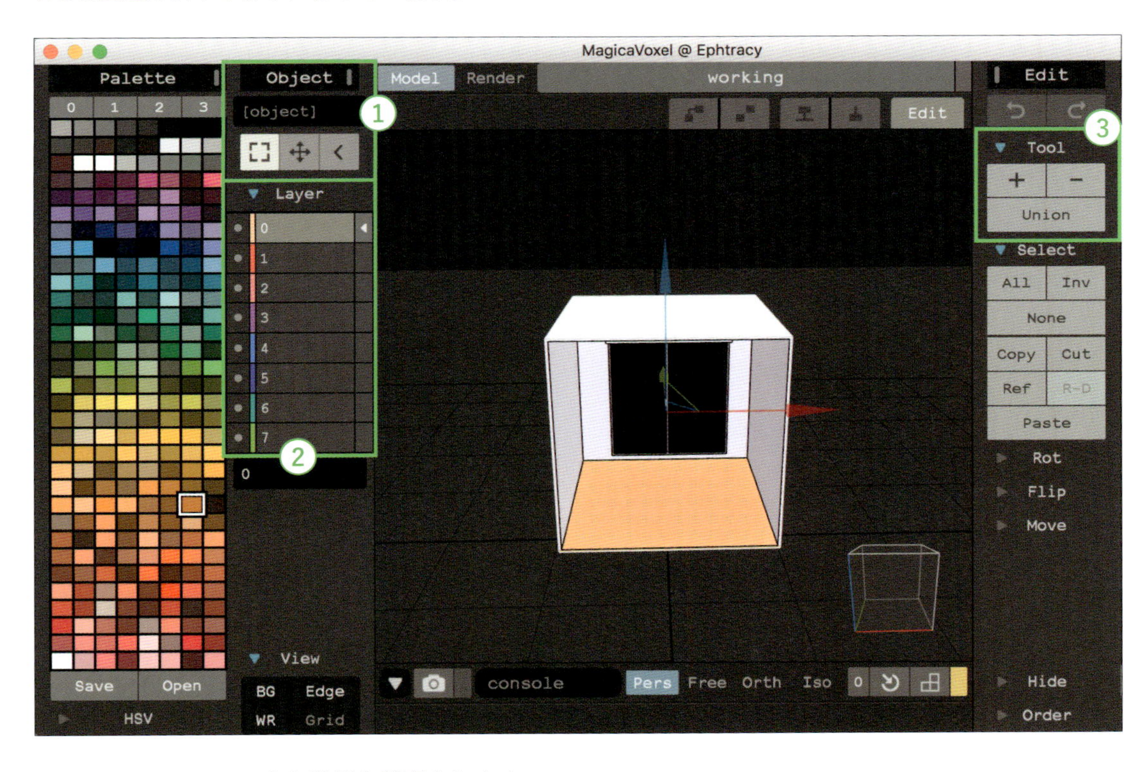

ここでは以下の3つの主な機能を説明をします。

① **オブジェクト**
② **レイヤー**
③ **ツール**

これらはそれぞれ次のようなことが行えます。

①オブジェクト

オブジェクトの選択方法を選ぶことができます。左から、**選択**ツール、**自由移動**ツール、オブジェクトの色を取得する**ピッカー**ツールになります。普段の操作ではいちばん左の選択ツールを選んでおけば問題ありません。

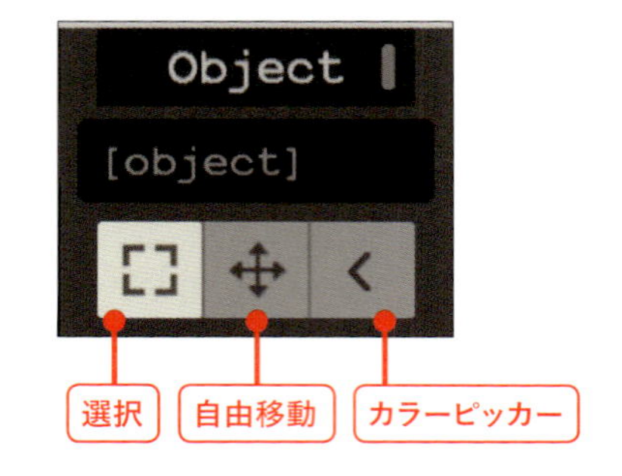

②レイヤー

レイヤー機能です。デフォルトで番号が振られていますが、この番号は下にあるフォームから編集が可能でレイヤーに名前を付けられます。

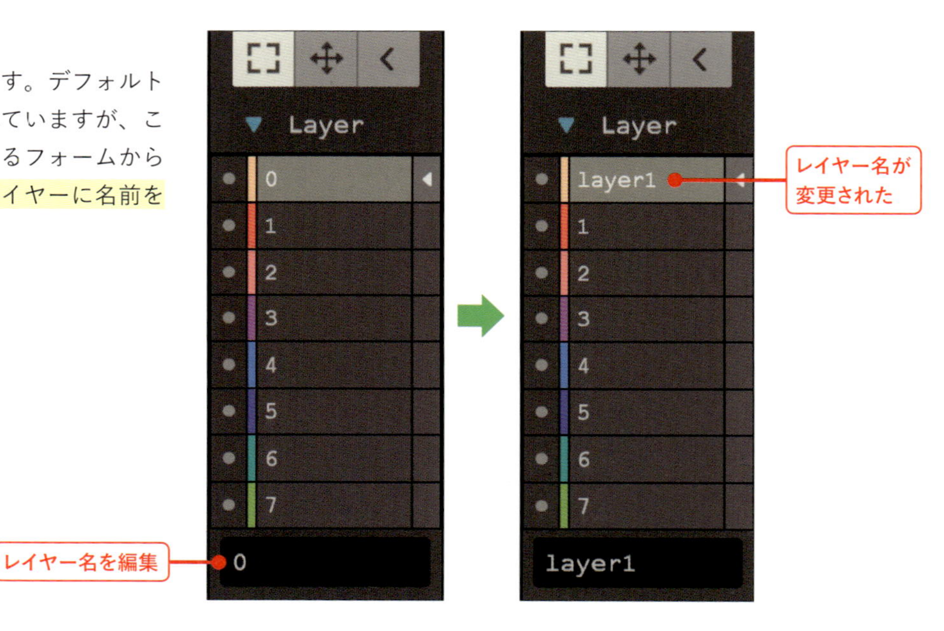

レイヤーの右部分に表示された◀マークは現在、選択状態にあるオブジェクトが属しているレイヤーを示しています。

オブジェクトが選択状態にあると、図のようにオブジェクトから矢印が表示されます。

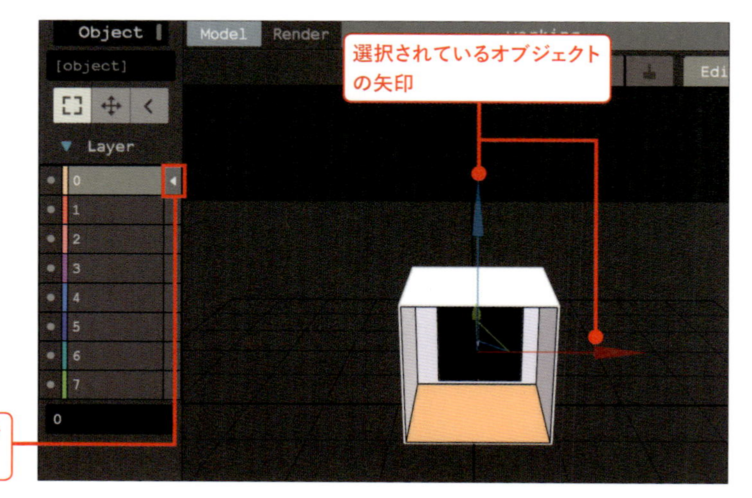

レイヤー「0」にある部屋のモデルをレイヤー「1」に移動したい場合は、モデルを選択した状態①で、レイヤー「1」の右側の四角を押して②◀マークを付けましょう。
こうすることで、レイヤー間でオブジェクトを移動させることができます。

また、左にある丸い印●は現在表示させているレイヤーを示しています。クリックすることで、レイヤーの表示／非表示を切り替えることができます。
丸い印をクリックして●の表示を消すと、レイヤー「1」に移した部屋のモデルが表示されなくなりました。右図はレイヤー「1」を非表示にした状態です。

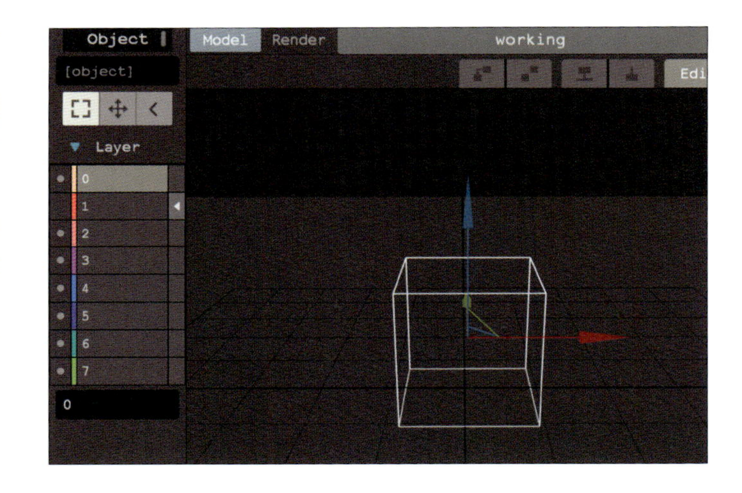

③ツール

最後にツールです。ツールは、レイヤーに対してモデルを入れるオブジェクトの追加と削除が行えます。試しに、レイヤー「0」（レイヤー「1」に部屋のモデルがある状態）でToolの［＋］ボタンを押してみましょう。すると、中心部分に空（から）のオブジェクトが表示されます。これがモデルを格納する空のオブジェクトです。

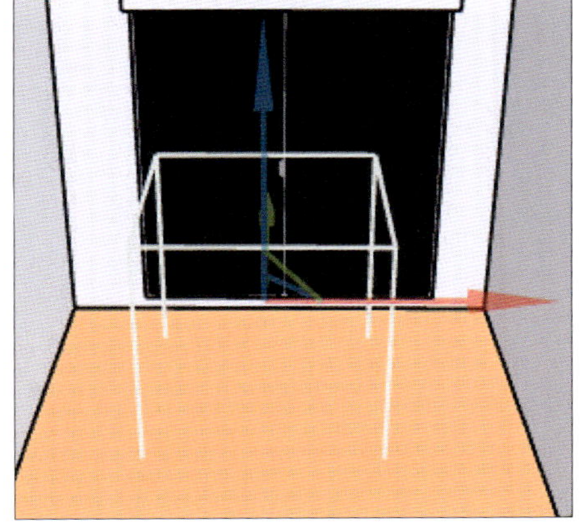

このモデルを入れるオブジェクトごとに、モデルをモデリングすることができます。空（から）のオブジェクトを選択した状態で右上の［**Edit**］ボタンを押してみましょう。

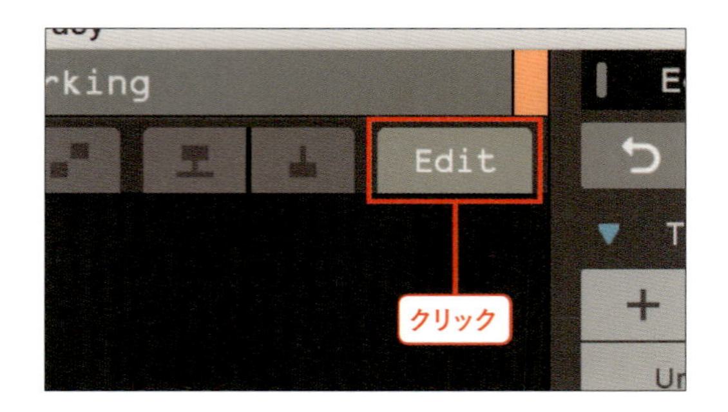

すると、モデリング画面に遷移するのですが部屋のモデルが若干暗くなっていて操作することができません。一方で、先ほど追加した空のオブジェクトのなかでは、新たにモデリングすることができるようになります。

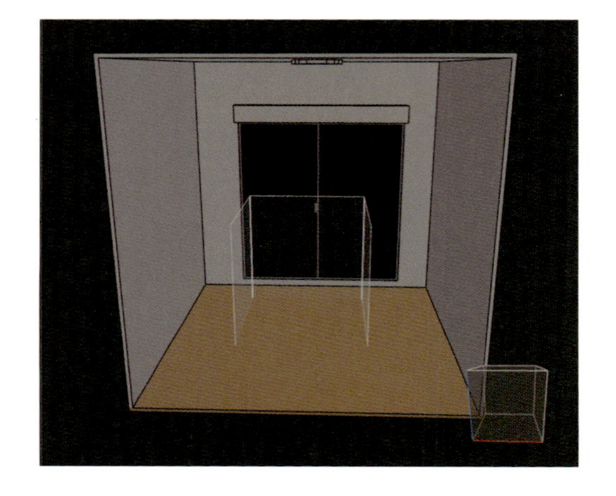

試しに立方体をモデリングしてみました。

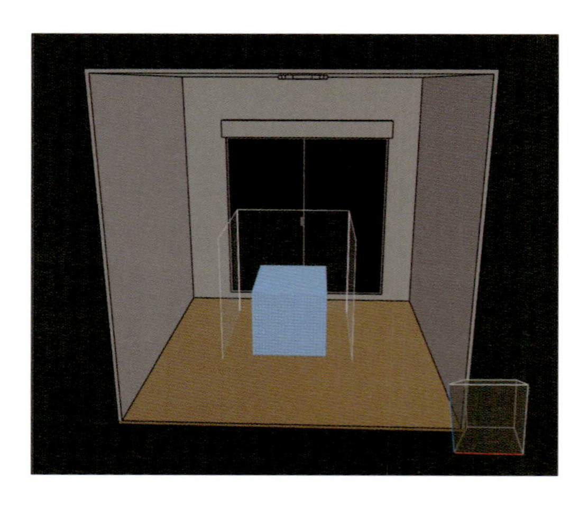

このように、World機能ではレイヤーやオブジェクトによってモデルごとに分けて編集することができるようになります。また追加したオブジェクトは、オブジェクト機能の自由移動ツールで意図した場所に配置できます。なお、本書の学習を続ける場合は、作成した立方体モデルをツール機能の［－］ボタンで削除しておきましょう。

冷蔵庫をモデリングしよう

次は実際に部屋のなかにある家電をモデリングしてみます。解説では冷蔵庫を題材にモデリングして配置します。

1 レイヤーにオブジェクトを追加する

まずは先ほどWorld画面でレイヤー内にオブジェクトを作成したように、新しいオブジェクトを作成します。今回は部屋のモデルとレイヤーを分けるために、別レイヤー（解説ではレイヤー「1」）を選択した状態でツール機能の[＋]ボタンを押してオブジェクトを追加しました。

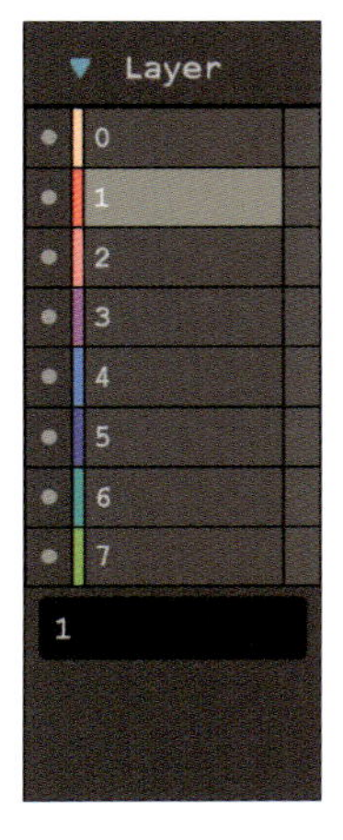

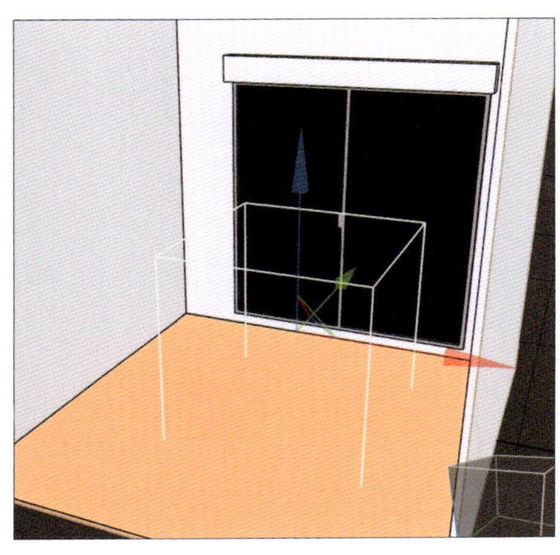

2 モデリング画面に移動する

オブジェクト機能の自由移動ツールで作業しやすい位置にオブジェクトを移動したら、[**Edit**] ボタンを押してモデリング画面に戻り、冷蔵庫のモデリングを開始します。今回のオブジェクトサイズはデフォルトの「**40 40 40**」で作業をしています。

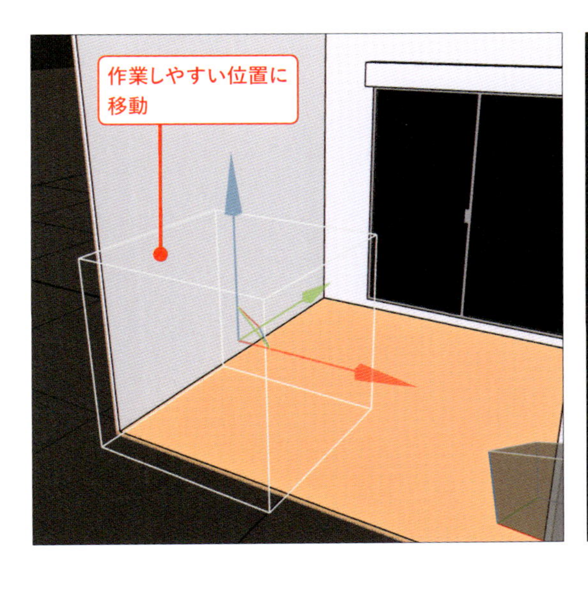

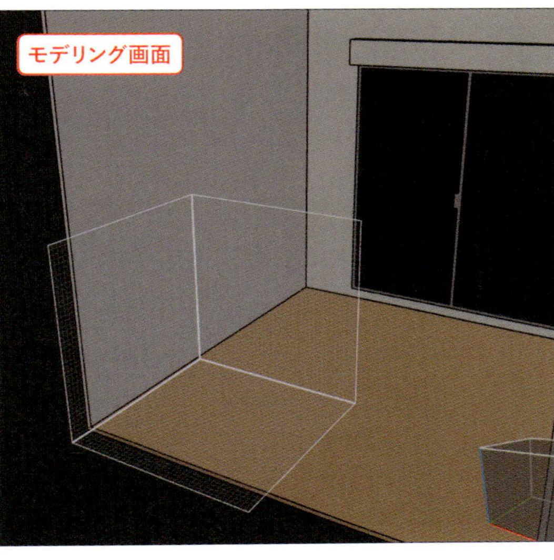

3 冷蔵庫のサイズと色を決める

準備ができたら冷蔵庫をモデリングしていきましょう。まずはサイズ感を確認しながら直方体を作成します。今回は「**X: 16、Y: 20、Z: 32**」ボクセルのサイズで作成しました。色はPaletteツールから灰色を選択します。

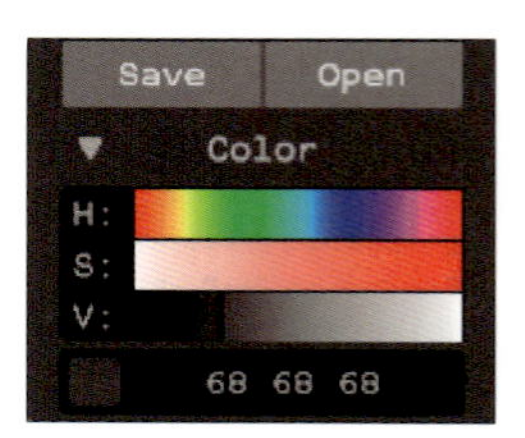

冷蔵庫の色

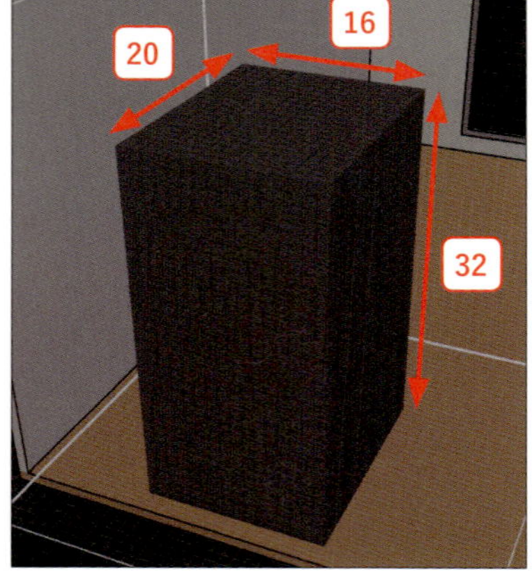

4 作業しやすい環境にする

冷蔵庫の底部に足をモデリングするには、部屋のモデルを非表示にしたほうが作業がしやすくなります。World画面に移ってレイヤー「0」（部屋のモデルのレイヤー）の左部分をクリックして部屋のモデルを非表示にしましょう。

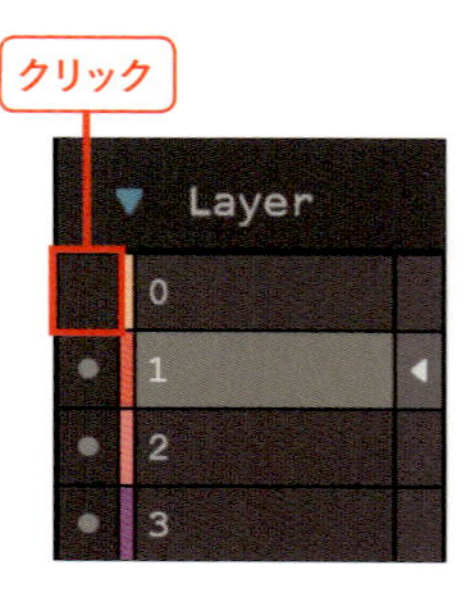

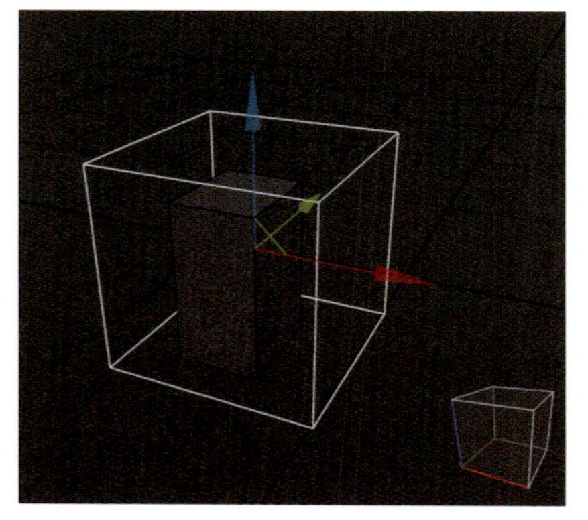

これで冷蔵庫だけを表示した状態で作業することができます。

5 底部を加工する

モデリング画面に戻り冷蔵庫の足のモデリングをしましょう。足をモデリングするためにいちばん下の段のモデルを削除します。

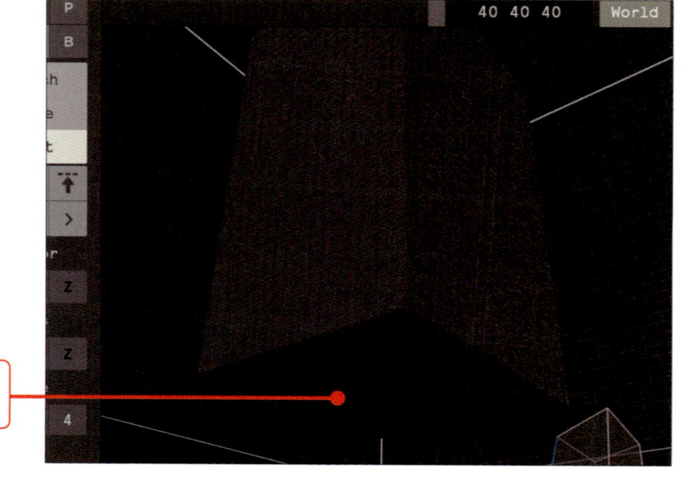

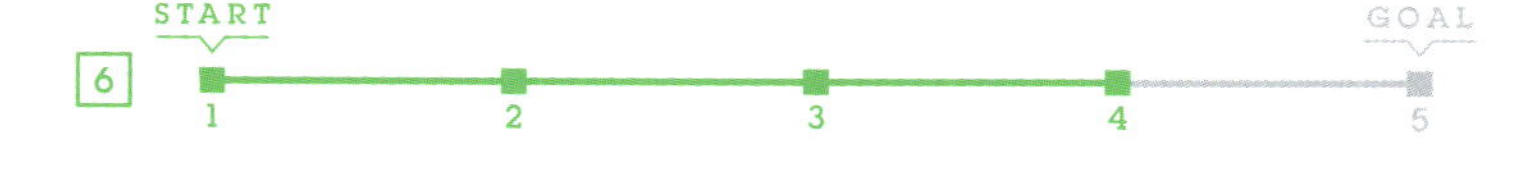

6 足をモデリングする

四隅に足を追加します。今回は四隅のいちばん外側ではなく、1ボクセル分内側に足を作成しました。

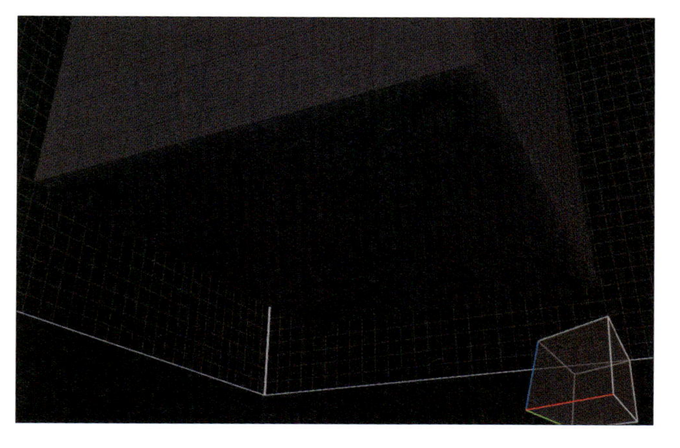

7 扉をモデリングする

次は冷蔵庫の細かい部分をモデリングしていきます。今回は2つ扉の冷蔵庫をモデリングするため、上の扉と下の扉を分ける線をモデリングしました。さらに右の側面に上の扉の取っ手部分として窪みをモデリングします。

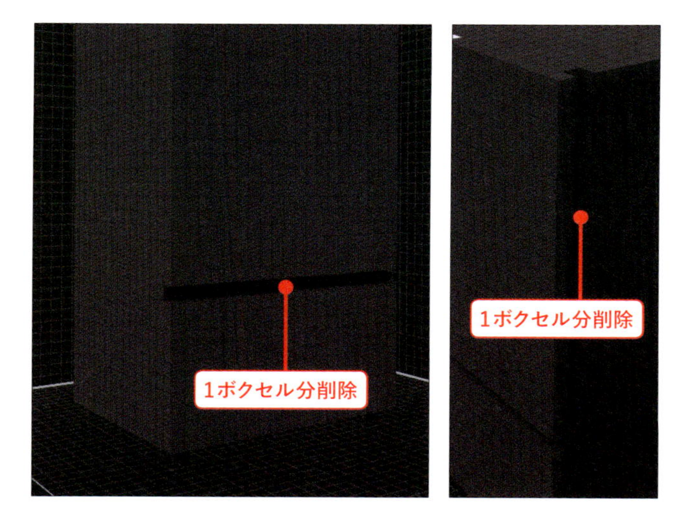

8 ディテールを施す

最後に冷蔵庫の正面部分に白色で3ボクセル分の色を塗ります。

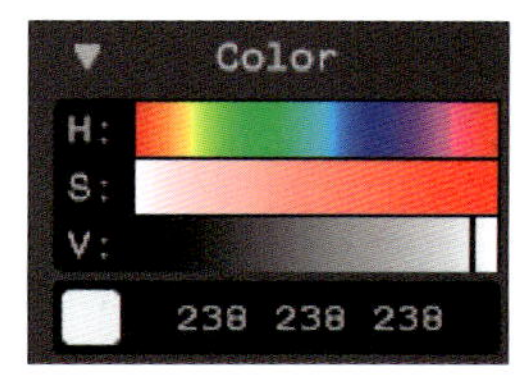

ワンポイントの色

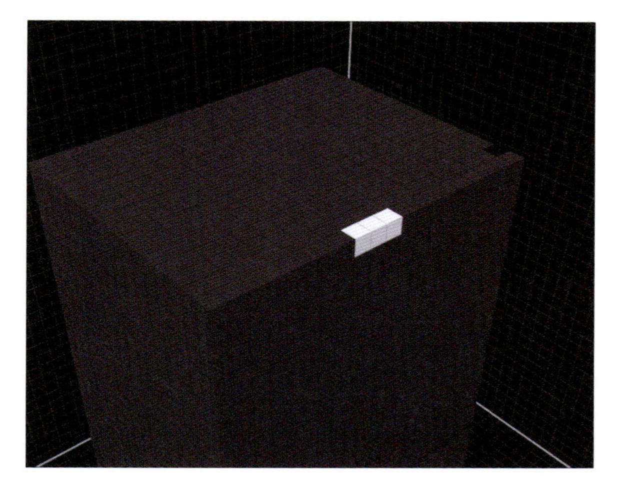

9 配置場所を調整する

これで冷蔵庫が完成しました。最後にWorld画面で部屋のモデルを再度表示して、冷蔵庫の位置を微調整しましょう。

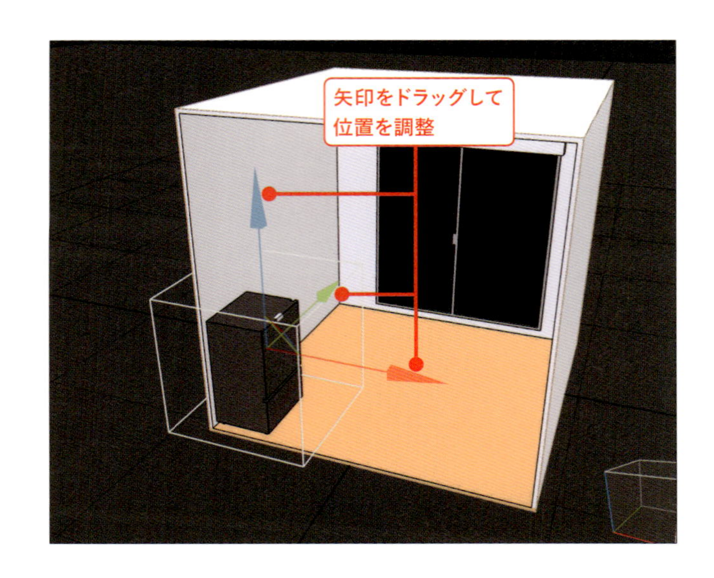

10 レンダリングする

冷蔵庫を加えてレンダリングしてみましょう。冷蔵庫の灰色の部分はMatterツールの［**Metal**］で演出します。レンダリング画面に遷移してパレットから冷蔵庫の灰色を選択します（もしくはOption（WinではAlt）キーを押しながら冷蔵庫をクリック）。その状態でレンダリング画面の右にある［Metal］の項目を設定します。

冷蔵庫がメタルっぽい質感に変わり、部屋の床などが反射して映っているのがわかります。これで冷蔵庫のモデリングは終わりです。

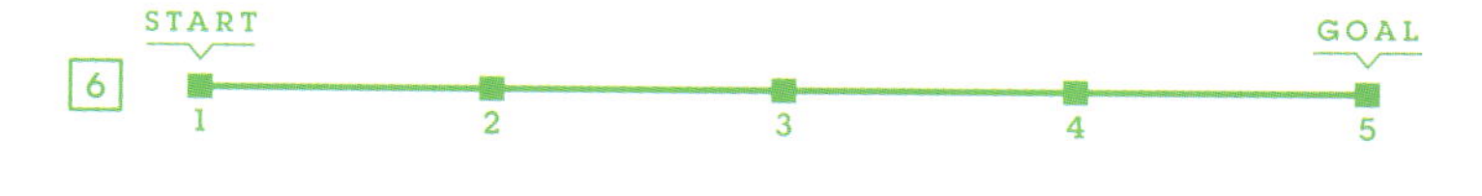

6-5 インポート機能でモデルを配置してみよう

あらかじめ作成していたモデルを、
別のモデルに組み込むこともできます。
World機能でインポートして他のモデルを配置してみましょう。

ダウンロードしたサンプルモデルを配置しよう

サンプルとして家具のモデルを用意しました。本書のサポートページからダウンロードしたzipファイルを展開すると、Chapter 6フォルダのなかに以下のファイルが含まれています。

モデル	voxファイル
ベット	sample_bed.vox
ローテーブル	sample_table.vox
電子レンジ	sample_microwave.vox
クローゼット棚	sample_shelf.vox
ソファ	sample_sofa.vox
ラグマット	sample_rug.vox

それぞれのモデルをインポートするには、World画面で各voxファイルをMagicaVoxelにドラッグ&ドロップするだけです。サンプルファイルについての詳細はP.12を参照してください。

voxファイルをインポートする

各サンプルモデルのファイルをドラッグして、World画面にドロップします。

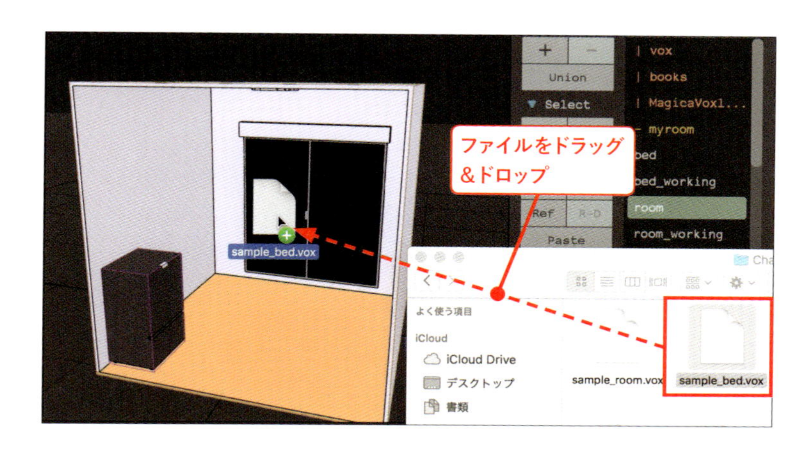

2 各モデルの位置を調整する

各モデルをインポートしたらWorld画面でそれぞれの位置を微調整しましょう。なお、ドロップしたモデルはレイヤー「0」に登録されるので、オブジェクトを選択して別のレイヤーに移動すると、管理しやすいでしょう。最終的には右図のように配置しました。

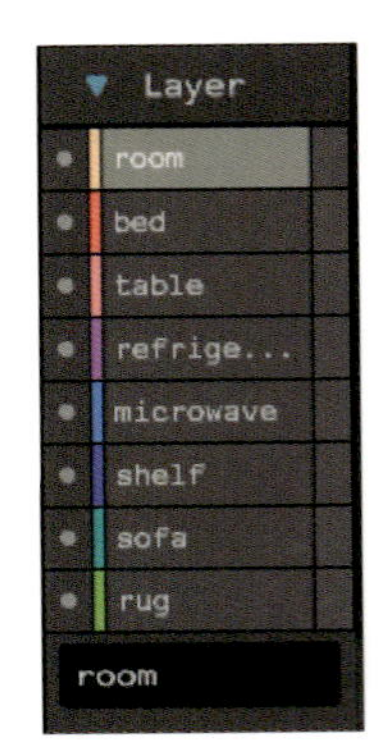

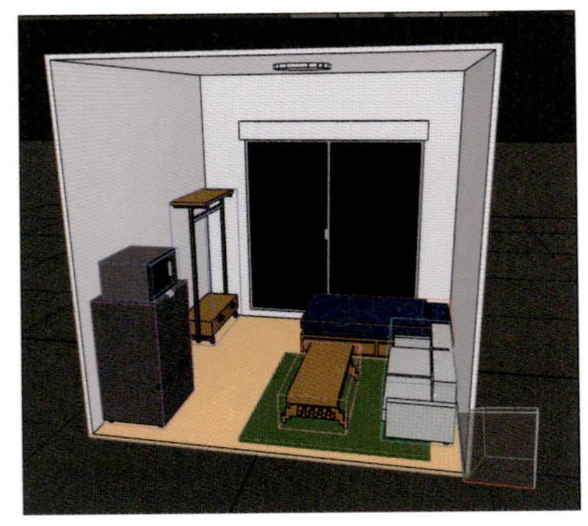

まとめ

本章では部屋のモデリング方法について説明をしました。
いくつかのモデルが存在する比較的大きなモデルでも、
一つひとつをモデリングして最後にまとめることで作成できます。
これを応用すると、どんなにおしゃれな部屋でも、
自分の好きなようにデザインしてモデリングすることができます。
ぜひ自分の部屋にあるものばかりでなくお気に入りの家具を
モデリングして、理想の部屋をモデリングしてみてください。

次の章では、今回作成したモデルよりも大きな
都市のビル群をモデリングしてみましょう。

Chapter 7 街並みをモデリングしてみよう

本章ではこれまで作成してきたキャラクターや
部屋のモデルよりももっと複雑で多数のモデルが存在する、
東京のビル群をモデリングします。
スケールの大きい複雑なモデルでもこれまでどおり一つずつ
モデリングしていくことで、作成が可能だということを
知ってもらいたいです。

7-1 モデリングのための準備をしよう

街並みをモデリングする前に準備を行いましょう。ここでは作ってみたい街並みの見本となる資料の集め方などを説明します。

作りたい街並みを想像してみよう

まずは自分が作りたい街並みを想像してみましょう。具体的にはどういったランドマークがあるのか、どのような建物などがあるのか、などを想像していきます。たとえば、ランドマークとしては東京タワーやスカイツリーなどが挙げられます。また、一つのランドマークが決まったらその周りにはどういった建物やビルがあって……といったようにイメージをふくらませていきます。
もちろん、住んでいる街並みをモデリングする、というのもアリです。自分が住んでいたり訪れたことのある場所のほうが、よりリアルにモデリングすることができます。
本章では、作りたい街並みとして東京タワーと周辺のビル群を例として進めていきます。

東京タワーと街並みの完成イメージ

街並みを構成する要素を書き出してみよう

次にどういった構成要素があるかを書き出してみましょう。本書の例では以下の要素が存在します。

- **東京タワー**
- **大小さまざまなビル群**

箇条書きにすると非常にシンプルですが、東京タワーはともかく、周りにはいろいろな形状のビルがたくさんあります。そういった実際にあるビルなどの参考資料をどのように集めるかを説明していきます。

資料を集めよう

モデリングで参考にする資料の集め方ですが、現実世界に存在する街並みなどの場合は、実際に自分の目で見て写真などに撮るのがいちばんよいでしょう。現地に行き、建物の大きさやディテールなどを体感すると、細かなモデリングを行うことができます。

もちろん実際に現地に行けない場合でも大丈夫です。たとえばGoogleが提供しているGoogleマップを使うことで解決できます。Googleマップの表示には「航空写真モード」があります。航空写真モードを使うことで現地に行かなくても建物などの大きさの関係性や、ある程度の形などをPCのモニターのなかで確認することができます。まずはGoogleマップの航空写真モードを使うことをおすすめします。

Googleマップの航空写真モード

この航空写真モードでは、空から撮影した街並みをいろいろな角度から見ることができます。Googleマップの航空写真モードでは、以下の操作が可能です。

- **移動: ドラッグで表示位置を変更**
- **ズーム: マウスのズーム機能（スクロール）で表示を拡大縮小**
- **角度の変更: Ctrlキーを押しながら上下左右にドラッグして3D表示**

このモードを使いながら自分が作成したい街並みを全世界から探し出し、参考にしながらモデリングしましょう。

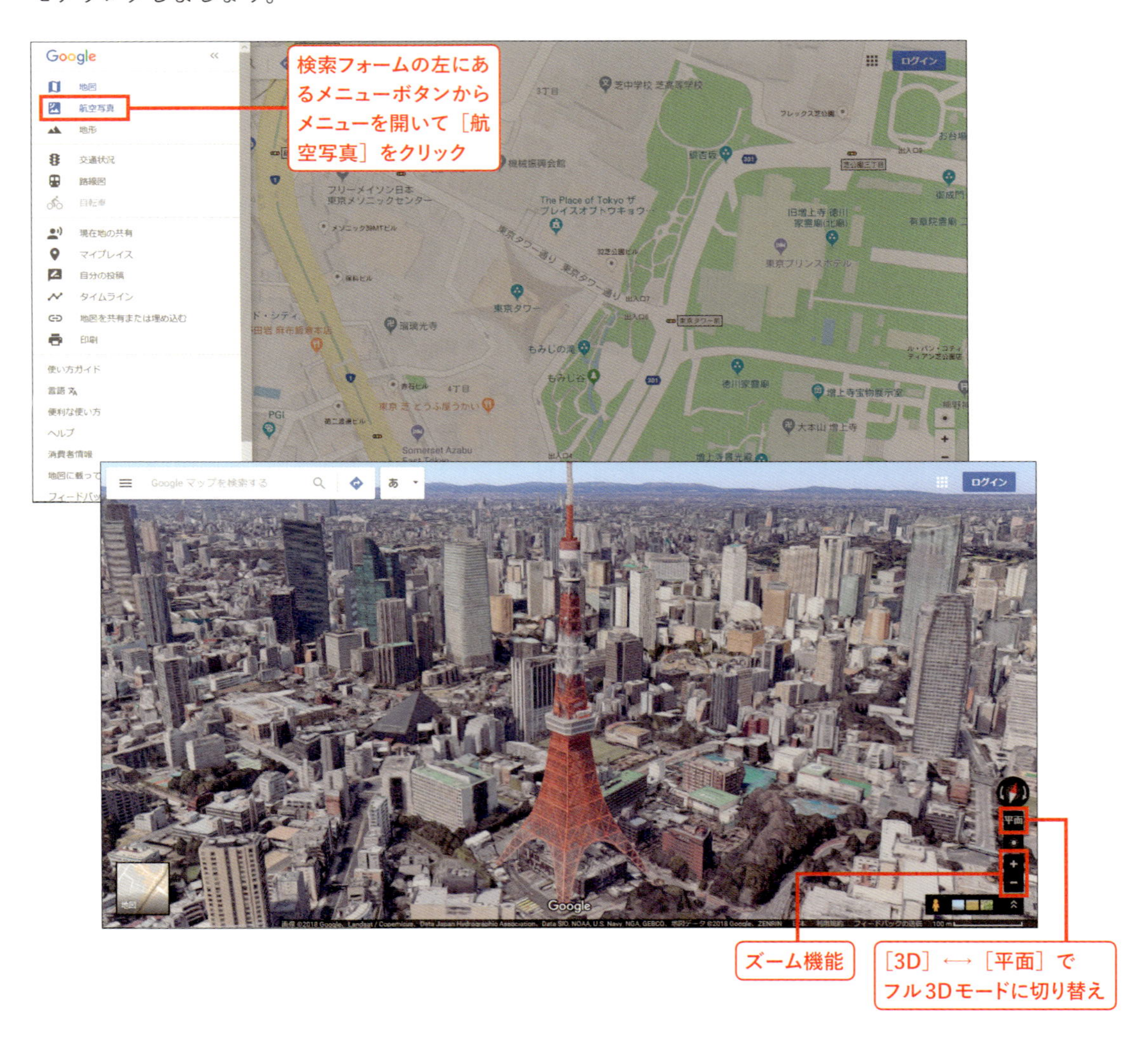

次の節からは、航空写真モードで東京タワーとその周辺を表示して参考にしながらモデリングしていきます。

7-2 東京タワーをモデリングしてみよう

ここからは実際に東京タワーと周辺ビルの街並みをモデリングしていきましょう。まずはランドマークである東京タワーから制作を始めます。

Step1：脚部をモデリングしよう

東京タワーのモデリングの参考には、先ほど紹介したGoogleマップの航空写真モードで表示した東京タワーを使います。詳細な部分については、Googleの画像検索で表示された画像を参考にするのもオススメです。
筆者が作成した東京タワーのモデルをPolyにアップロードしましたので、そちらも参考にしてください。

Polyのリンク
https://poly.google.com/view/frPqTFGeRNM

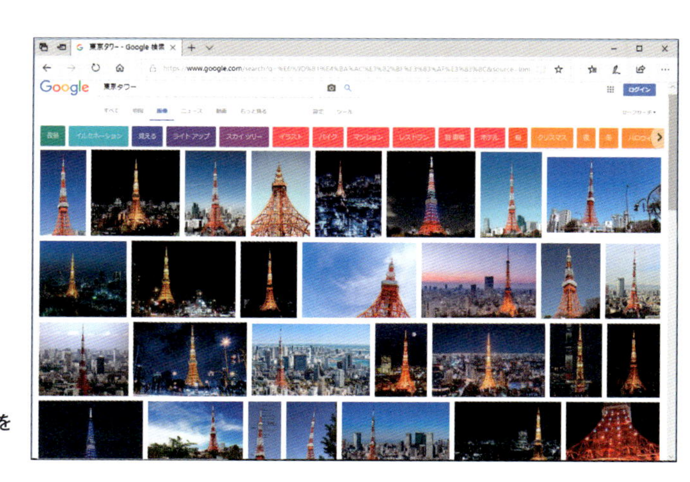

Googleで「東京タワー」を画像検索した結果

1 モデルサイズを設定する

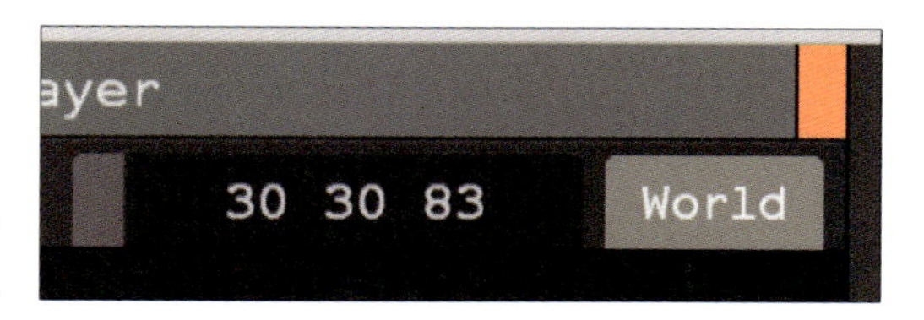

まずは東京タワーを支える脚の部分からモデリングしていきます。東京タワーの脚部は全部で4つあります。それぞれが左右対象になっていることから、上から見ると正四角形の状態になっています。そのためモデルのサイズは「**30 30 83**」の正四角形に設定します。

2　1段目をモデリングする

左右対称になるようにボクセルが置けるミラーリング機能を使います。この機能を使って東京タワーの左右対称に配置された4つの脚をモデリングしていきましょう。まずはBrushツールの下にあるMirrorツールでミラーリング機能を有効にします。今回は左右対称にしたいので［**X**］と［**Y**］を有効な状態にして**4×4ボクセルを2段**、角に配置してみましょう。すると、左右対称の位置に同じボクセルが自動で3つ配置されます。

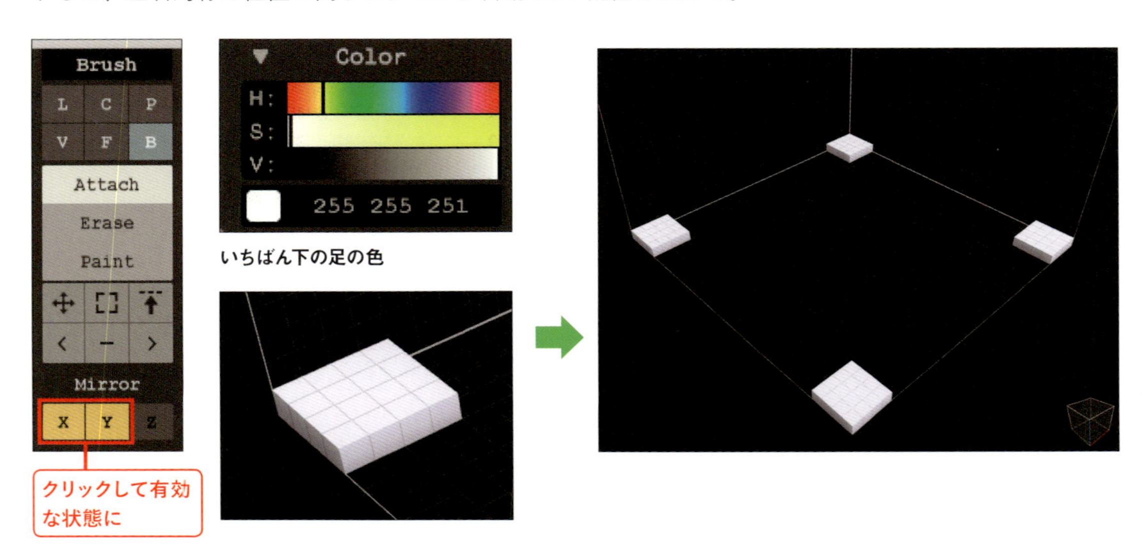

いちばん下の足の色

3　塔脚をモデリングする

2で作成したボックスの上に続くように、**4×4ボクセル×2段**を1ボクセル分内側（中心側）にずらしながら作成していきます。白と赤いボックスを合わせて全部で7段になるように作成しましょう。

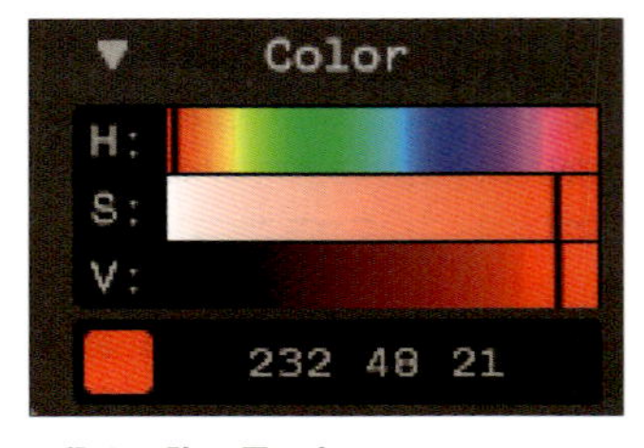

2段め以降の足の色

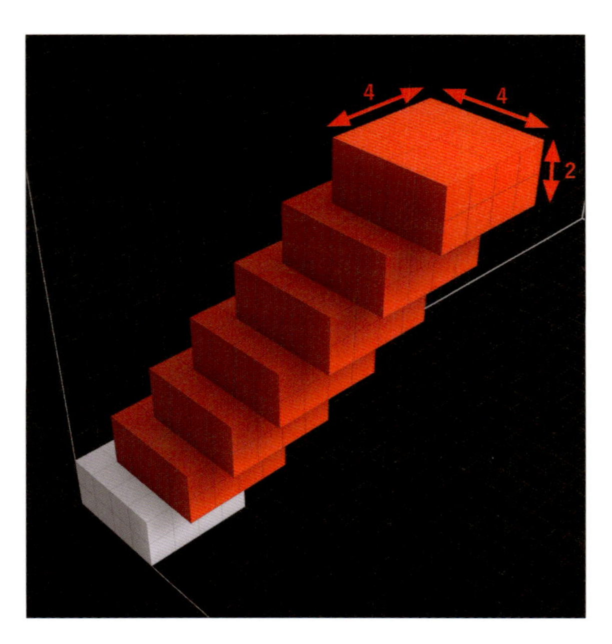

ミラーリング機能を使っているので、同時に4本の脚が作成されました。

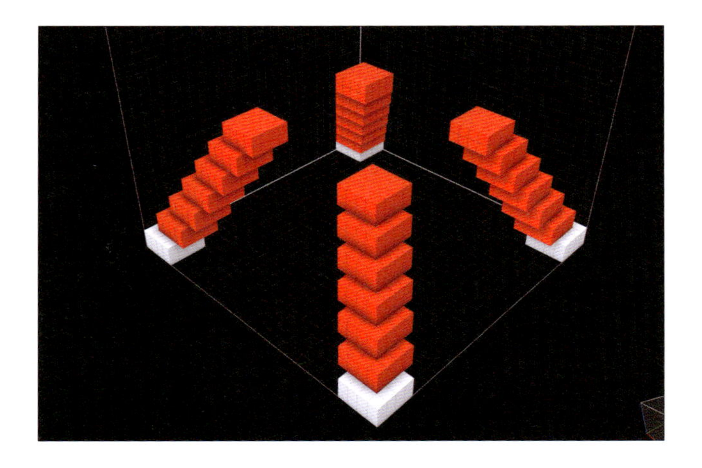

4 補強部分をモデリングする

次は脚の補強部分をモデリングしましょう。ここもミラーリング機能を使ってモデリングしていきます。Mirrorツールの設定は2のままで行います。

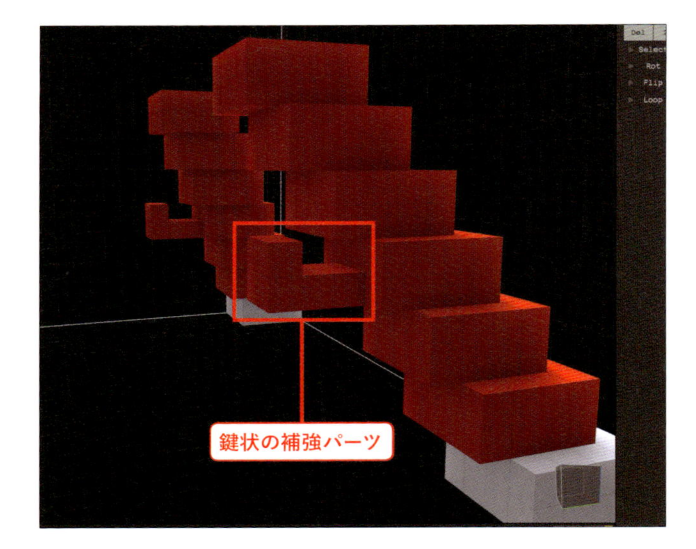

図のように下から4段目の脚の内側中心部分に、鍵状のモデルを作成します。鍵状の部分は**2×3ボクセル**と**2×1ボクセル**を組み合わせます。
あとはこれを最上段まで繰り返して作成します。

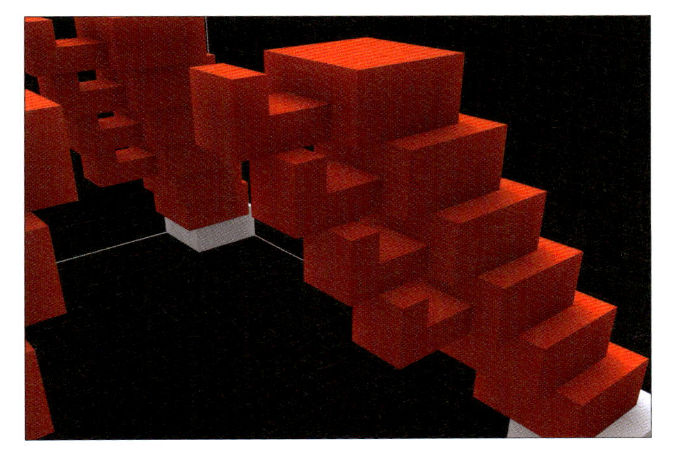

最上段までできたら、もう片側の内側にも同じように鍵状のモデルを作成しましょう。

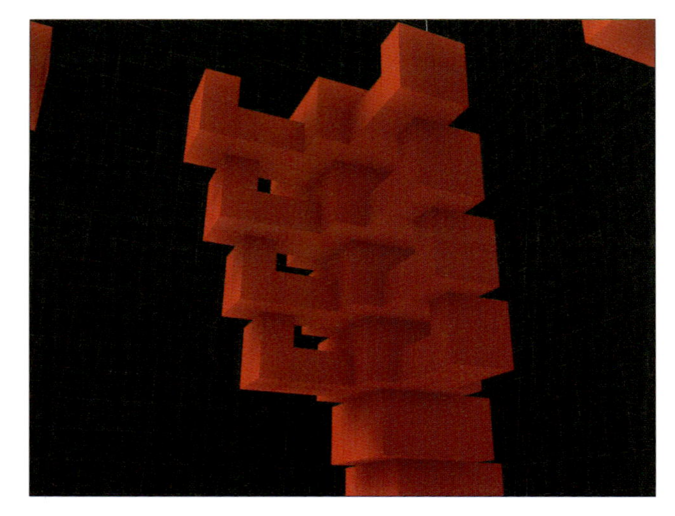

こちらも最上段までできたら、塔脚部の完成です。

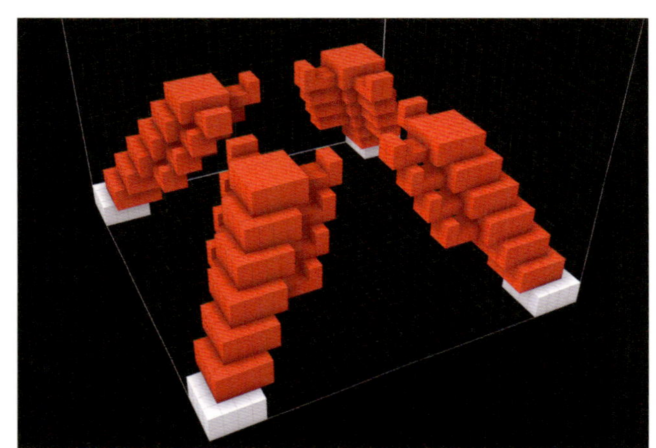

5 脚をつなぐ部分をモデリングする

ここからは左右対称にならなくてもよいので、ミラーリング機能はオフにします。脚をつなぐ台座は、4つの脚それぞれの上に乗る位置に正四角形を2段作成します。

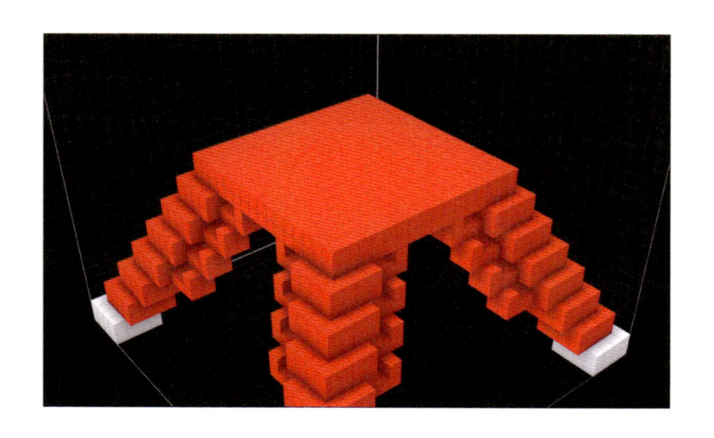

これで脚部のモデリングは終了です。

Step2：メインデッキまでをモデリングしよう

次は東京タワーのメインデッキまでのモデリングです。メインデッキとは、下から見て最初の大きな展望台部分です。この部分をGoogleマップを参考にしながらモデリングしていきましょう。

6 脚部のつづきをモデリングする

先ほどモデリングした脚をつなぐ台座の上に、脚部のつづきを作成していきます。まずは高さZ: 3ボクセル分の正四角形をX、Yそれぞれ1ボクセル分、下の正四角形（台座）よりも小さく作成します。また、2段目（真ん中）のボクセルには窪みを作り、鉄骨の隙間部分を表現します。

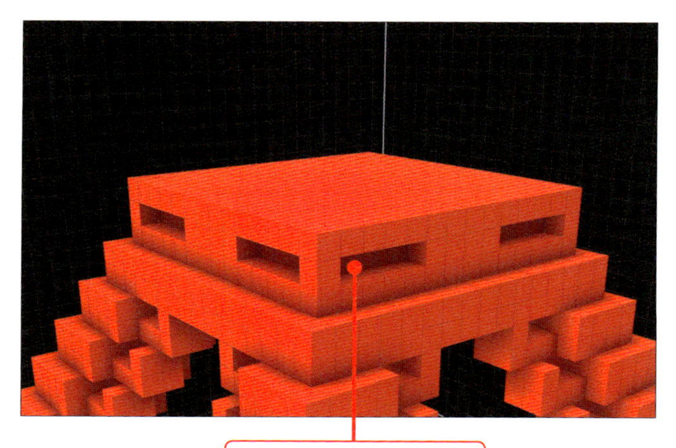

4ボクセル分を［Del］で削って隙間空間を表現

7 脚部を4段までモデリングする

3段目以降も同じように、下の正四角形よりもX、Yそれぞれ1ボクセル分小さくなるように正四角形を作成し、中央部分に窪みを作ります。
これを1段目から数えて全4段にしたら完成です。

column

効率よくモデリングするためのヒント

手順7のように、下の段より1ボクセル分小さくなるように正四角形を作成するには、まず〔F〕フェイスブラシを使って下の段と同じ大きさの正四角形を作る方法をおすすめします。

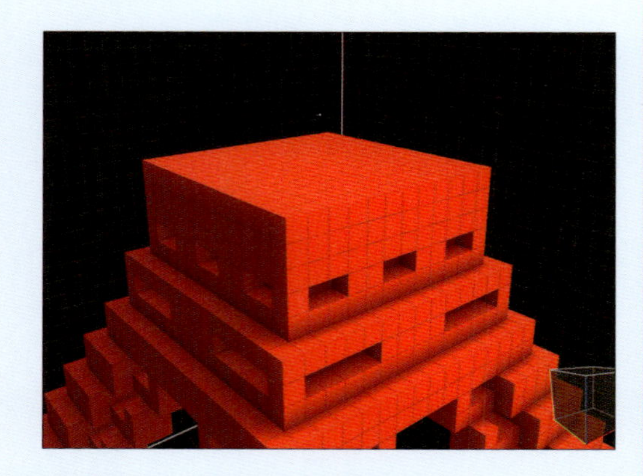

同じ大きさの正四角形を作成してから、〔B〕ボックスブラシ＋Eraseツールを使用して周りを削ることで、簡単に1ボクセル分小さい正四角形を作成することができます。

8 鉄骨モデルを積み上げる

次はメインデッキまでの細長い空間をモデリングします。この部分は**6×6ボクセルを7段**積み上げます。ここにも鉄骨の隙間部分を表現するために右図を参考に窪みを作りましょう。

9 メインデッキをモデリングする

最後にこの上部分にメインデッキを作成して完成です。メインデッキは白のボクセルと青のボクセルで作成し、ちょうど白のボクセルの上下で青のボクセルを挟むようにしましょう。
また下の正四角形より白のボクセルのほうが2ボクセルはみ出すようにしましょう。青のボクセルは白のボクセルよりも1ボクセル大きくなるように作成します。

これでメインデッキまでは完成です。

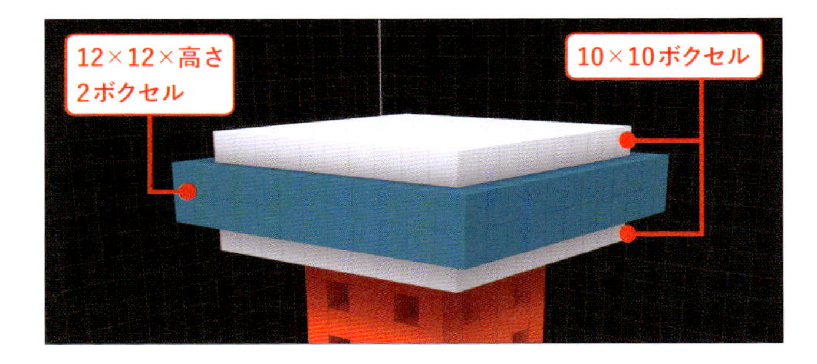

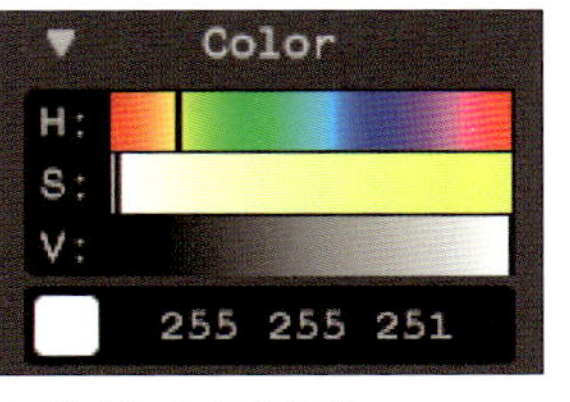

メインデッキの白部分

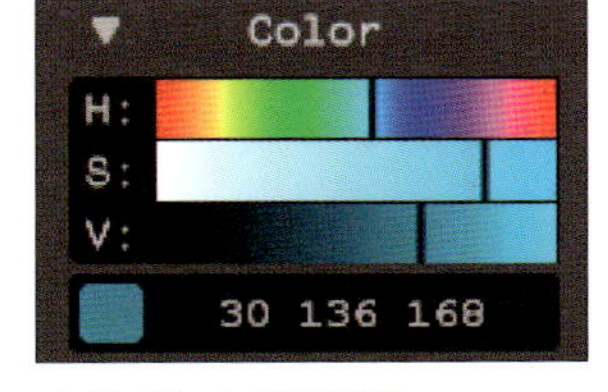

メインデッキの青部分

Stpe3:トップデッキまでをモデリングしよう

次はトップデッキまでをモデリングしましょう。トップデッキはメインデッキのさらに上にある展望台です。

10 鉄骨モデルを積み上げる①

まずはメインデッキの上に**6×6×高さ3ボクセル**分の正四角形を作ります。ここにもこれまでと同様、真ん中の段に窪みを作成しましょう。

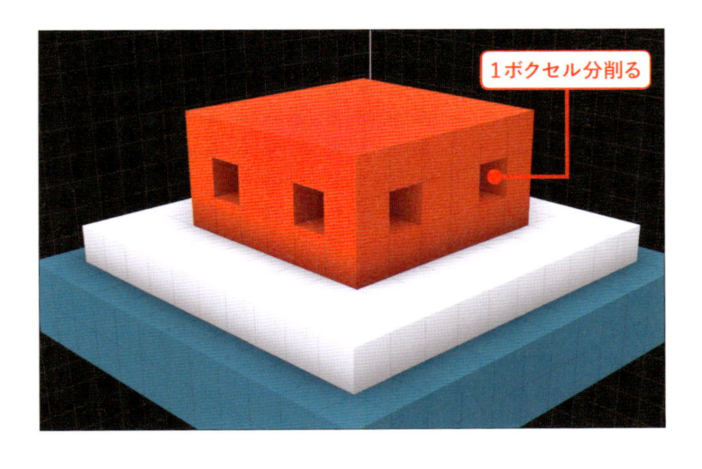

11 鉄骨モデルを積み上げる②

さらにその上に縦横**4×4ボクセル**の正四角形を、赤と白の段が交互になるように作成していきます。

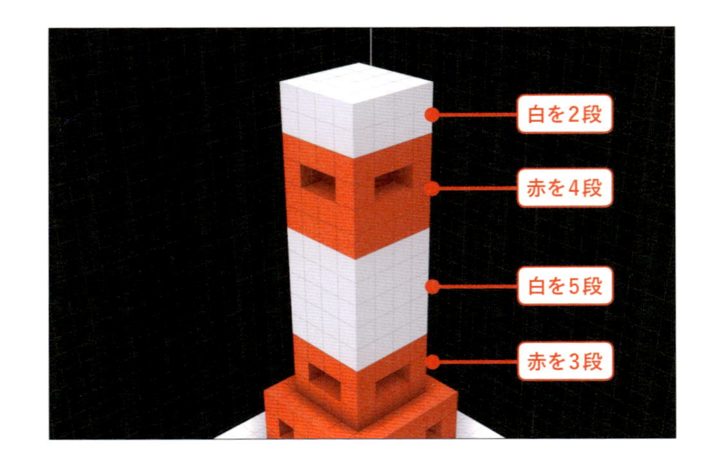

12 トップデッキをモデリングする

鉄骨を積み上げたら、この上にメインデッキと同じく青いボクセルをモデリング（**6×6×高さ2ボクセル**）してトップデッキを作りましょう。ここも白のボクセルでデッキを挟むようにします。

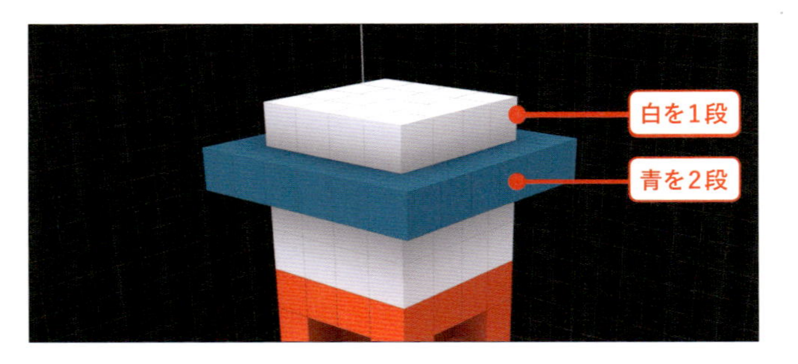

これでトップデッキが完成しました。

Step4：アンテナまでをモデリングしよう

これが最後の工程です。東京タワーのいちばん上の部分であるアンテナまで、一気にモデリングしましょう。

13 トップデッキの上の鉄骨をモデリングする

まずはトップデッキの上に、縦横**2×2ボクセル**の正四角形を作ります。

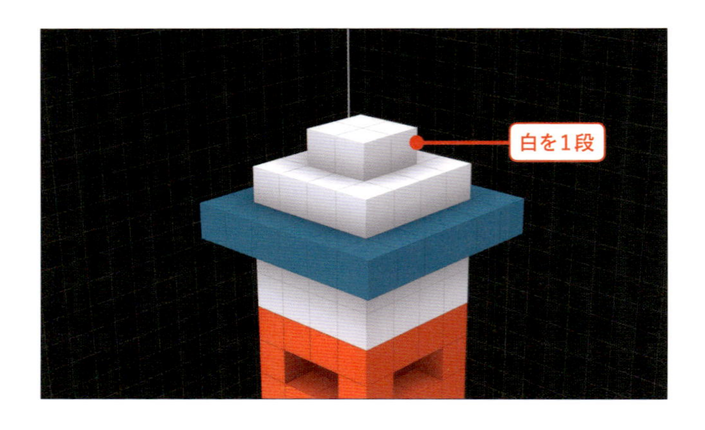

14 アンテナの土台をモデリングする

さらにその上にはみ出すように、縦横**6×6ボクセル**の正四角形を白と赤で作ります。

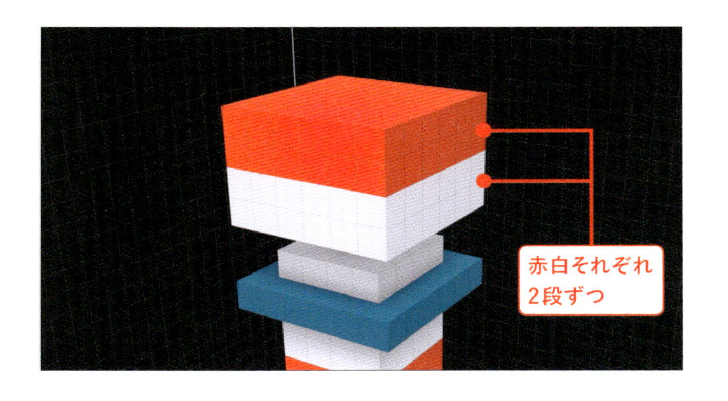

15 アンテナ下部をモデリングする

交互に置いたら次は右図を参考に五重の塔のようなモデルを、縦横4×4ボクセルの正四角形と縦横**2×2ボクセル**の正四角形を交互に作ります。

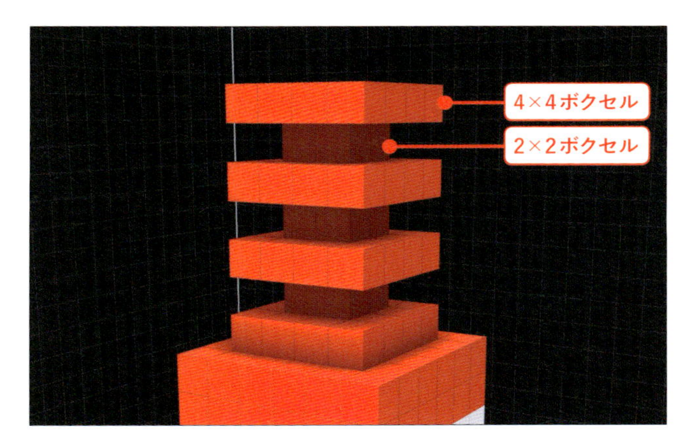

16 アンテナ上部をモデリングする

最後に15の上に、縦横**2×2ボクセル**の正四角形を白と赤それぞれ、モデルの縦サイズ（Z: 83）いっぱいになるまで積み上げましょう。

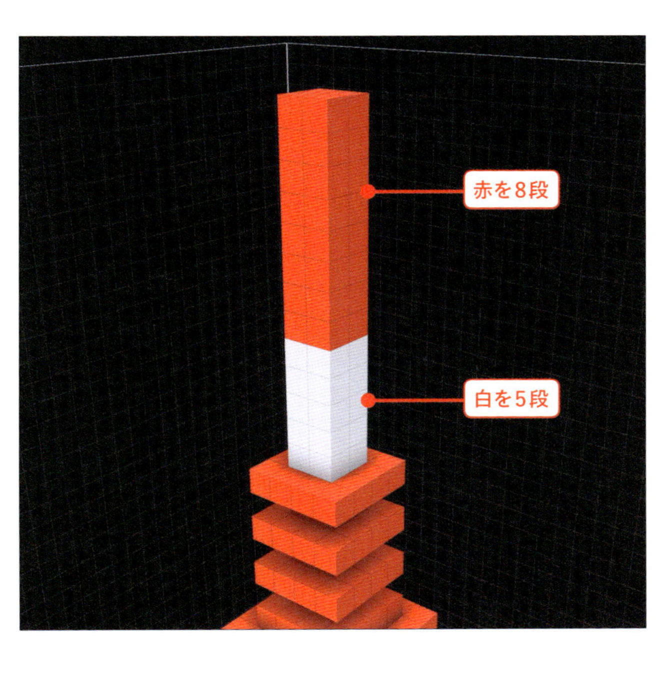

これで東京タワーのモデリングは完了です。お疲れ様でした。

次は東京タワーの周りにあるビル群をモデリングしてみましょう。

7-3 ビル群をモデリングしてみよう

次は東京タワーの周りにあるビル群をモデリングしていきましょう。

Step1：ビルの全体像をモデリングしよう

ビル群は大小さまざまなビルをモデリングする必要があります。また、それぞれのビルのサイズを東京タワーと比べたときに大きすぎず、かつ小さすぎないようにしなければなりません。ここではモデルのサイズ調整のために、World機能を使って東京タワーのモデルと比較しながらビル群をモデリングしていきましょう。

1 オブジェクトを準備する

World画面でレイヤー「1」に空（から）のオブジェクトを追加し、サイズを「**126 126 126**」にして準備しました。ここからはこのレイヤー「1」に追加したオブジェクト内にビル群のモデリングをしていきましょう。

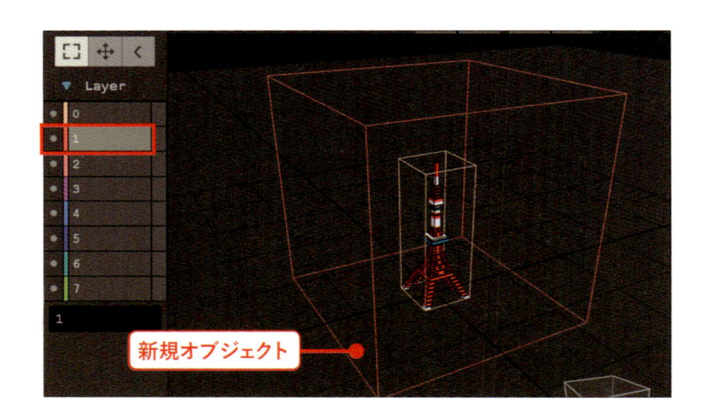

2 標準サイズのビルをモデリングする

準備ができたら、ビルのモデリングを進めていきます。まずはどのくらいの大きさでビルをモデリングするかを検討します。適当なサイズの直方体をモデリングしてみましょう。およそ東京タワーの足の長さの半分くらいだとよさそうですね。

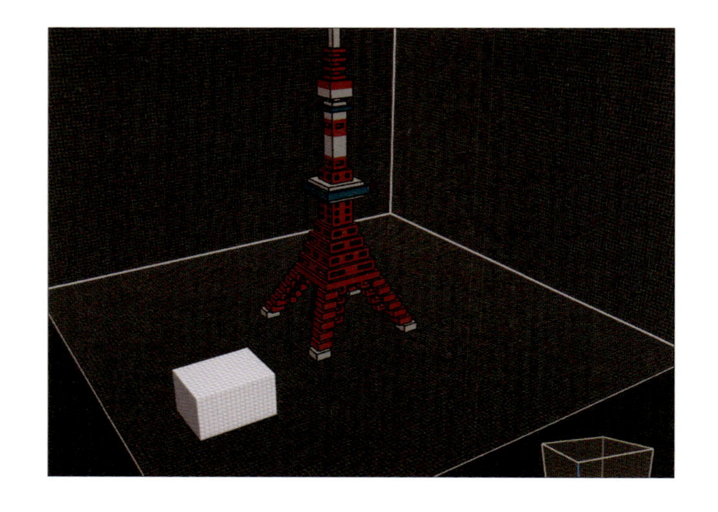

3 大小さまざまなビルをモデリングする

標準的な大きさが決まったら、このビルを基準に、小さいビルやもっと大きな高層マンションなどを想定した直方体のモデルを制作していきましょう。右図のように、適当なサイズの直方体や複数の直方体を組み合わせたモデルを配置してみました。これで大体のビルの配置はできたので、あとは各ビルを詳細にモデリングしていきます。

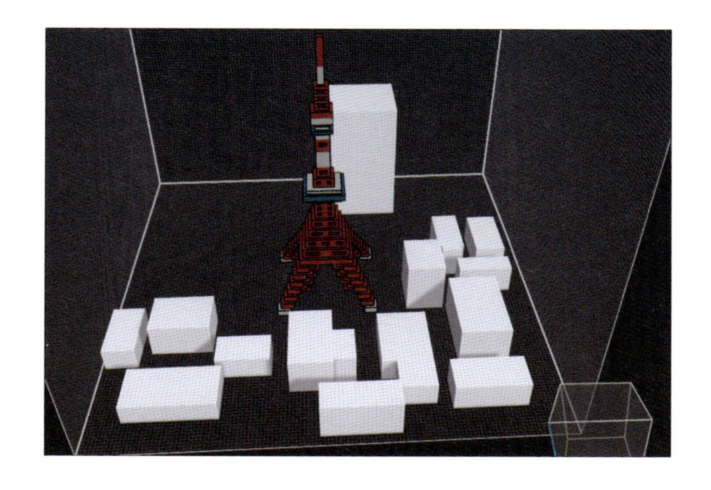

Step2：ビルの細部をモデリングしよう

ここからは個々のビルの細かな部分をモデリングしていきましょう。屋上と窓をモデリングすればおよそビルらしいモデルを作成することができます。
ビルの形も単純な直方体だけでなく、斜めだったり一部が欠けていたり、サイズや形の異なる直方体を組み合わせるなど、バリエーションに富んだ組み合わせにすることで、より都会の騒々しさを演出することができます。
Googleマップの航空写真モードでいろいろな街のビルを観察して、形状を参考にすることをおすすめします。

では「屋上」と「窓」2つのモデリング要素を念頭に置き、まずはシンプルな直方体のビルをモデリングしていきましょう。

4 ビルの屋上を表現する

まずは屋上をモデリングするために、ビルの上部分を凹ませます。注意点としては、屋上の周囲を1ボクセル分だけ残します。こうすることで、屋上のフェンスを表現できます。

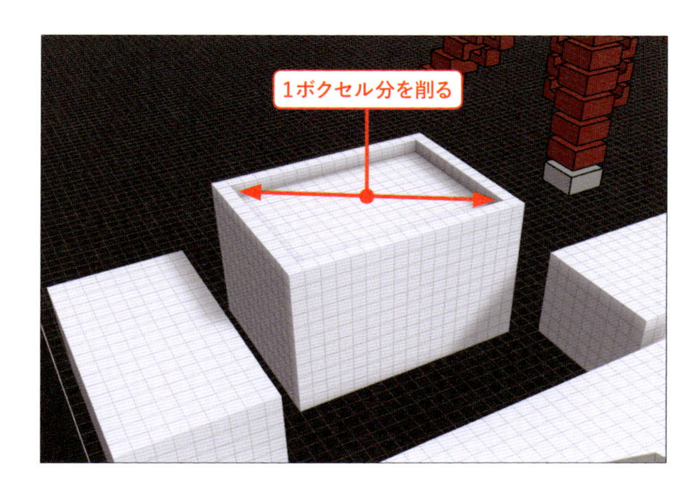

5 屋上にある構造物をモデリングする

次にビルの屋上には大体ある、室外機や非常用電源などを備えた建屋をモデリングします。この屋上の建屋も、適当な直方体をモデリングするだけでそれらしくなります。

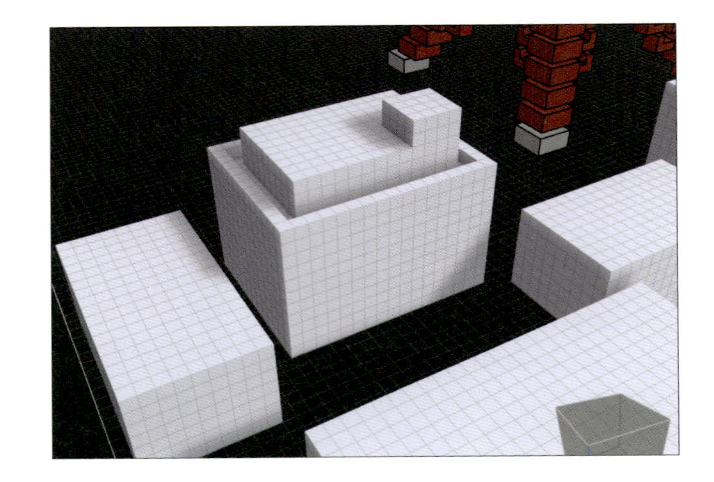

6 外壁を塗装する

ビルに色を塗っていきましょう。今回は外壁の色を暗い灰色に、屋上部分を明るい灰色にしてみました。

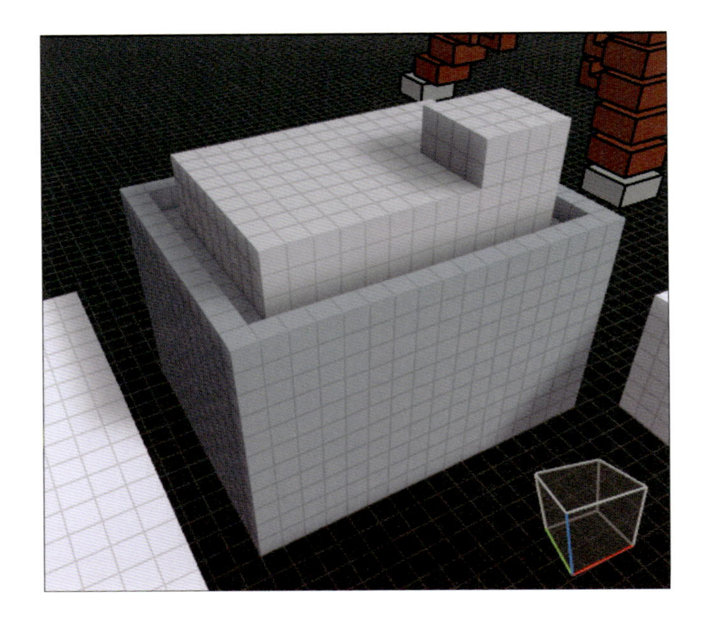

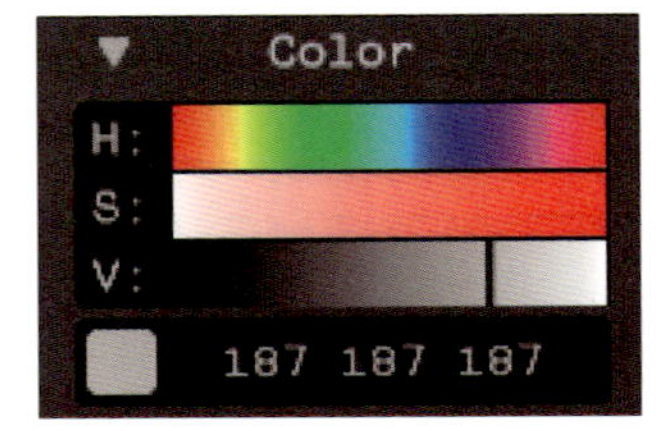

屋上部分の色

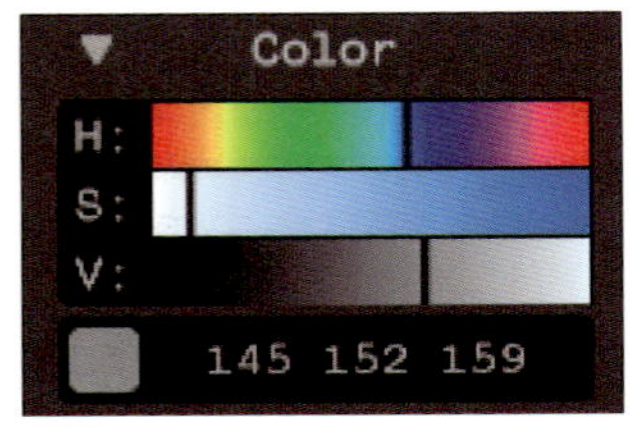

ビル本体の色

7 窓ガラスをモデリングする

最後にビルの窓をモデリングしましょう。ビルの窓の多くは等間隔に配置されているので、それにならって黒色で等間隔に塗っていきます。なお、この黒色のボクセルはレンダリング時にガラスの設定効果をつけるため、他の部分では使わないように注意しましょう。

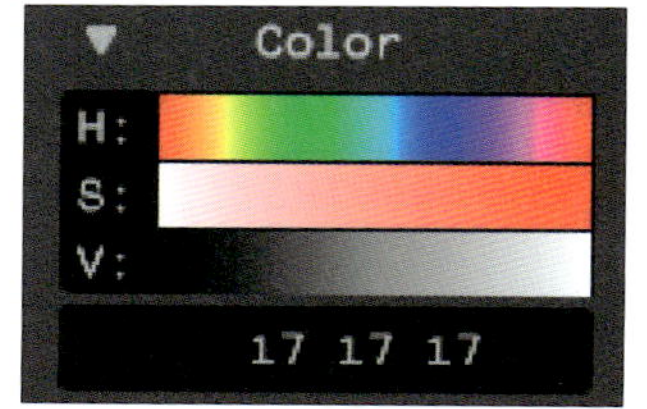

窓の色

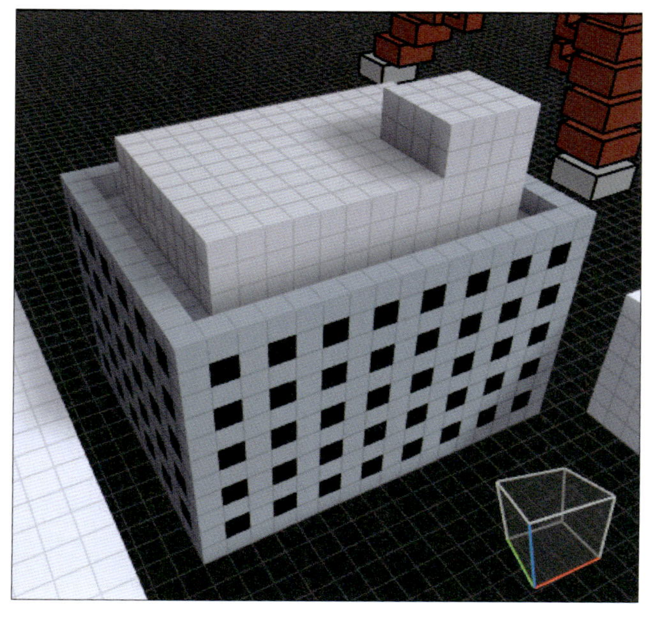

8 窓ガラスをレンダリングする

これでビルのモデリングは終了です。最後にレンダリング時の見栄えを確認しましょう。レンダリング時には、先ほど配置した窓ガラス部分の黒いボクセルを、ガラス効果の設定にするようにします。

あとはこの工程を、東京タワーの周りに配置するビルの数だけ行います。
東京のビル街を再現するには数多く作成しなければならず大変ですが、いろいろな形のビルを作るのはそれだけでモデリングの練習になります。ぜひチャレンジしてみてください。

7-4 レンダリングで確認しよう

モデルが完成したら、街の情景をレンダリングしてみましょう。
さわやかな青空や夜の都会のイメージで、
創造した街を演出してみます。
また、作品として撮影するためのぼかし方なども解説します。

青空を設定してみよう

最終的には右のようなモデルができました。これをレンダリング機能で確認してみましょう。まずは街の上空を設定してみます。空の設定にはレンダリング機能の［**Sky[k]**］を使用します。

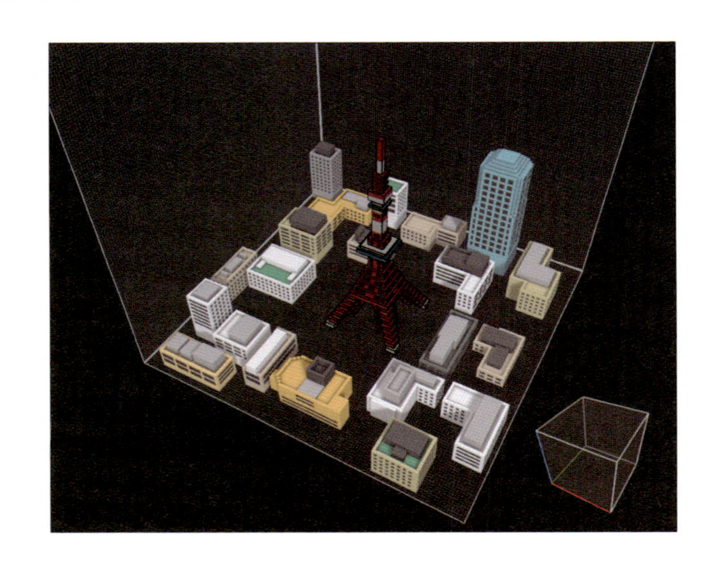

1 空の色を設定する

[Sky[k]]の左横に表示された色を変更することで空の色を変更できます。ここでは青空に設定したいので、水色に設定してみましょう。

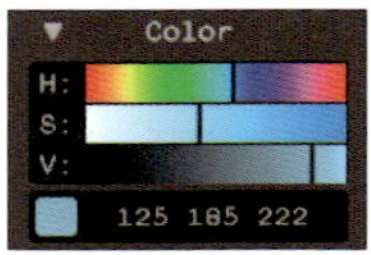

空の色

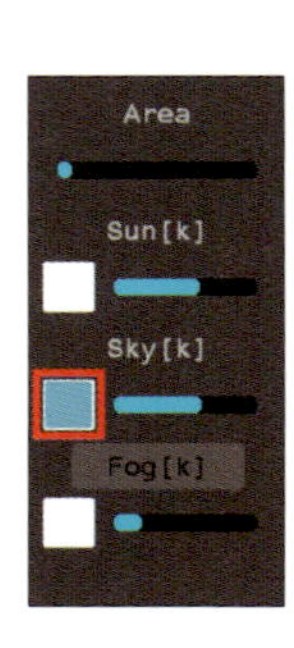

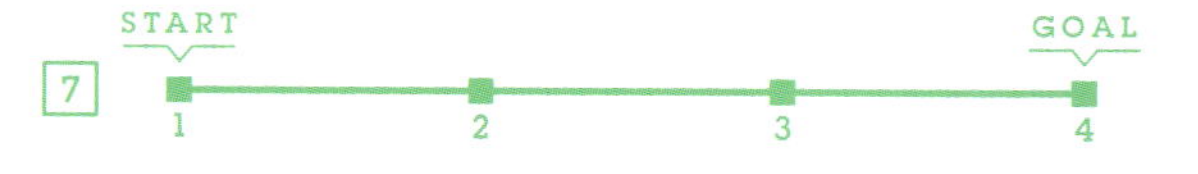

2 空を明るくする

水色を設定することで青空になりました。ですがこのままだと少し空が暗い印象なので［Sky[k]］の値を最大値まで上げてみましょう。これで少し空が明るくなり、昼間の東京タワーのイメージでレンダリングすることができました。

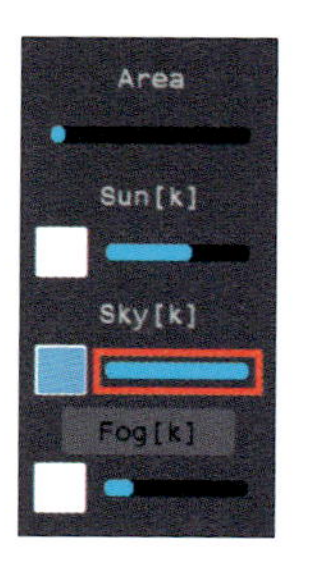

暗闇のなかで光る東京タワーをレンダリングしてみよう

次は暗闇のなかで東京タワーが光っているようなイメージでレンダリングしてみましょう。使うのは［Sun[k]］［Sky[k]］［Emission］の3つです。

1 暗闇に設定する

まずは［Sun[k]］と［Sky[k]］の値を極端に低くして暗くなるようにしましょう。

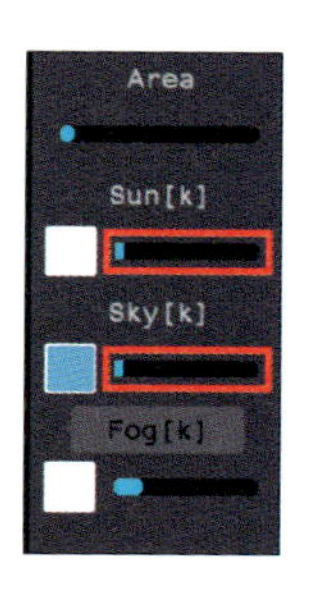

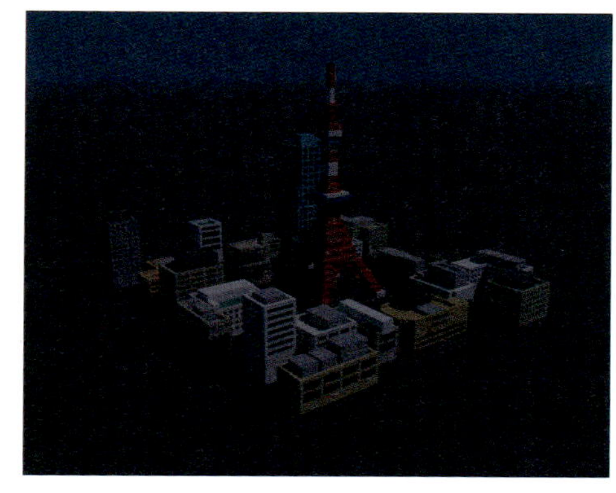

2 空の色を調整する

これでは暗いだけなので［Sky[k]］の色を黒くしてより暗闇にしましょう。これで暗闇になりました。

3 タワーの電飾部分を選択する

次は東京タワーを光らせてみましょう。まずは東京タワーの青いボクセル部分をOption（WinはAlt）キー＋クリックしてPaletteツールで色を選択します。

4 タワーの電飾部分を光らせる

青いボクセル部分を光らせるためには［Emission］を設定します。

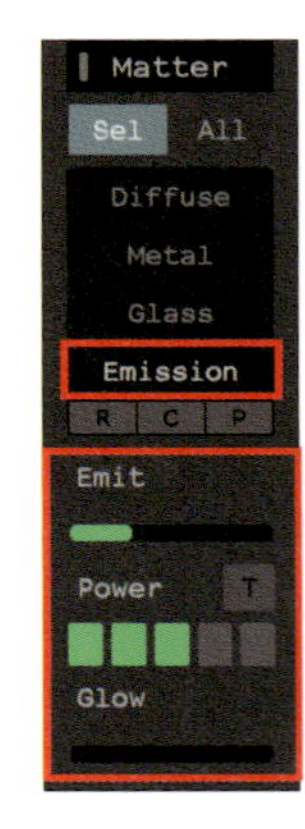

これで暗闇のなかで光る東京タワーが完成しました。

ドット絵風にレンダリングしてみよう

東京タワーをドット絵風にレンダリングしてみましょう。これはとても簡単です。レンダリング画面下のView Camera設定パネルにある［**Orth**］ボタンを選択するだけです。このボタンを選択することでカメラの設定をOrthogonal Cameraに変更することができます。Orthogonal Cameraとは遠近法などのパースがついてないカメラのことです。2Dのドット絵ではこのようなパース設定になっていることが多いのです。
デフォルトのカメラと違いドット絵風な可愛いレンダリング結果になるので筆者も愛用しています。

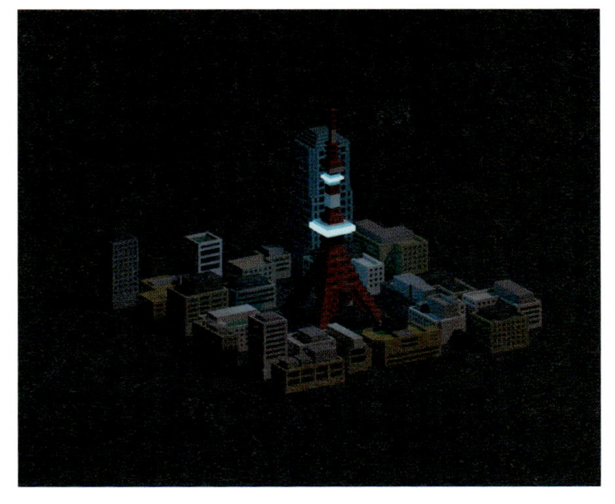

このOrthogonal Cameraを使う上での注意点として、空（[Sky[k]]）の色がレンダリングされないことです。ただレンダリングされないだけで、[Sky[k]] の色が地面に反射などはするので注意が必要です。

被写界深度を調整してみよう

レンダリングをした際に手前や奥のモデルにピントを合わせて他の部分をぼかしたいといったことがあります。そのような場合はレンダリング時にピントを合わせたい部分をクリックすることで可能です。

今回は手前のビルをクリックしてビルにピントを当ててみました。こうすることで、奥の東京タワーはぼやけた見た目になります。ぼけを使うことでおしゃれなイメージを演出することもできるので、ぜひいろいろと試してみてください。

まとめ

本章では街並みをモデリングしていく
過程で、単純なモデルを複数個配置して
比較的大きなモデルを作成する手順を
紹介しました。

この手順を応用することで、
街中などの大きなステージをモデリング
することもできますので、
ぜひチャレンジしてみてください。

第2部からはMagicaVoxelで作成したモデルを
Unityで使えるようにする方法を
紹介していきます。

Appendix
第1部おまけ：モデルをインターネットに公開してみよう

MagicaVoxelで制作したモデルを、
インターネットに公開して第三者に見てもらえるようにする
方法を紹介します。
インターネット上に公開することでより多くの人に見てもらえ、
モチベーションを保ちながらモデルを作ることができるので
とてもおすすめです。

Polyとは？

Chapter 5（P.83）で少しだけ紹介したPolyは3Dモデルをアップロードし、ブラウザで簡単に閲覧することのできるGoogleが運営するサービスです。無料で利用することができます。

Polyとはこんなサービス

Polyでは自分がアップロードした3Dモデルの閲覧だけでなく、他の人がアップロードした3Dモデルを鑑賞することができます。
また3Dモデルは一部のものにライセンスの縛りはあるものの、ダウンロードして自由に使用することもできます。

Polyのトップページ
https://poly.google.com/

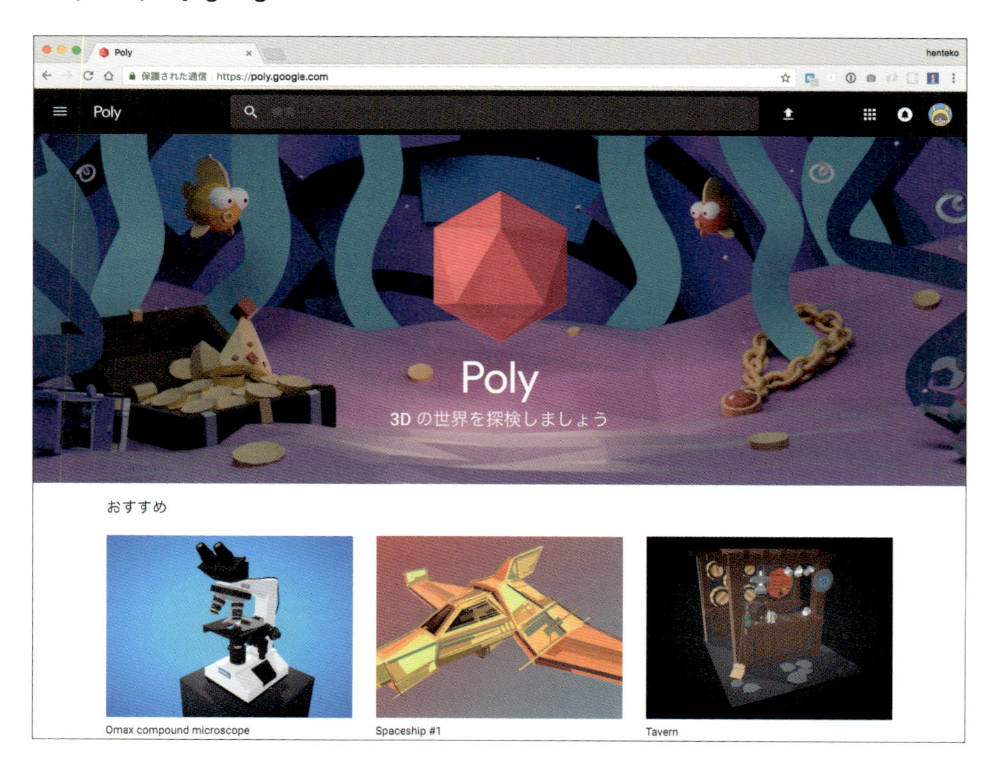

もちろんMagicaVoxelでモデリングしたモデルもアップロードが可能です。アップロードしたモデルはユーザーごとに一覧ページが作成されます。第1部のChapter5 〜 7で作成した各モデルもサンプルとしてアップロードされており、筆者のページにて閲覧することができます。

著者のページ
https://poly.google.com/user/99VuVXH6oer

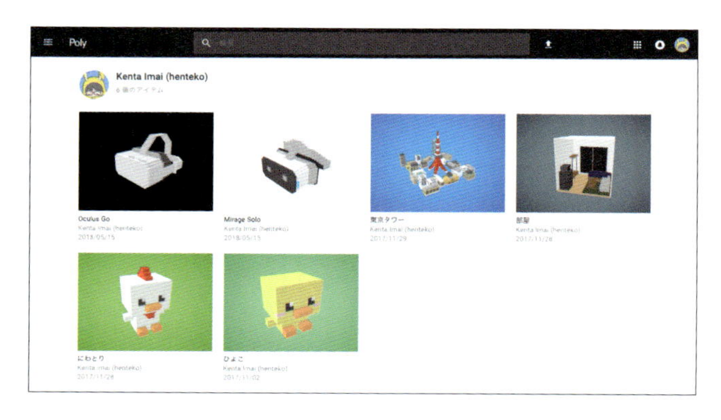

各モデルを閲覧するには、一覧からモデルをクリックして詳細ページに遷移します。詳細ページではドラッグ操作でモデルを360度の方向から確認したり、スクロール操作で拡大縮小表示ができます。
また他の人が作成したモデルを検索したい場合は、上の検索バーに文字を入力して実行します。

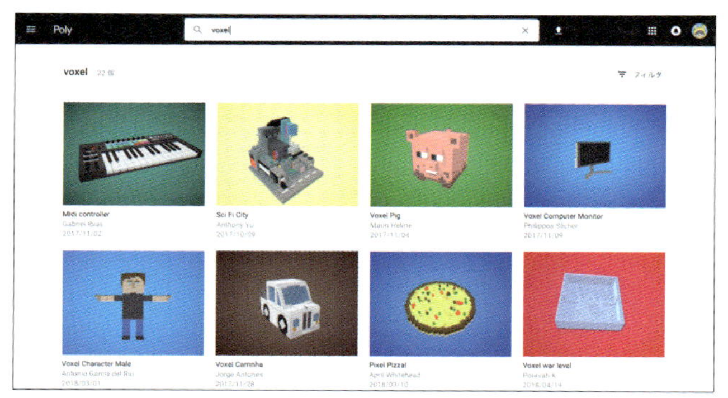

検索ワード「voxel」で検索した例

次の節からはPolyにログインして自分でモデリングしたボクセルモデルをPolyで公開してみましょう。

column

利用可能なPolyのAPI

Polyにはプログラムから簡単に呼び出すことができるAPIも用意されています。これを使うことでUnityなどで作ったゲーム内で、Polyで公開されているモデルをダウンロードしてゲーム内に表示することなどが簡単に行えます。英文ですが、詳細は下記URLから読むことができます。

https://developers.google.com/poly/develop/api

Polyにログインしよう

PolyはGoogleアカウントでログインしてサービスを利用できます。もしまだGoogleのアカウントを持っていない人はアカウントの新規作成から始めます。

1 Polyにアクセスする

まずはPolyのURL（https://poly.google.com/）にアクセスし右上にあるログインボタンを押します。

2 ログインする

Googleのログイン画面が開きます。Googleアカウントを持っている人はログインを、まだ持っていない人は「その他の設定」から「アカウントを作成」を選択しましょう。

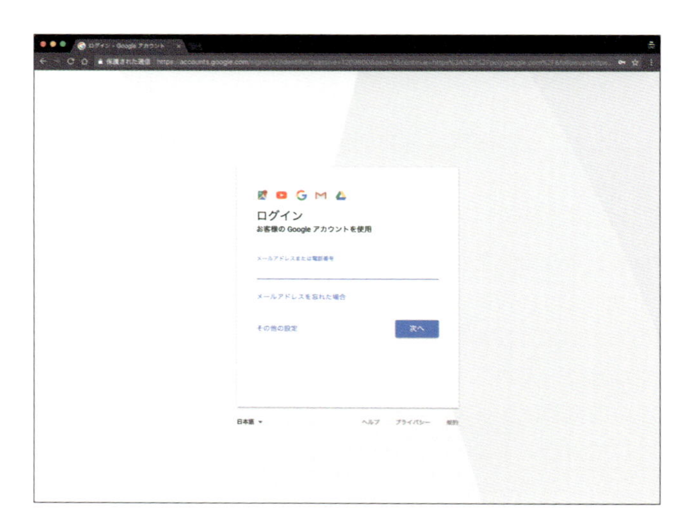

無事ログイン（または新規アカウント登録）が完了するとPolyのトップ画面に戻ります。

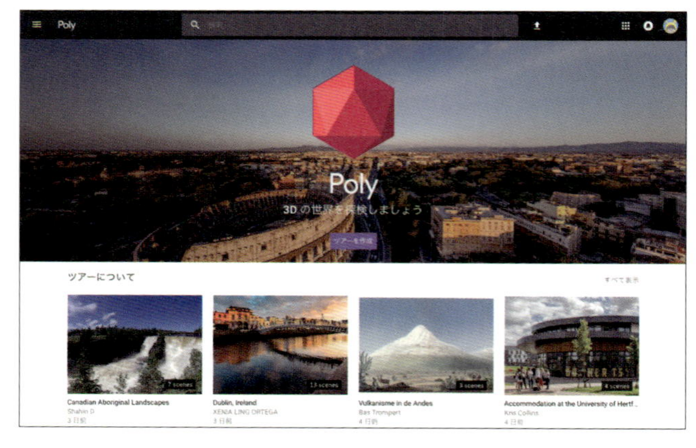

モデルを
アップロードしてみよう

ログインが済んだら早速、
モデルをPolyにアップロードしてみましょう。

モデルの準備をしよう

まずはアップロードするモデルの準備をしましょう。Polyへは、objファイルというファイル形式でアップロードすることができます。MagicaVoxelではそのobjファイルとしてモデルをエクスポートすることができます。エクスポートやobjファイルについてはP.185で詳しく解説していますが、ここでは操作のみ解説します。

1 モデルファイルをエクスポートする

MagicaVoxelの右下にある**Exportツール**で行います。エクスポートしたいモデルを開いて、右下の［Export］にある［obj］ボタンを押してobjファイルとしてエクスポートします。

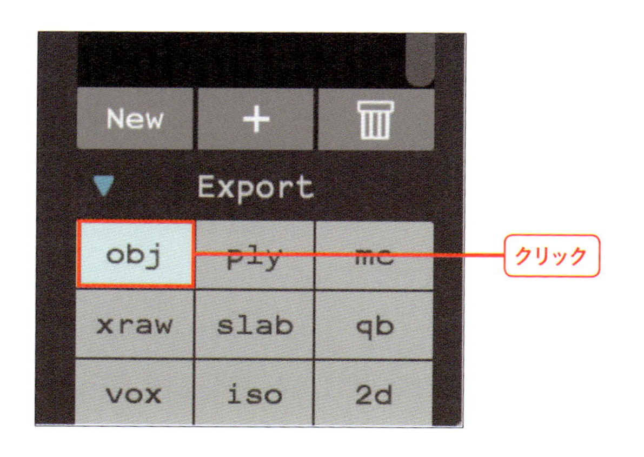

2 3つのファイルを確認する

objファイルとしてエクスポートすると、3つのファイル（pngファイル、objファイル、mtlファイル）が出力されます。

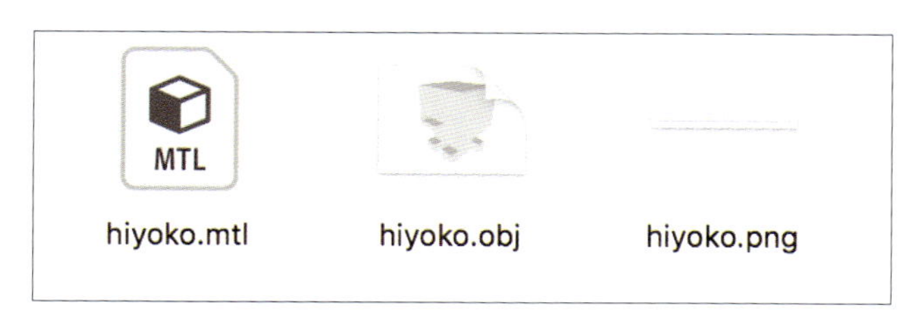

これでアップロードの準備は終わりです。

アップロードする

先ほどエクスポートしたobjファイルとその関連ファイルをPolyにアップロードしてみましょう。

1 Uploadボタンをクリックする

Polyへのアップロードはページ上にあるUpload（3Dモデルをアップロード）ボタンから行います。

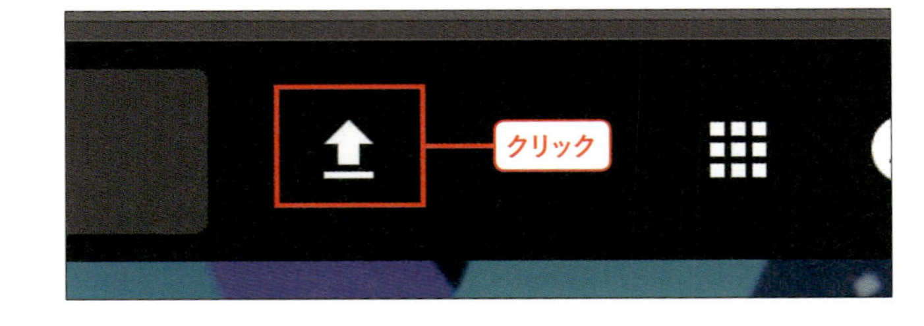

2 ファイルをアップロードする

Uploadボタンを押すとアップロードダイアログが表示されます。そこに先ほどエクスポートしたobjファイル、pngファイル、mtlファイルの3つすべてをドラッグ＆ドロップでアップロードします。

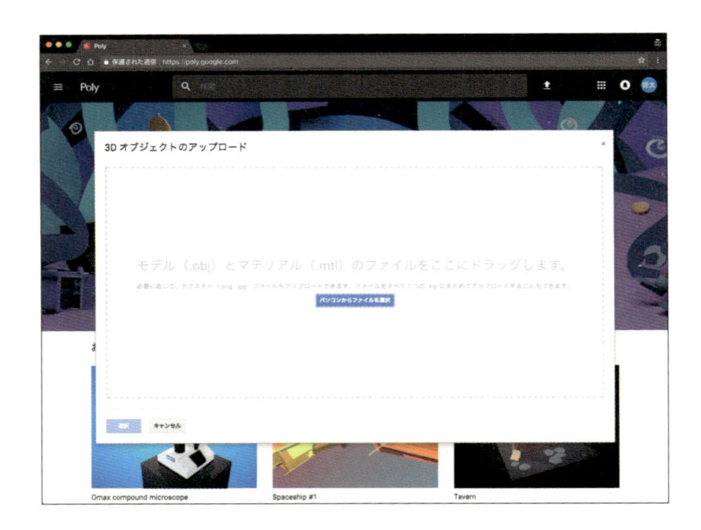

3 モデルファイルの解析を待つ

objファイルらをアップロードするとモデルファイルの解析が始まります。解析が終わるまで少し待ちましょう。

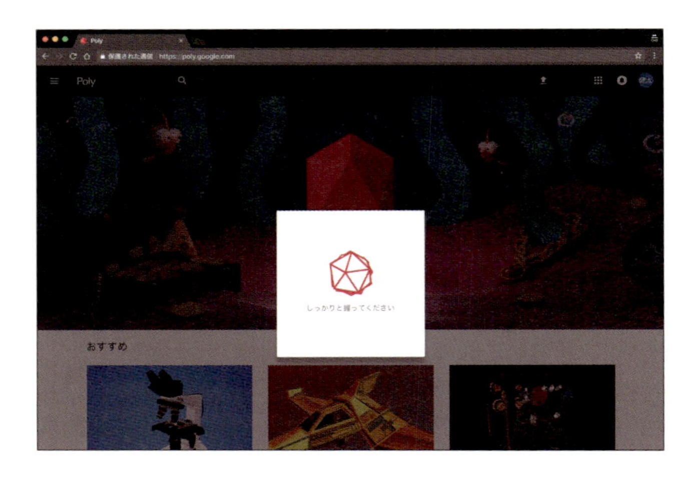

4 モデルの詳細を登録する

解析が終わるとアップロードしたモデルがブラウザに表示されます。ここではモデルの表示角度やタイトル、説明などを設定することができます。タイトルやモデルの説明、カテゴリなどを設定したらあとは［公開］ボタンを押します。

column

モデルの詳細登録について

［カテゴリ］ではモデルの属性などを設定します。「動物、ペット」から「建築」「アート」などのさまざまなカテゴリが用意されているので適切なものを選択しましょう。
また［一般公開］を設定するとPolyの検索結果などに表示されるようになります。逆に限定公開に設定すると検索には表示されませんが、モデル詳細画面のURLを知っている人のみアクセスできるようになります。
［リミックスを許可］するとそのモデルはCC-BYライセンスとして公開されます。他のユーザーに自由にモデルを使ってもらいたい場合はリミックスを許可するようにしましょう。ライセンスの詳細についてはGoogleの公式ドキュメント（https://support.google.com/poly/answer/7418679）を参照してください。

5 ［公開］ボタンをクリックする

規約などの同意画面が表示されます。問題なければそのまま［公開］ボタンを押しましょう。

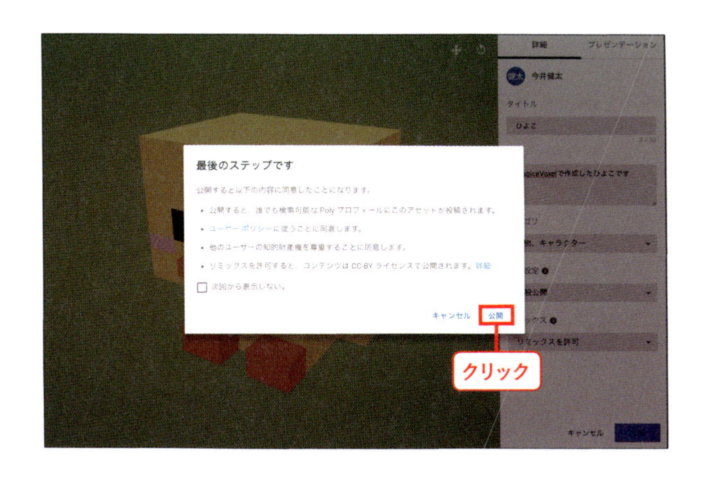

6 公開されたモデルを確認する

公開をするとブラウザからモデルを見ることができるようになります。モデルが表示されているエリアをドラッグすると、さまざまな角度からモデルを鑑賞できます。
これでインターネット上に自作のモデルを公開することができました。

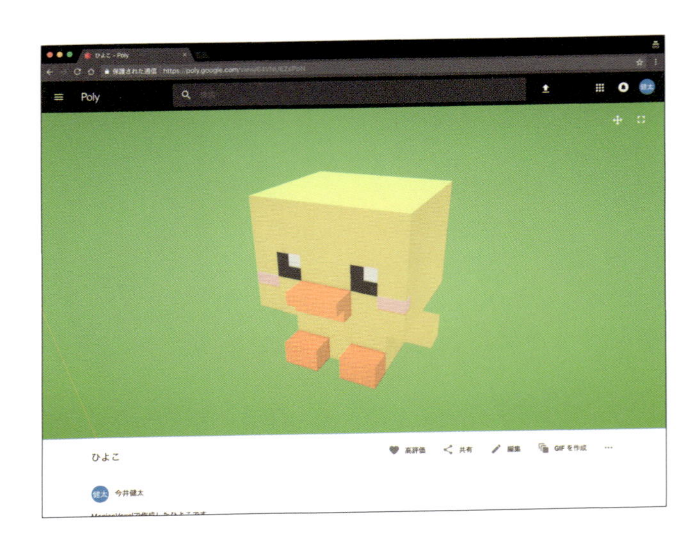

まとめ

Polyによるモデルの公開方法を説明しました。
Polyには他のユーザーが投稿したさまざまな3Dモデルがあります。
参考になるようなモデルが多数ありますので、たくさんのモデルを鑑賞し研究して、自分のモデリングに活かすようにしましょう。
またPolyで第三者に見てもらうことにより、制作者自身のモチベーションを維持することもできます。
どんどん公開してモチベーション高く作品を作り続けましょう。

pter 8

使う
を
みよう

START!

8-1 キャラクター制作の前に

第2部で作り上げるゲーム用のキャラクターやステージを確認しておきましょう。また、キャラクターをMagicaVoxelでモデリングしてゲーム内で使う上での注意点もあわせて紹介していきます。

キャラクターとステージの完成イメージ

今回作成するゲームは以下のような森のなかをキャラクターが走り回るゲームです。

森には教会や宝箱が配置されており、キャラクターはそのなかを自由に走ったりジャンプすることができるような簡素なオープンワールドゲームを作成します。

本章から始まる第2部ではこれらのゲームを構成するモデルを一つずつ作成していき、Unityに読み込んで動かすまでを説明します。

動かせるキャラクターの条件

MagicaVoxelを使ってゲームのキャラクターを作る場合、いくつかの注意点があります。まず人型のキャラクターの場合、以下の構成要素を持っています。

- 頭
- 髪
- 胴体
- 腕
- 足

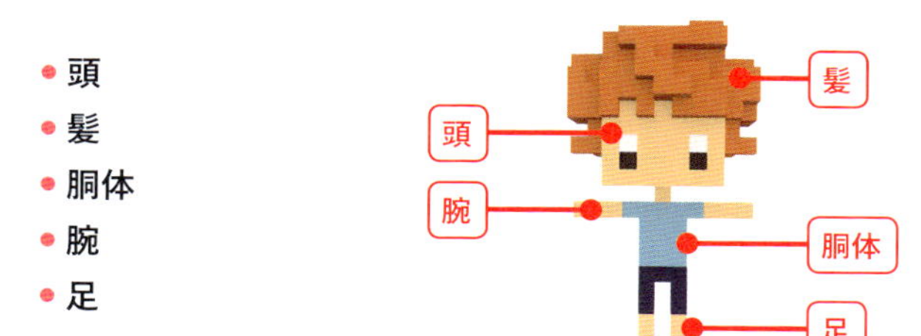

これらの要素はすべて独立した動きをする、体のパーツです。MagicaVoxelでモデリングする際に、要素と要素がくっついてはいけないパーツ同士をつなげてしまうことがあります。すると片方のパーツが動いたときにつられてもう片方も動いてしまい、下のNG例のように体の一部同士がいびつにつながってしまいます。

NGな例：後ろ髪を伸ばしてみた例。腕や胴体の一部と髪がくっついていると、腕を動かしたときに髪や頭部もつられてゆがむ

OKな例：短髪にすると胴体と頭部が分離され、顔の向きが変わっても胴体がゆがむことはない

たとえば腕と髪がつながっている構造の場合、腕が動くと髪も動いてしまい不自然になります。もちろんそういったモデルでも一緒に動かないようにする工夫はできますが、高度なツールで複雑な作業を行う必要があるため、あまりおすすめはできません。
そのためMagicaVoxelでキャラクターに動きを付けたいモデルをモデリングする際には、動かしたときに他の部位につられて意図しない部位まで動いてしまわないかを意識する必要があります。

一辺が隣りあっているだけでもNG

では具体的にどういった状態だと動いてしまうのかを単純なモデルで説明します。ボクセル同士が隣接している場合も動いてしまうのは当然として、一辺のみが接している状態でもつられて動いてしまいます。右図のような状態です。

次の節では実際にゲームで使用するキャラクターをモデリングしていきますが、この隣接するボクセルがつられて動いてしまうということを頭に入れながら、モデリングをしていきましょう。

column

髪の長いキャラクターをモデリングする場合

もし髪の長い女性キャラクターなどをモデリングする場合は、髪と体のあいだに必ず1ボクセル分以上を空けられるようなデザインにしましょう。

女性キャラクターの例

たとえば髪が長いキャラクターでも、ツインテールなどの髪型にすることで体や頭と髪の毛のモデルを離すことができます。このようにデザインを工夫することで、アニメーションの動きを実行したときにキャラクターが不自然な挙動をとってしまうのを防ぐことができます。
どうしても髪と体がくっついてしまう場合は、本書で説明をするmixamo（P.194）ではなくて他のモデリングソフト（MayaやBlenderなど）を使って、手動でボーン（P.195）の設定をする必要があります。

なおスカートの内側などもできるだけ足とスカートは離すようにモデリングすると、アニメーション時に自然な動きになります。

8-2 ゲームキャラクターをモデリングしよう

前の節で説明した注意点を意識しながら、
ゲームで使用するキャラクターをモデリングしていきましょう。

完成イメージを確認しよう

今回モデリングするキャラクターは右図のような男の子のキャラクターです。

Chapter5（P.90）で説明したとおり、シンプルなキャラクターをモデリングすると、それを応用して他のキャラクターを生みだすことができます。ですので、今回もベースとなるモデルはシンプルにして、髪の形や服の色、目の色などで特徴をつけていきましょう。

ゲームキャラクターの完成イメージ

ベースとなるモデルをモデリングしよう

まずはシンプルな、ベースとなる人型のモデルをモデリングしましょう。右図のようなモデルになります。

とてもシンプルなモデルですが、どこが腕でどこが足になっているかはすぐに判別がつくでしょう。また、前の節で書いたとおり、それぞれのパーツが独立していることに注目してください。腕、足、頭はそれぞれのパーツから分離していて、個々に動かすことが可能です。
では実際にモデリングしていきましょう。

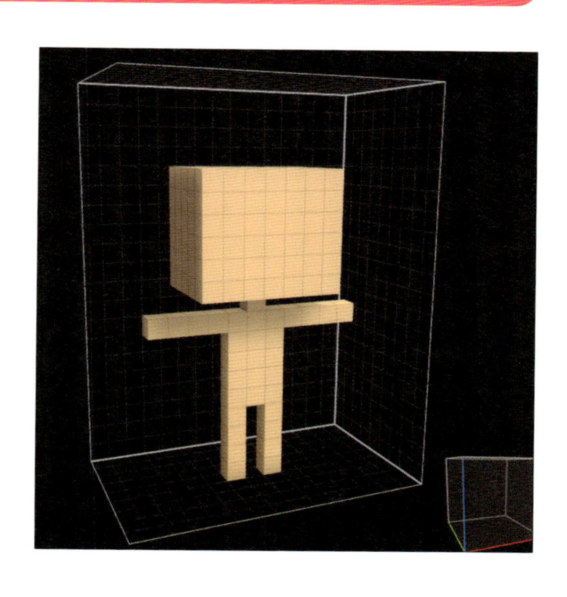

1 足をモデリングする

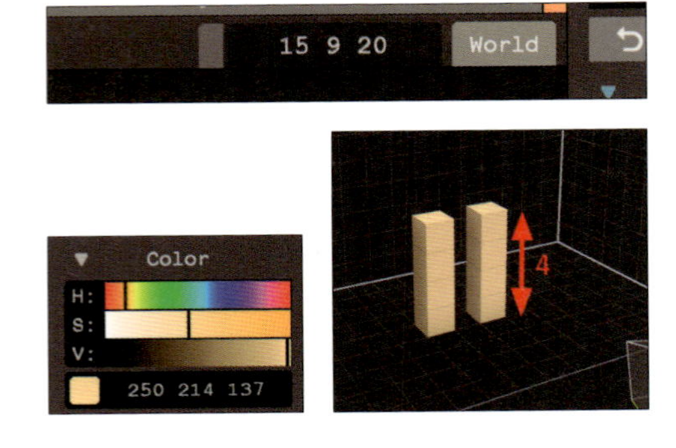

まずは足からモデリングしていきます。今回はモデルのサイズを「**15 9 20**」にしました。

今回のモデルは、足のあいだを1ボクセル分しか空けていないので、右図のような状態になります。色は肌色を選びます。

2 股と胴体をモデリングする

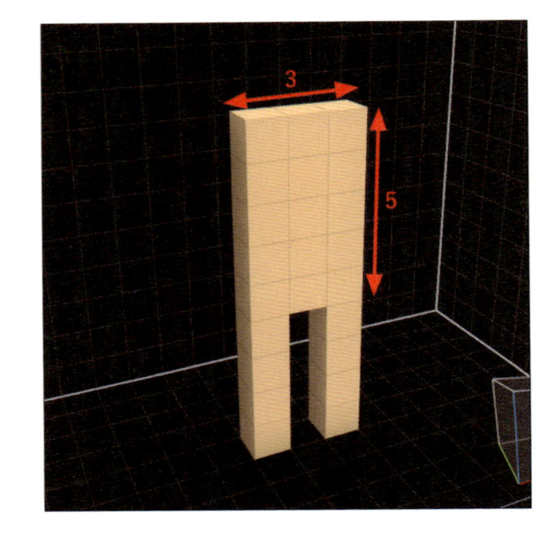

次に股の部分をモデリングして、あわせて胴体も作成しましょう。股は2つの足がつながるようにモデリングします。

3 腕をモデリングする

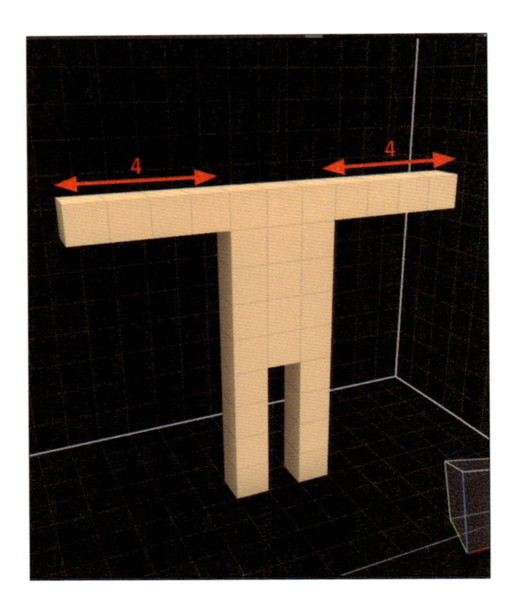

次は腕部分をモデリングしましょう。胴体のいちばん上のボクセルとつなげるように作成していきます。

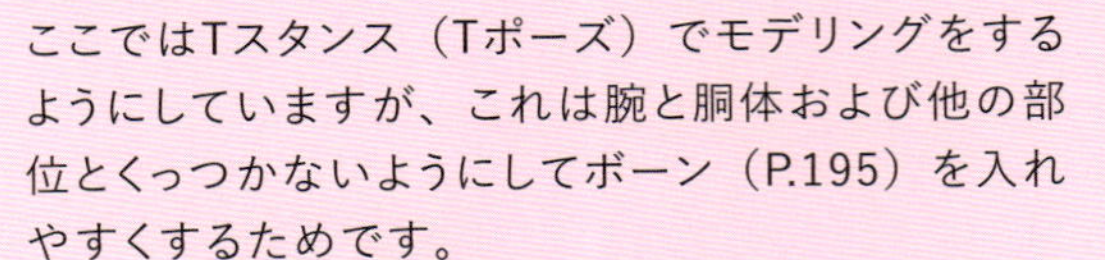

memo

ここではTスタンス（Tポーズ）でモデリングをするようにしていますが、これは腕と胴体および他の部位とくっつかないようにしてボーン（P.195）を入れやすくするためです。
3Dドットモデリングの場合、腕を下ろしてしまうと胴体とくっついてしまうため、ゲーム内で動かすキャラクターをモデリングするときには、Tスタンスでモデリングをするようにしましょう。

4 首と頭をモデリングする

最後に首と頭をモデリングしたら完成です。頭部のサイズを大きめに作ることで、キャラクターの“デフォルメ感”が強調されて可愛いイメージになります。

これでベースとなるモデルは完成しました。ここに服や目、髪などをモデリングすることで、シンプルなキャラクターに個性を加えることができます。

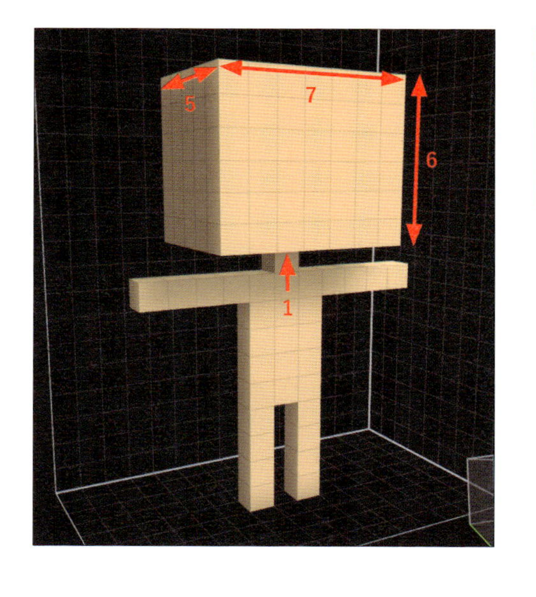

キャラクターの見た目を作ろう

ベースとなる人型モデルができたところで、次はキャラクターのモデルを作り込んでいきましょう。今回作るべきポイントは「顔」「髪型」「服」の3つです。ひとつずつモデリングしていきます。

1 顔をモデリングする

キャラクターといえば顔ですよね。顔がないと、そのキャラクターの見た目を決めることはできません。今回のキャラクターは、P.149の完成イメージを見てもらえればわかるとおり、顔といっても目しか描かれていません。今回は目だけで顔を表現します。
目を描くのは簡単です。顔モデルの一部分に右図のように白色と黒色を塗るだけで完成します。

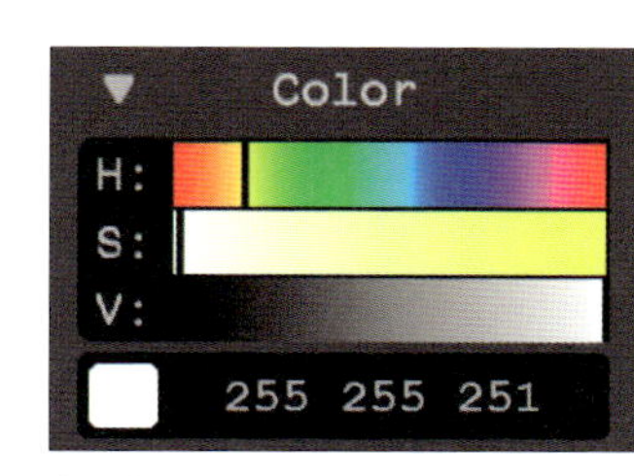

白目部分の色

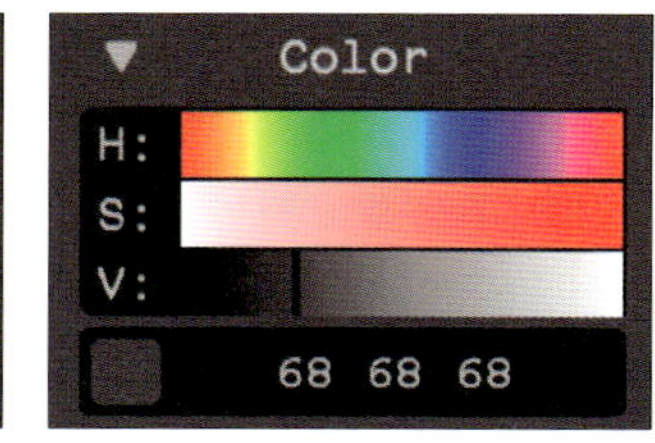

黒目部分の色

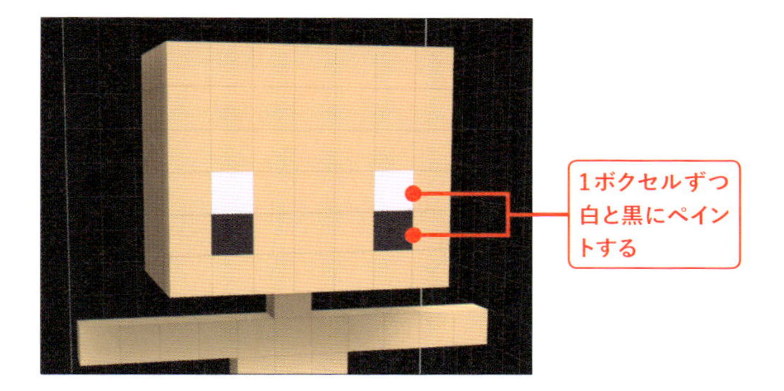

2 前髪をモデリングする

次は髪の毛をモデリングしていきましょう。3Dドットモデリングでは、髪型が左右対象であればおおよそ“いい感じ”に仕上がりますが、それだけではモデリングのヒントになりませんので、ここではいくつかの要点をステップで解説します。
まず前髪は立体的に作るようにしましょう。よくいるキャラクターなどの前髪って、かなりの確率で立体的な構造になっていますよね？ 思い浮かんだキャラクターを意識しながらモデリングしてみましょう。

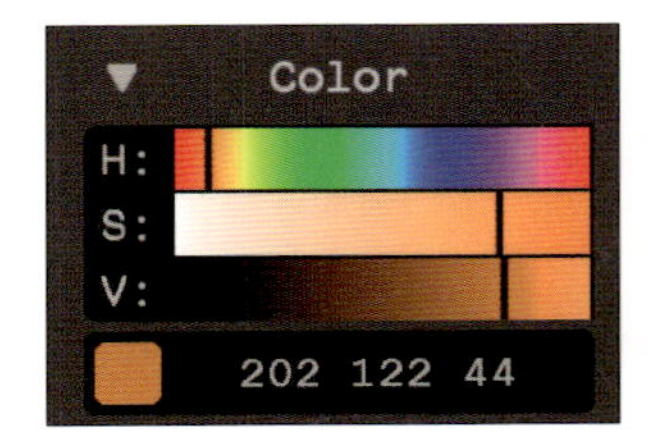

髪の毛の色

3 サイドの髪をモデリングする

今回はじゃっかんクセっ毛のキャラクターにしてみました。左右の髪のボリュームを非対称にすると、寝グセっぽさを表現することができます。慣れないうちは左右対称にするとモデリングがしやすいでしょう。

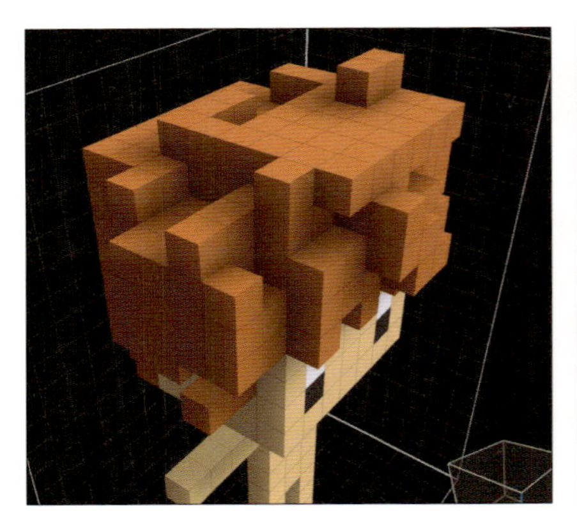

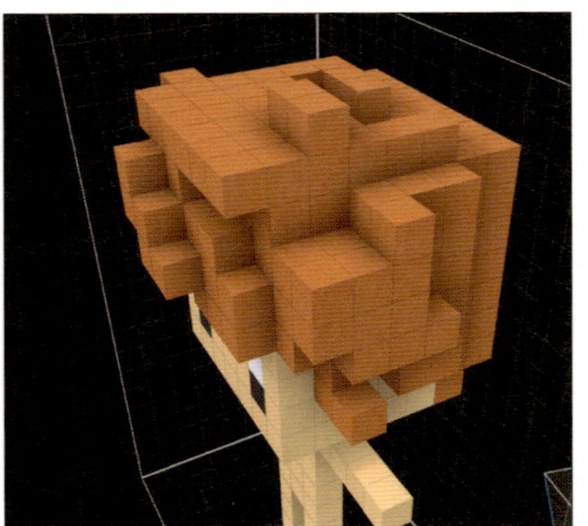

4 後ろ髪をモデリングする

後ろの髪の毛には多少の厚みを持たせましょう。右図のようにわずかな厚みと段差を持たせるだけで、リアルな感じに近づきます。

column

顔の表現のバリエーション

ちょっと違った見た目にしたいというときも、サンプルのようなシンプルなモデルだと簡単に行えます。
以下の例のように、見た目のバリエーションが増えて別キャラクターを作ることもできます。

単純なデザインでも
キャラクターの印象や
表情はさまざまなものに

5 髪のモデリングを仕上げる

頭頂部の髪の毛などについては図やサンプルデータを確認しながらモデリングしてみましょう。髪型に関してはこれといった正解がないので、試行錯誤してみてください。
これで髪のモデリングは終了です。

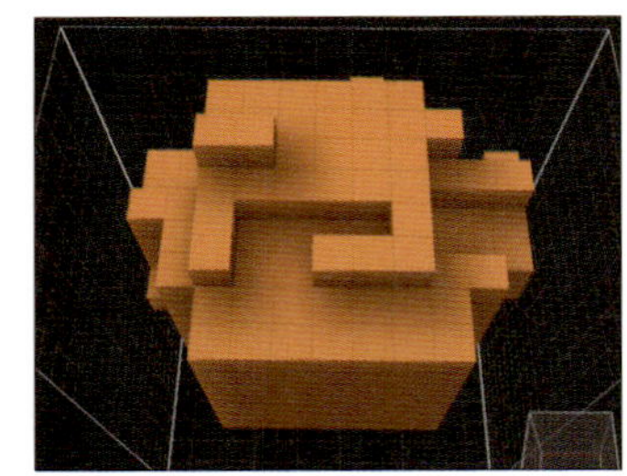

6 服の色を塗る

最後に服のモデリングです。服のモデリングもシンプルで簡単です。図のように、Tシャツとズボンの色をそれぞれに分けて塗りましょう。

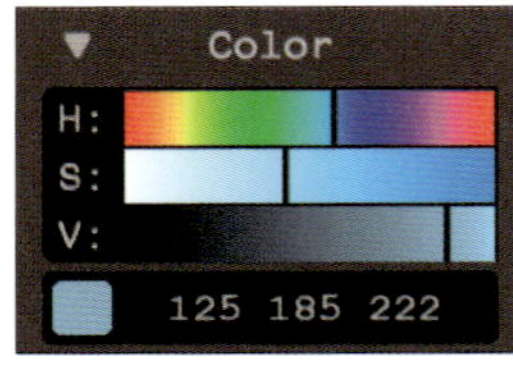

Tシャツの色

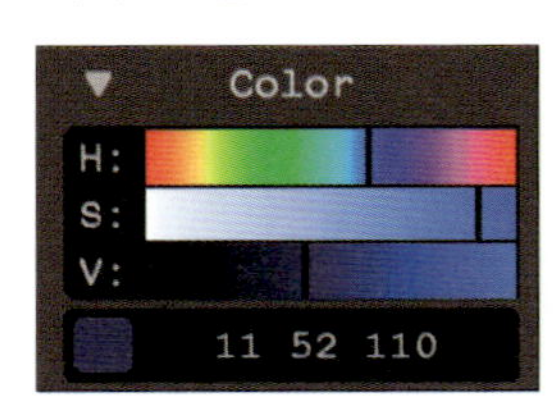

ズボンの色

これでゲームキャラクターのモデリングは終了です。モデルのファイル名を「boy.vox」として保存しておきましょう。

まとめ

本書で作成する簡単なゲームで使用するキャラクターをモデリングしました。
このようなシンプルなキャラクターの場合、服の色を変えたり髪型を変更することで、新たなキャラクターを生成できます。
アレンジしていろいろなキャラクターを作ってみてください。

次は今回作成したキャラクターを走り回らせる、ゲーム内のステージをモデリングしていきます。

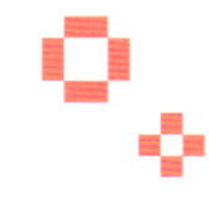

Chapter 9
ゲームで使うステージをモデリングしてみよう

本章ではChapter 8に続き、ゲームで使用するステージをモデリングしていきます。ゲームステージをMagicaVoxelで制作する上での注意点を交えながら、実際にステージをモデリングしていきます。

9-1 MagicaVoxelでゲーム用のモデルを作るときの注意点

ステージを実際にモデリングする前に、
MagicaVoxelでゲームステージをモデリングして
Unityにインポートする際の注意点を2つ紹介します。

注意点1: レンダリング機能の設定はUnityでは使用できない

MagicaVoxelの主要機能のひとつでもある、レンダリング機能の設定はUnity内では使用することができません。
例として、Matterツールなどでガラスの設定にして半透明にしたボクセルでも、MagicaVoxelからエクスポートしてUnityにインポートした際には、レンダリングの設定は情報として欠落し、半透明ではないモデルとして出力されてしまいます。
そのため、ゲームで使用するモデルの場合はレンダリング機能で編集できる見た目を考えずに、モデルをデザインしていく必要があります。

もしどうしてもMagicaVoxelでモデリングしたモデルの一部を、Matterツールなどの半透明設定などにしたい場合には、別途Mayaやその他のツールを使う必要があります。

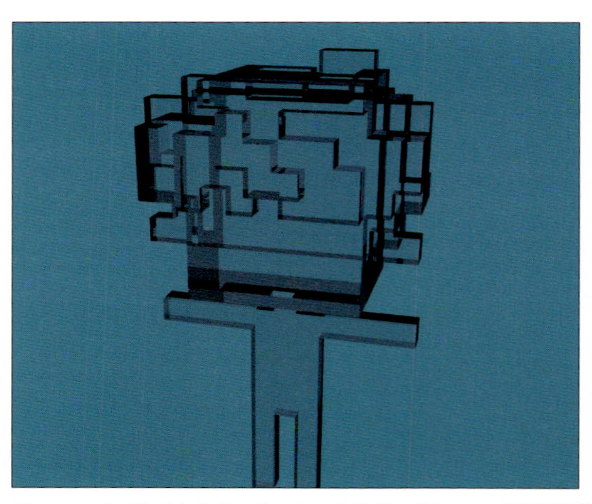
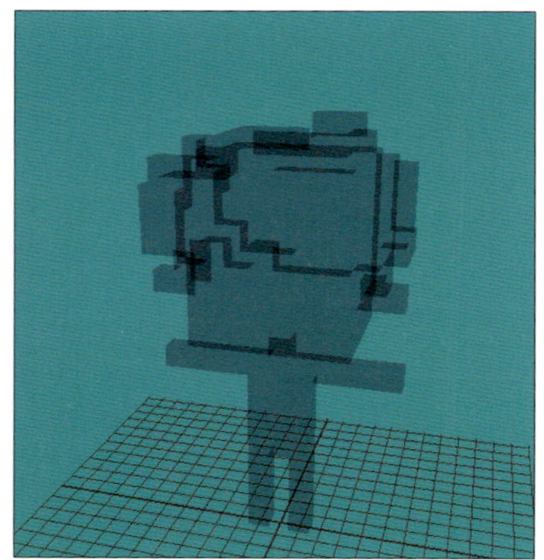

Chapter 8で作成したキャラクターのモデルをMayaで半透明設定にした例

本書では解説を簡潔にするためにMayaの使い方などは紹介しませんが、興味がある方はご自身でぜひ調べてみてください。

注意点2: World機能を使って複数オブジェクトに分割する

MagicaVoxelでゲーム用のステージを作る際には、各モデル[*1]を1つのオブジェクト[*2]で管理しないようにしましょう。すべてのモデルを1つのオブジェクトのなかで管理してしまうと、Unityにインポートした際に各ゲームオブジェクト[*3]として切り離すことができなくなってしまいます。
MagicaVoxelではモデルを一つひとつ個別のオブジェクトとして作成し、Unity上でそれらのゲームオブジェクトを統合してステージを作るようにしましょう。

memo

*1: モデルとは「木」や「教会」などのデザインごとの物体を指しています。
*2: オブジェクトとはWorld機能の選択単位であるObjectを指しています。
*3: ゲームオブジェクトとはUnity内にインポートされたあとのオブジェクトを指しています。

本書で作成するオブジェクト

どの程度の粒度で個別のオブジェクトとするかはそのゲームの特性次第なので一概には言えませんが、筆者は以下のようにしています。

- **壁や地面など構造の土台となる部分は1つのオブジェクトとする**
- **土台の上に配置するオブジェクトは個別のオブジェクトとする**

例として、本書で作成するゲームでは以下のような、全部で5つのオブジェクトを用意するようにしています。

1.土台となる地面

2.木

3.宝箱

このようにどのオブジェクトを個別にするかを意識しながら、ステージのデザインを考えていきましょう。

ここまでで2つの注意点を説明しました。次からは実際にこの2つの注意点を意識しながらゲーム内のステージをモデリングしてみましょう。

4.建物

5.キャラクター

9-2 ゲームステージをモデリングしよう

では実際に前の節で説明した注意点を意識しながら、
ゲームで登場するステージのオブジェクトを
ひとつずつモデリングしていきましょう。

完成イメージを確認しよう

ステージを構成する要素としては先に挙げたとおり、以下のようになっています。

- **土台→芝生のある地面**
- **木→6本**
- **宝箱→1つ**
- **建物→2階建ての教会と柵**

ゲームステージの完成イメージ

モデリングの工程は、前の章までで行ってきた流れと同じです。全体像をイメージしながら、各要素を個別にモデリングしていきます。
またこのときにWorld機能のレイヤーやオブジェクトを使って各モデルごとにオブジェクトを分けておくと、ステージの完成図をイメージする際のレンダリング時に便利です。

Step1：地面をモデリングしよう

まずはゲームステージの土台となる、地面をモデリングしましょう。

1 モデルサイズを設定する

126 126 1　World

色がついた1枚の板をモデリングするだけですので、簡単です。サイズは「**126 126 1**」にしました。

2 芝生の地面をモデリングする

Brushツールの［F］フェイスブラシを使うことで、簡単にモデリングできます。今回は芝生をイメージして黄緑色の地面にしました。

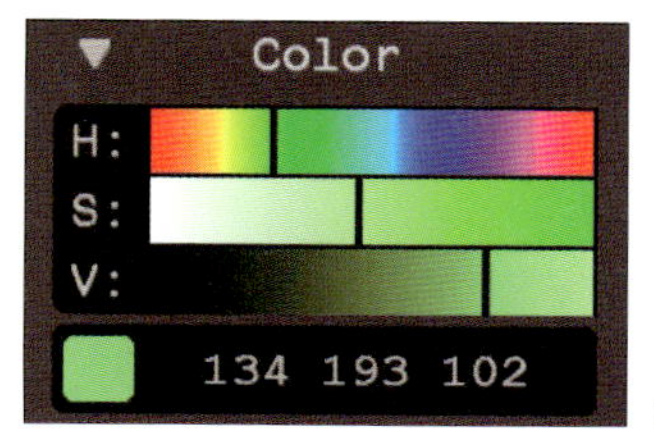

地面の色

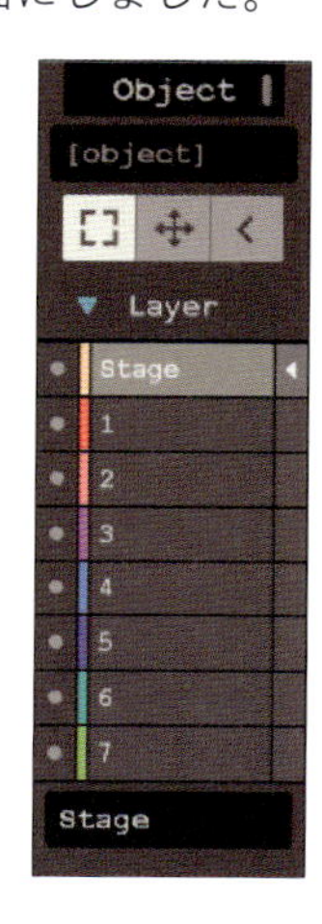

これで地面のモデリングは終了です。ファイル名（world.vox）を付けて保存しましょう。

Step2：木をモデリングしよう

次は木をモデリングしましょう。木はChapter 2ですでに作成したので、ここでは詳しい説明は省略します。今回は第1部で作成したものよりも、大きくて形状が複雑な木をモデリングしてみました。なお木のモデルはWorld機能を使って、地面のモデルとは違うオブジェクトとして作成しておきましょう。

1 より複雑な木をモデリングする

木の葉っぱ部分を複雑に組み合わせることと、木の根元を根っこっぽくするのがポイントです。根っこのように見せるには、地面に近いところを太く、地面に這わせるようにモデリングしましょう。

2 レイヤーで管理する

先ほど作成した地面のレイヤーとは別のレイヤーに分けて保存します。別のレイヤーに分けるにはWorld画面で木のオブジェクトを選択後、移動したいレイヤーの右側のボタンをクリックします。

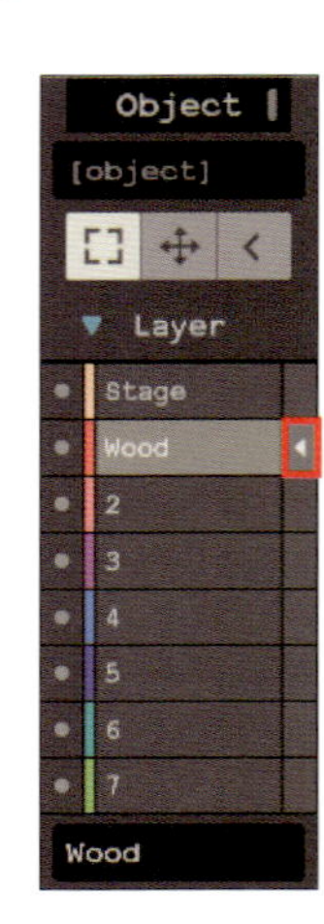

木は人工物ではなくて自然物なので、できるだけランダムにボクセルを配置するようにすると「自然の樹木らしさ」が表現されます。
もちろん、ここまで複雑でなくともChapter 2でモデリングした単純な木のモデルを流用しても大丈夫です。

3 完成イメージ用に木を複製する

ステージの完成図をイメージするために、同じ木のモデルを5つコピーして同一レイヤー内に配置しましょう。オブジェクトのコピーはWorld画面で対象のオブジェクトを選択して[Cmd]（Winは[Ctrl]）＋[C]キーで行います。ペーストは[Cmd]（Winは[Ctrl]）＋[V]キーです。ペーストすると選択部分がピンク色になるので、現在選択中のオブジェクトに表示された矢印をドラッグして任意の箇所に移動させましょう。

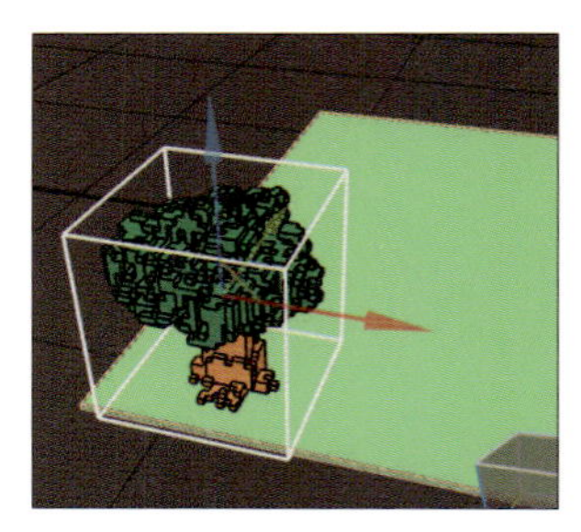
木のモデルをコピーして

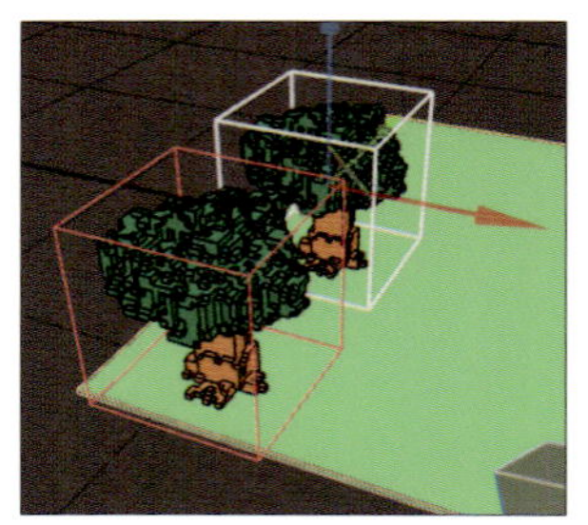
ペーストして任意の場所に移動

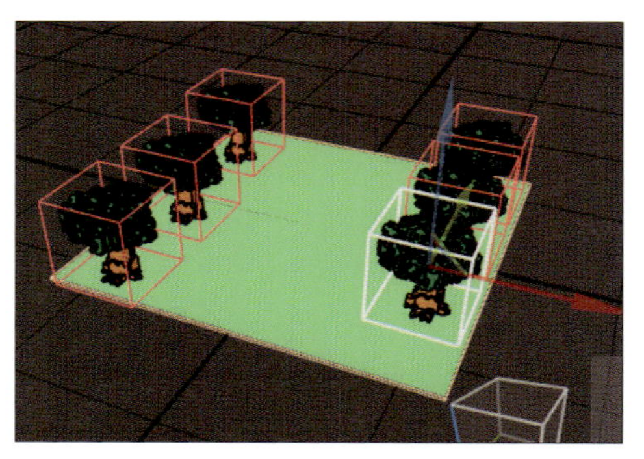
コピー＆ペーストを繰り返して6本の木を配置

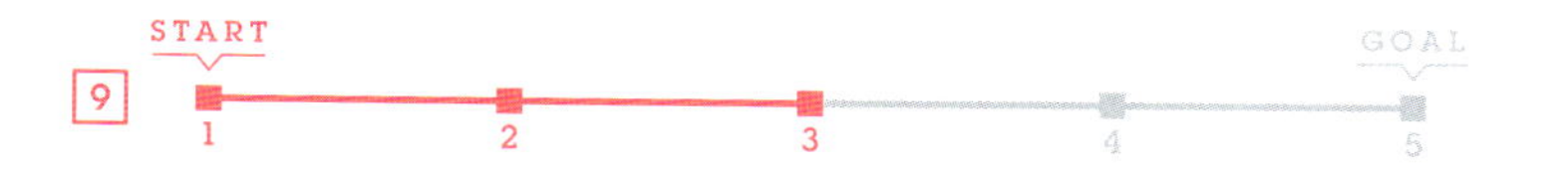

9-3 宝箱をモデリングしよう

ステージのベース部分が完成したら、パーツを作成していきましょう。まずは宝箱のモデリングからです。

完成イメージとモチーフの探し方

宝箱の完成イメージ
正面（左）と裏側（右）

宝箱のデザインは、Google画像検索などで「ゲーム 宝箱」と検索して表示されたイメージをモチーフにしてモデリングしました。

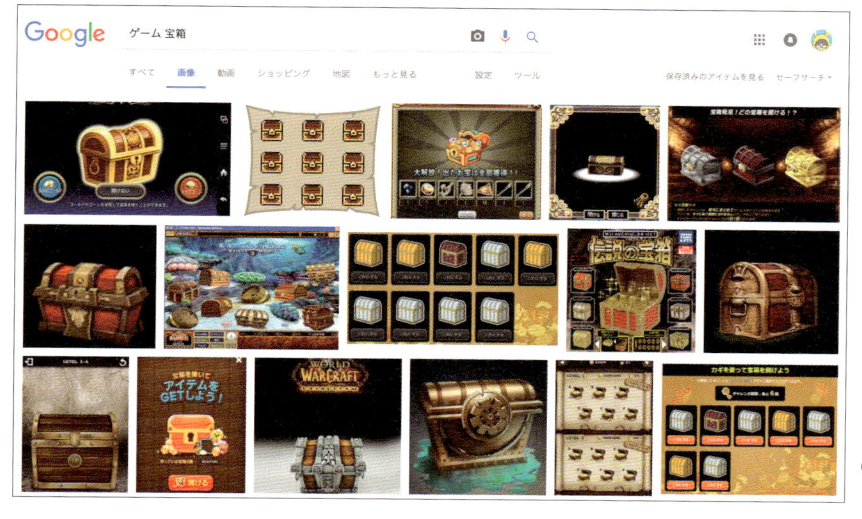

Googleで「ゲーム 宝箱」を画像検索した結果

Google画像検索で検索するといろいろなゲームの宝箱が出てきます。画像検索で表示された宝箱のデザインを眺めつつ、これはいいなと思うデザインを参考にモデリングしてみましょう。今回は赤色をベースとした宝箱をモデリングしてみます。

宝箱をモデリングしよう

1 宝箱モデルのオブジェクトを追加する

まずはWorld機能で先ほど作成した木や地面などのレイヤーとは別のレイヤーにオブジェクトを追加して作業をします。今回はモデルのサイズを「17 11 11」に設定しました。

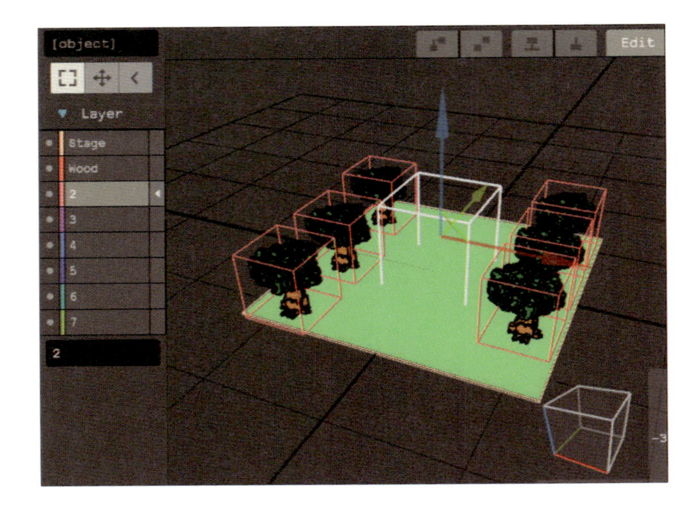

2 宝箱の本体を作成する

サイズの設定ができたら、宝箱の本体部分をモデリングしましょう。まずは赤色の直方体を作ります。サイズは「X: 17、Y: 11、Z: 6」ボクセルです。

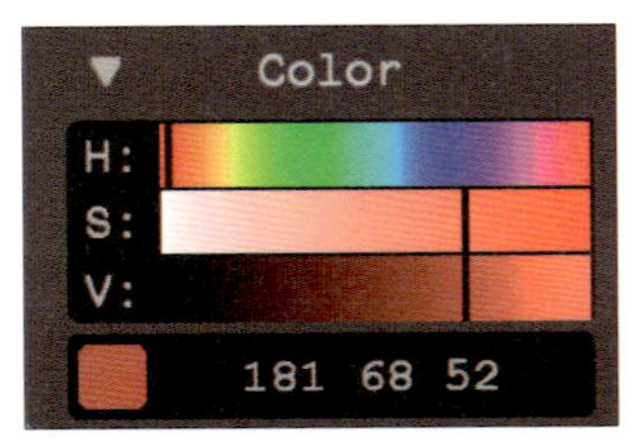

宝箱の赤色

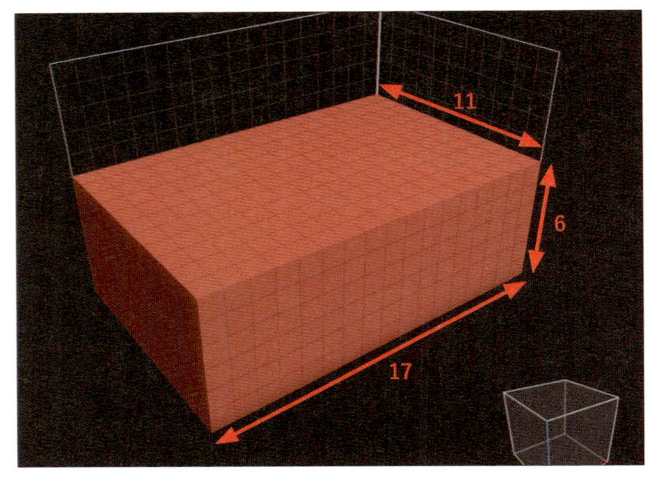

3 箱の蓋を作成する

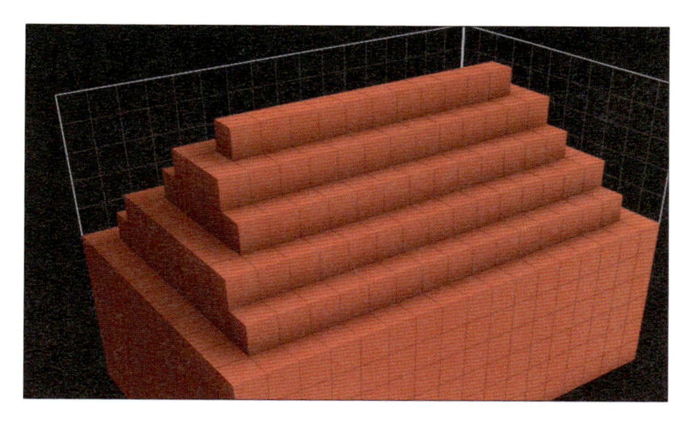

直方体の上に宝箱の蓋の部分をモデリングします。蓋の部分は上部分に行くほど狭くなる階段状にします。右図を参考にモデリングしましょう。

これで宝箱の形はできました。

4 箱の模様を塗る

形ができあがったので細部の色を塗っていきましょう。宝箱の縁部分と中央部分を黄色で塗ります。図を参考にしてください。

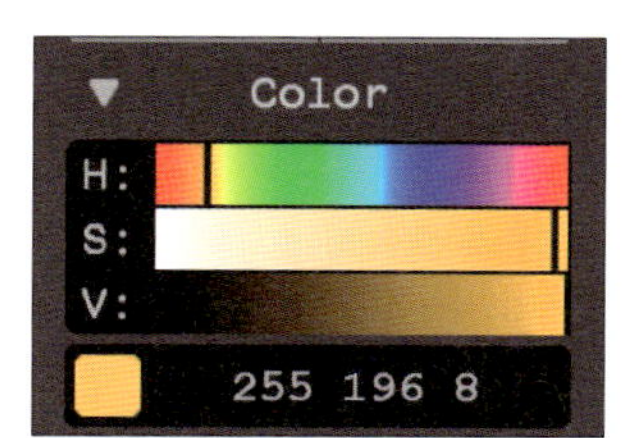

宝箱の黄色

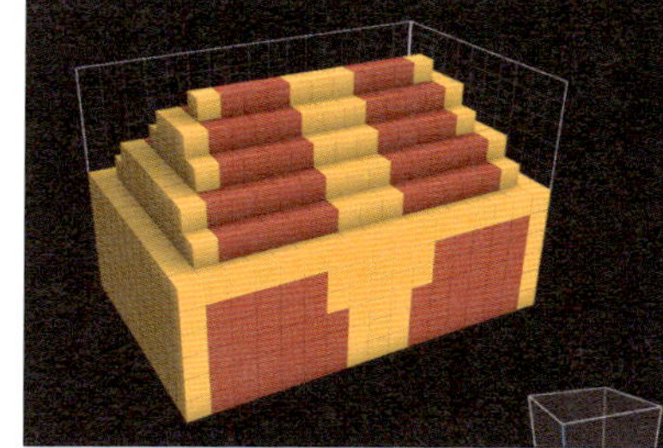

宝箱の正面側

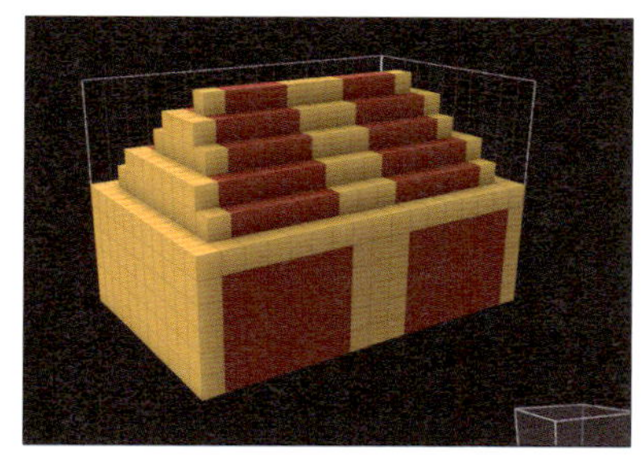

宝箱の裏側

5 鍵穴をモデリングする

最後に、黒色で鍵穴部分を塗りましょう。鍵穴は宝箱正面の中央部分にT字形になるように塗ります。

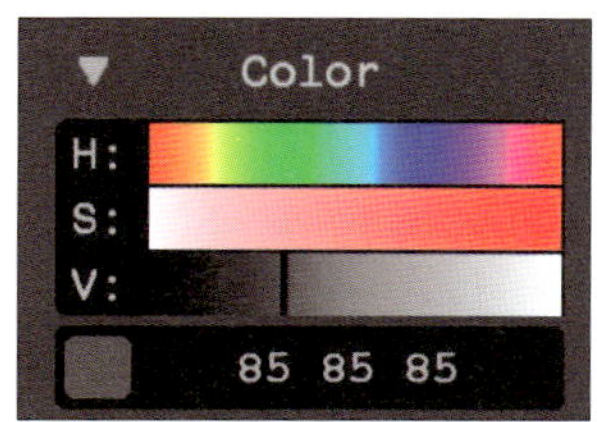

鍵穴の色

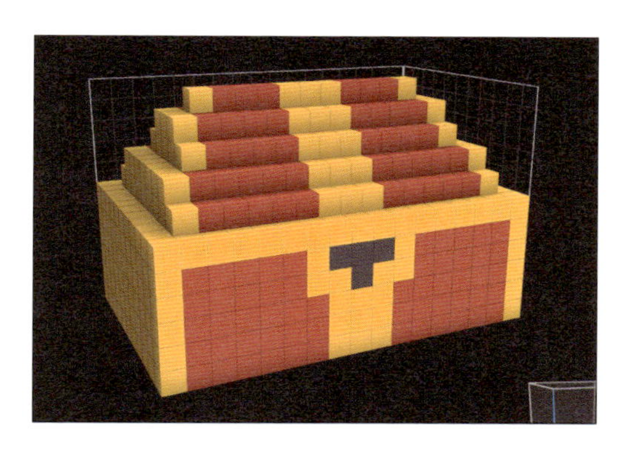

これで宝箱のモデリングは終了です。

9-4 建物をモデリングしよう

ゲームステージ内のランドマークとなる建物を
モデリングしましょう。今回は教会をモチーフにして
モデリングします。

完成イメージとモチーフの探し方

この教会も、Google画像検索などで表示された画像をモチーフにしてモデリングしました。
本書で作成する教会は四方を柵で囲まれており、正面に門がある建物です。
建物部分は2階建てになっており2階部分は周りが見回せる見晴台が、1階部分には天井の高い礼拝堂と天井の低い建物が連結された構造になっています。なお、今回は複雑な設定のゲームではないため、柵と教会の建物部分は同一のモデルとして作成しています。

教会の完成イメージ

建物など大きめのオブジェクトをモデリングする際は、ゲームキャラクターが動き回っているのを想像しながらモデリングすると、楽しみながら作業を進められます。
また教会でなくても今回作成するオープンワールドのRPGゲーム内に存在しそうな建物（たとえば民家や井戸、敵の本拠地など）をモデリングしてみてもよいかもしれません。
では実際に教会をモデリングしていきます。

Step1：柵と門をモデリングしよう

1 別レイヤーに新規オブジェクトを追加する

最初は教会の周りにある柵をモデリングしましょう。先ほどの宝箱と同様、World機能で別レイヤーに新規でオブジェクトを追加します。モデルサイズは「**67 83 18**」としました。

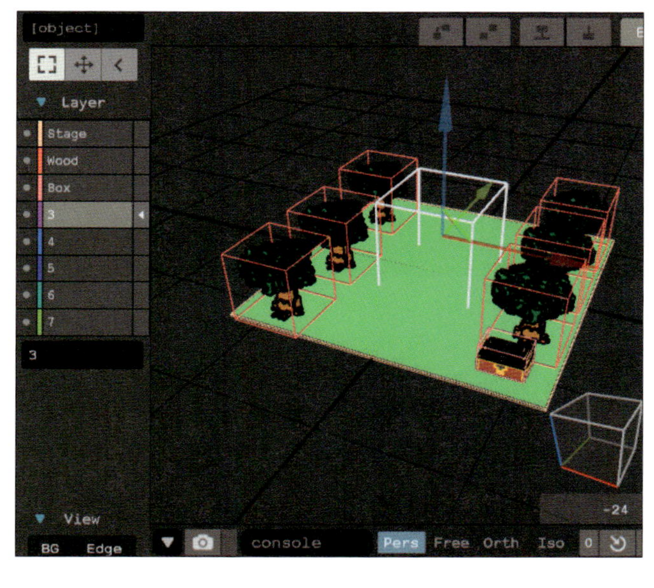

2 柵の土台を作成する

まずは外周を回るようにぐるっと一周、柵の土台部分を白色で作成しましょう。
ここでは**Y: 3、Z: 2**のボクセルで囲うようにしています。

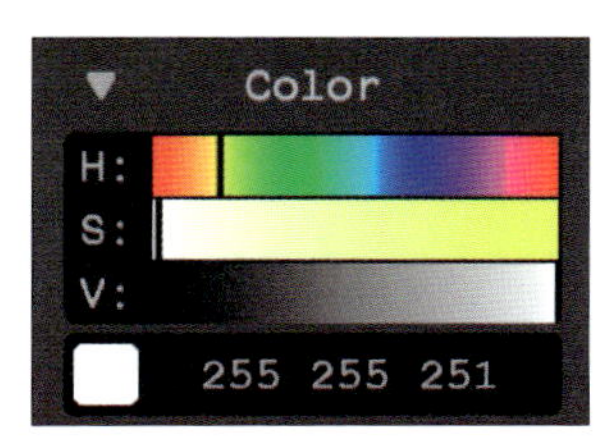

柵の色

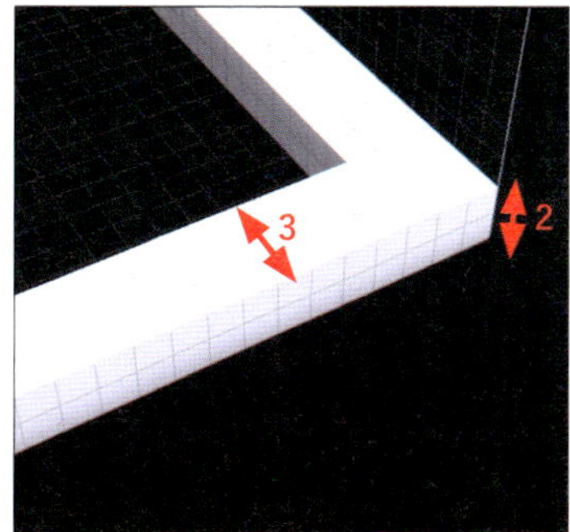

3 門を設置する場所を用意する

次に、門部分をモデリングするスペースを作ります。柵の正面の真ん中部分に**15ボクセル**分のボクセルを削除しておきます。
座標位置は、「X: 24、Y: 2、Z: -1」から「X: 38、Y: 0、Z: -1」までの直方体分を削除します。

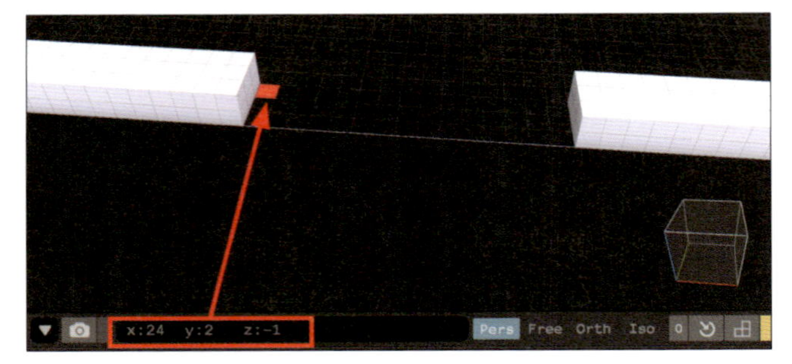

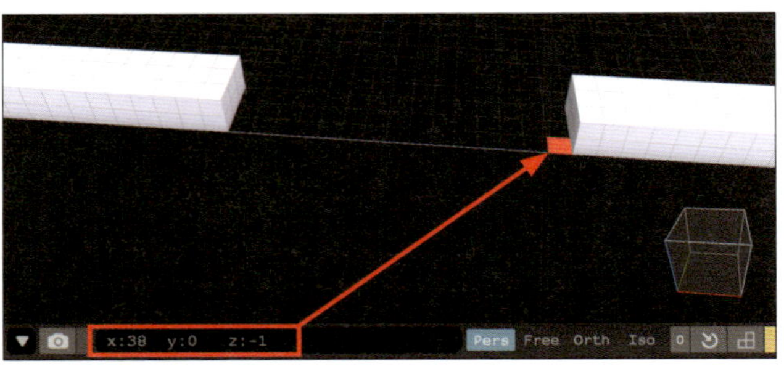

これで柵の土台部分は完成しました。次は柵を作りましょう。

4 柵をモデリングする

柵は高さ5、幅1のボクセルを積み立て、隣同士を十字架の形でつなげるように作ります。これをすべての土台部分に対して設置します。

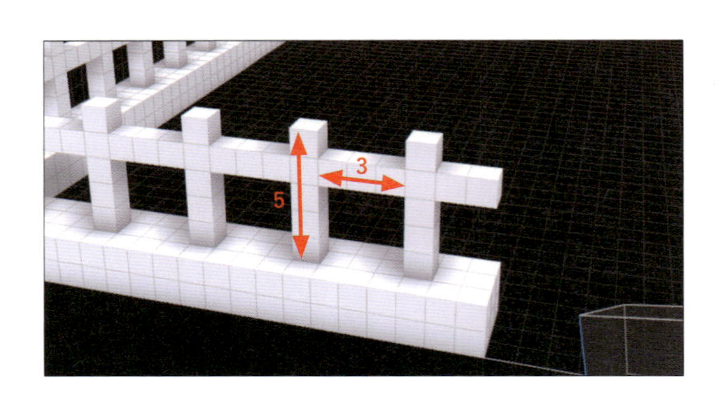

これで柵の完成です。

5 門をモデリングする

次は門を作ります。門は灰色のボクセルで図のように階段状に作成します。先ほど門のために用意したスペースに収まるように作成しましょう。

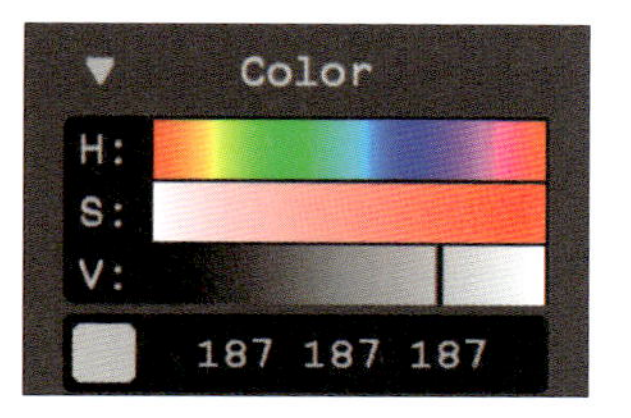

門の色

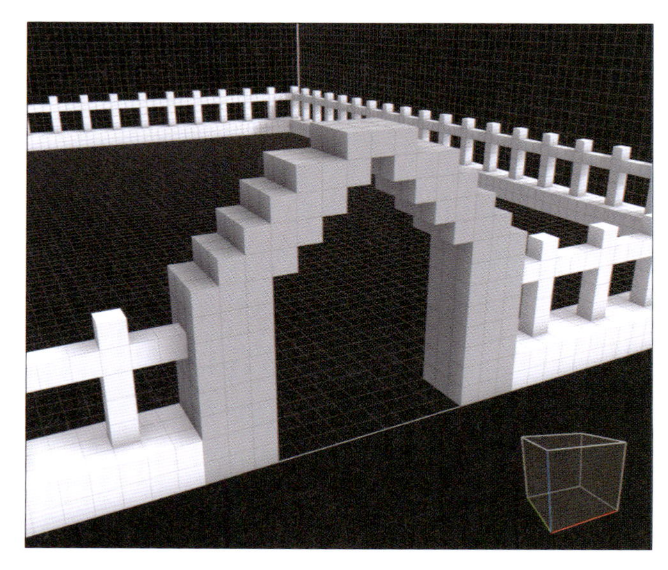

6 十字架をモデリングする

最後に門の上部分に柵の色と同じ白で十字架を作成して完成です。

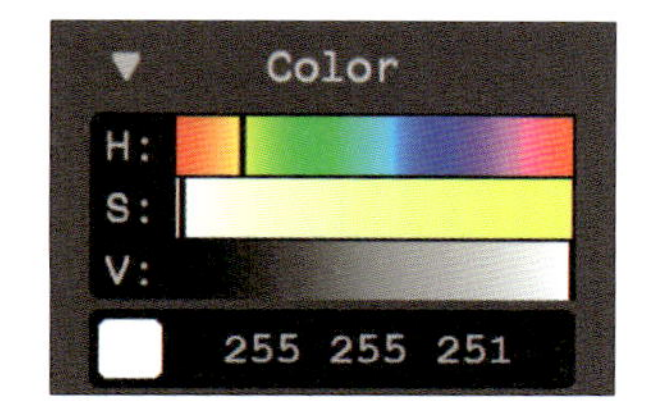

十字架の色

Step2：教会の基本構造をモデリングしよう

次は柵の内側に教会をモデリングします。まずは柵の中心部分に、小さい建物（入り口側）と大きい建物（天井の高い礼拝堂）をつなげて作成します。

7 モデルサイズを大きくする

実際に作成する前に建物を作成できるようにモデルサイズを大きくしましょう。今回は「67 83 **58**」としました。

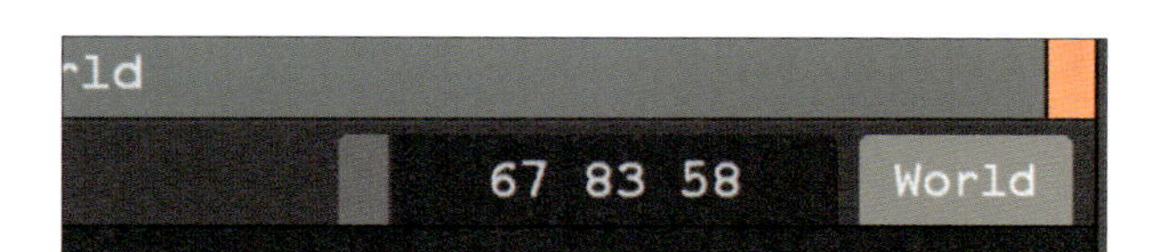

8 小さい建物を作成する

モデルサイズを大きくしたら、次は小さい建物から作成していきます。
まずは柵と同じ白色で建物部分を柵の内側に作成します。
サイズは「X: 18、Y: 20、Z: 12」ボクセルです。

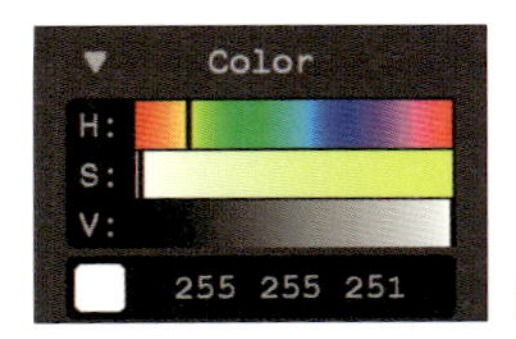

建物の色

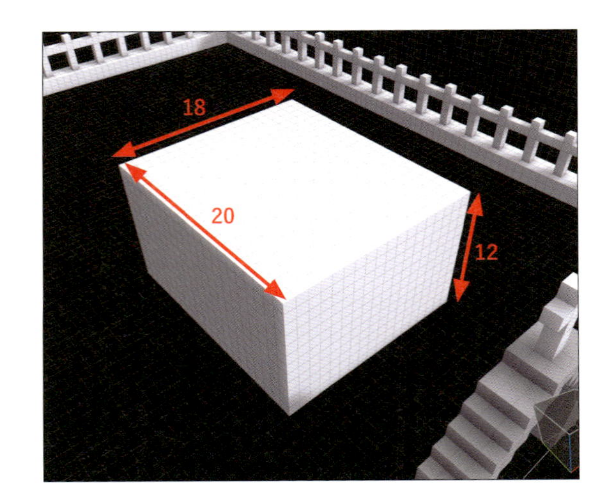

9 小さい建物の屋根を作成する

次に屋根の部分を作成します。屋根は灰色で階段状になるように、全部で10段作成します。

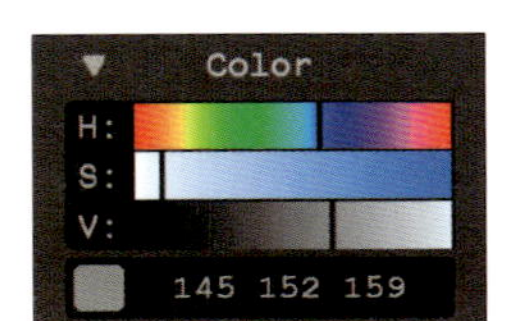

屋根の色

入り口正面側の屋根は建物から1ボクセル分はみ出すように作ります。反対側はもう一つの建物との連結部になるため、はみ出さないようにしましょう。

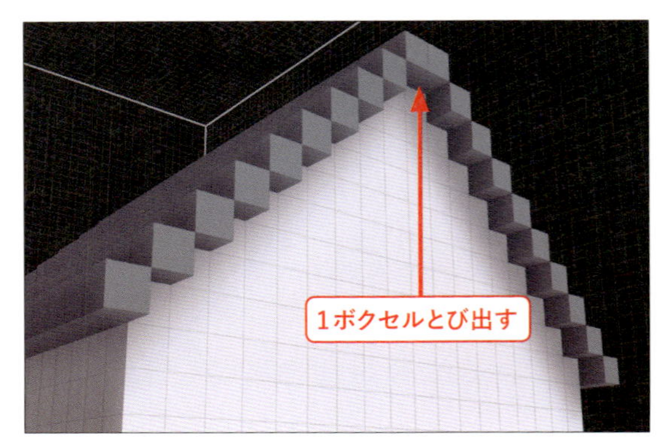

入り口のある正面側

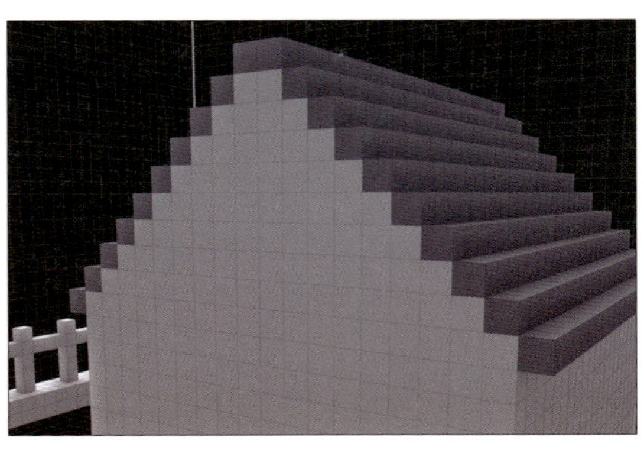
大きい建物と連結する裏側

10 大きい建物を作成する

次は大きい建物を作成します。基本構造は先ほどの小さい建物と同じです。まずは小さい建物の後ろにつながる位置に白色の直方体を作成します。サイズは「**X: 31、Y: 36、Z: 21**」ボクセルです。

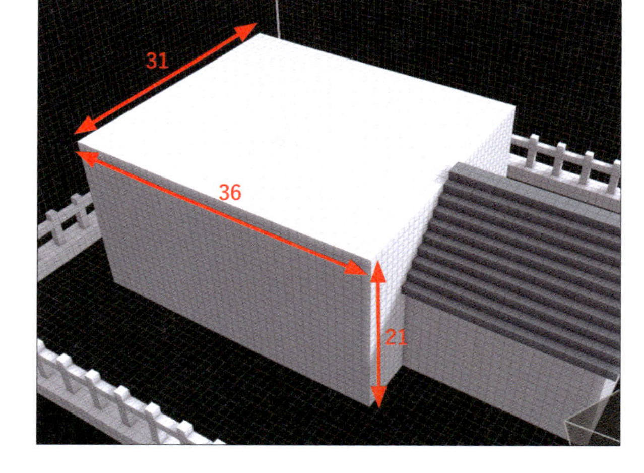

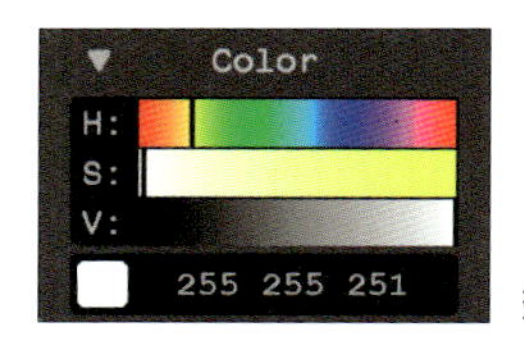

建物の色

11 大きい建物の屋根を作成する

次に屋根部分を作成します。小さい建物の屋根と同じ要領で、階段状に作成していきます。段数は17段です。

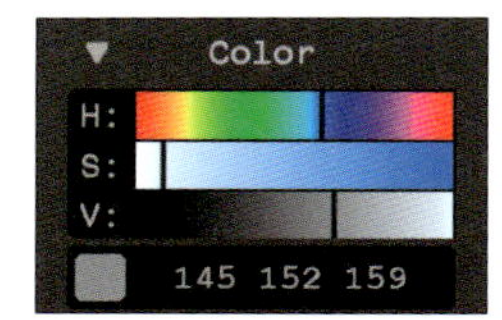

屋根の色

これで建物の基本的な部分は完成しました。

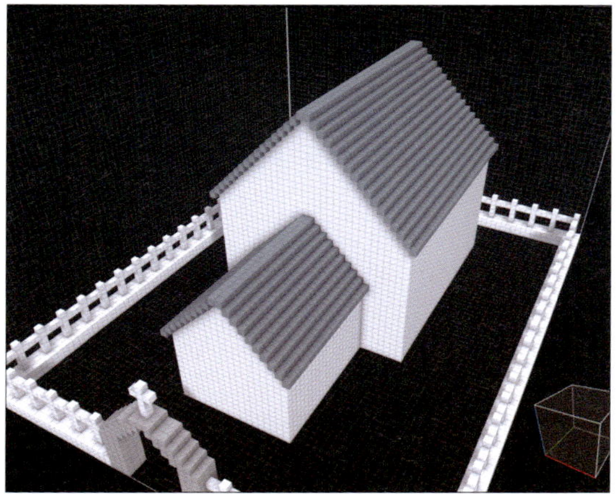

Step3：教会の細部をモデリングしよう

教会のベースとなる建物に、細部の構造や飾りをモデリングして教会を作り込んでいきましょう。

12 正面の窓を作成する

入り口正面側に窓を1つモデリングします。ちょうど小さい建物と大きい建物のあいだに当たる部分に作成します。

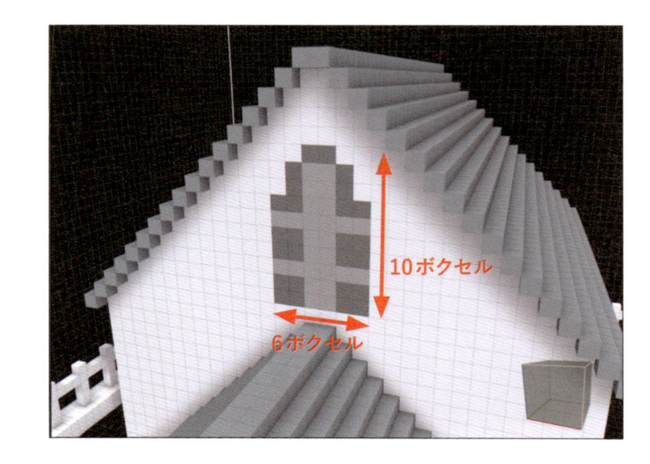

窓のモデリングでは、窓枠とガラス部分をそれぞれ別の色でモデリングすると構造がわかりやすくなります。

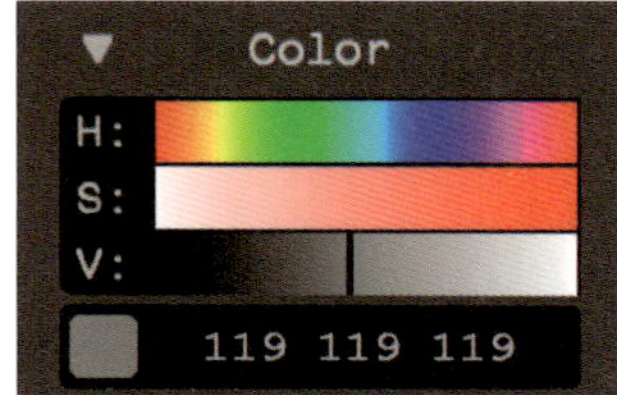

窓ガラスの色

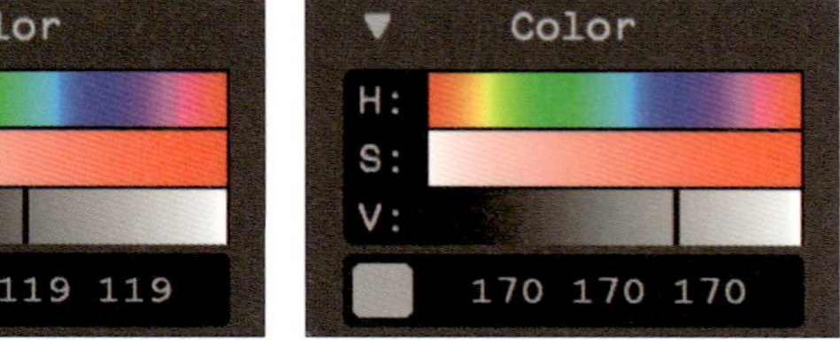

窓枠の色

13 側面の窓を作成する

次に同じサイズ、デザインの窓を建物の側面部分にモデリングしましょう。

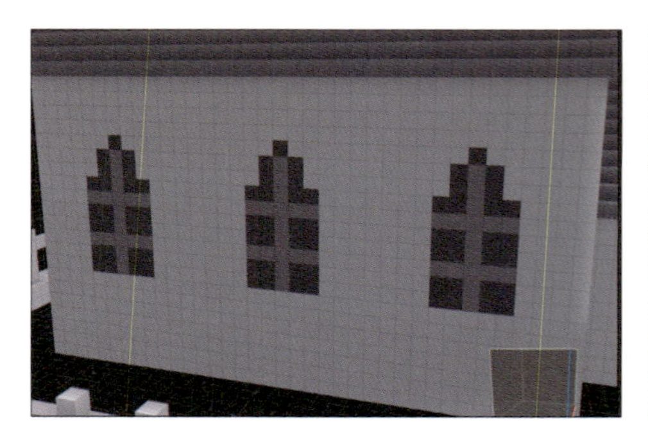

それぞれ３つずつが等間隔になるようにモデリングします。これで窓のモデリングは終わりです。

14 ドアを作成する

次はドアを作成しましょう。教会の正面部分に作成します。まずは正面部分に右図のようにドア部分の窪みを作成し、窪んだ部分を灰色で塗りつぶします。

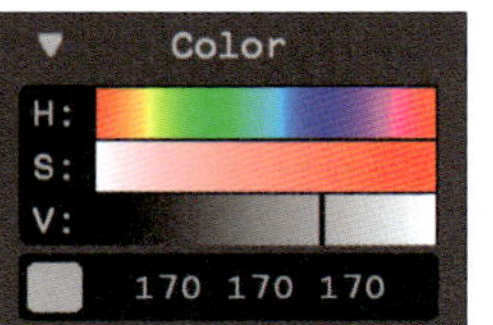

ドアの色

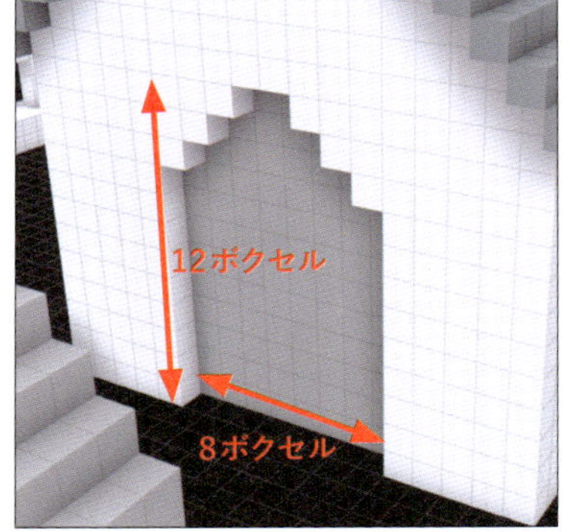

15 ドアの取っ手を作成する

窪みの中心部分にドアの取っ手を付ければドアの完成です。

16 見晴台の土台を作成する

最後に2階となる見晴台をモデリングしましょう。まずは屋根の中心部分に図のように内部が空洞の四角形を作ります。このときに屋根と重なる部分は壁と同じ白色に変更します。これが2階部分の土台となります。

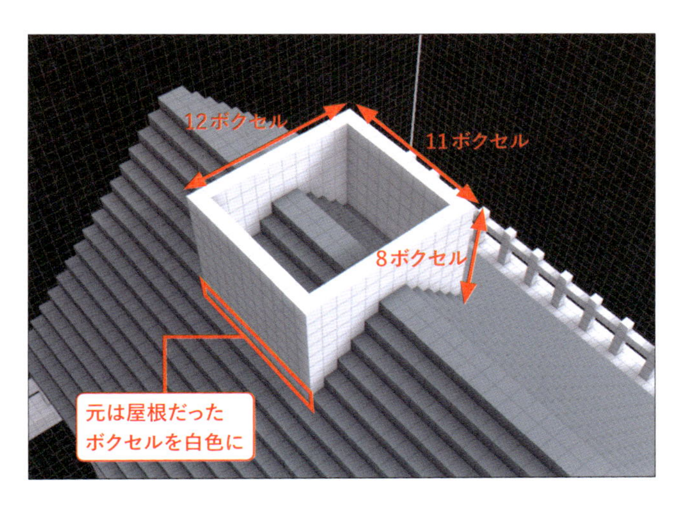

17 土台の上に柱を作成する

次に、この土台の四隅に柱を建てましょう。

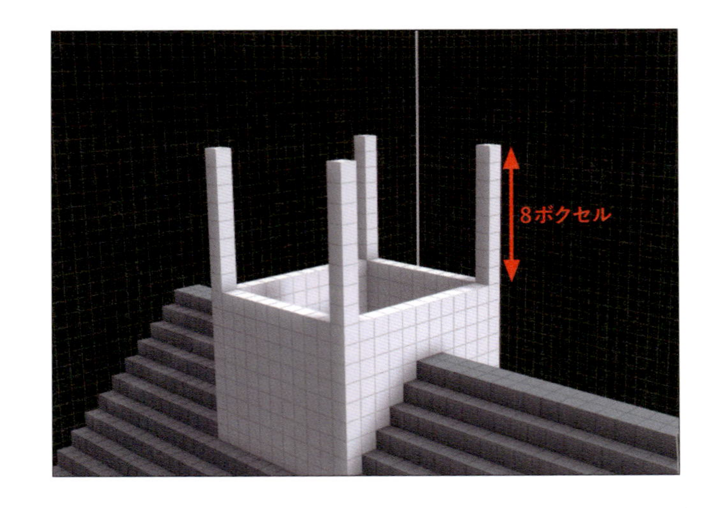

18 見晴台の屋根の土台を作成する

柱ができたらその上に屋根を作ります。屋根を作るにはまず土台が必要になるので、各4本の柱をつなぐように2ボクセル分を縦に積みます。

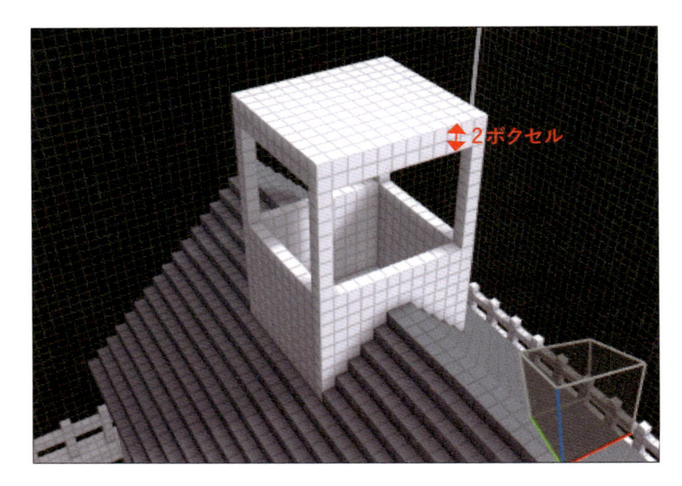

19 屋根を完成させる

あとは1階の屋根と同様に作成すれば2階部分の完成です。P.168のように屋根の四方の軒先が1ボクセル分外側にはみ出すように作成しましょう。

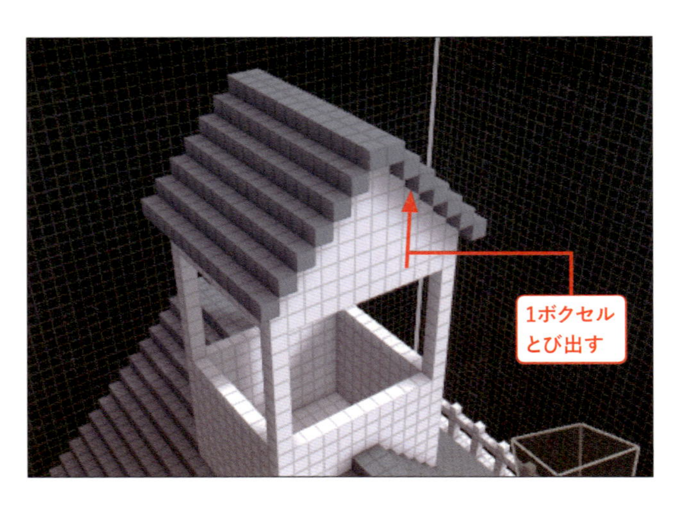

9-5 キャラクターを配置してレンダリングしよう

Unityにインポートする前に、MagicaVoxelでゲームステージの完成イメージを確認するために、キャラクターモデルを配置してレンダリングしてみましょう。

キャラクターモデルを配置してレンダリングしよう

ゲームステージ上に出現するオブジェクトすべてのモデリング作業を終えたら、最後にChapter 8で作成したキャラクターをWorld機能を使って配置してみましょう。

1 モデルファイルを配置する

キャラクターのモデルファイル（「boy.vox」ファイル）を、本章で作成したモデルのWorld画面にドラック&ドロップすることで配置できます。

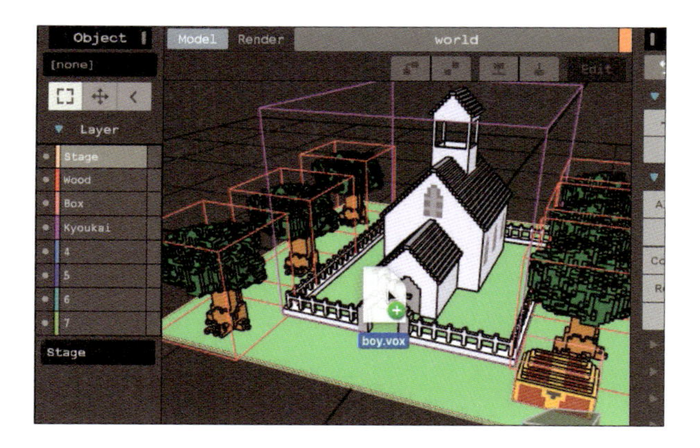

2 別レイヤーに移動する

インポート時にモデルファイルが追加されるレイヤーは、必ずいちばん上のレイヤー（ここでは「Stage」レイヤー）になってしまいます。キャラクターのオブジェクトを選択した状態で、移動したいレイヤーの右側にある四角いボタンを押すことで別レイヤーに移動しておきましょう。移動先のレイヤーに◀マークがついたら、オブジェクトの移動は完了です。
これでキャラクターのモデルも別レイヤーとして管理されました。

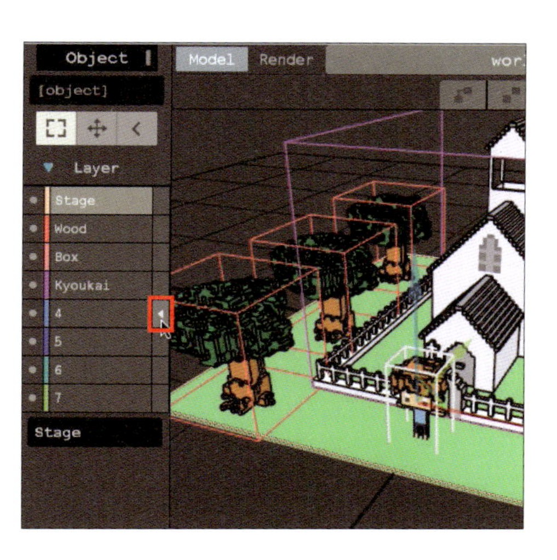

3 オブジェクト位置を整える

あとは各オブジェクトの位置を微調整します。キャラクターは手前に配置しておきましょう。

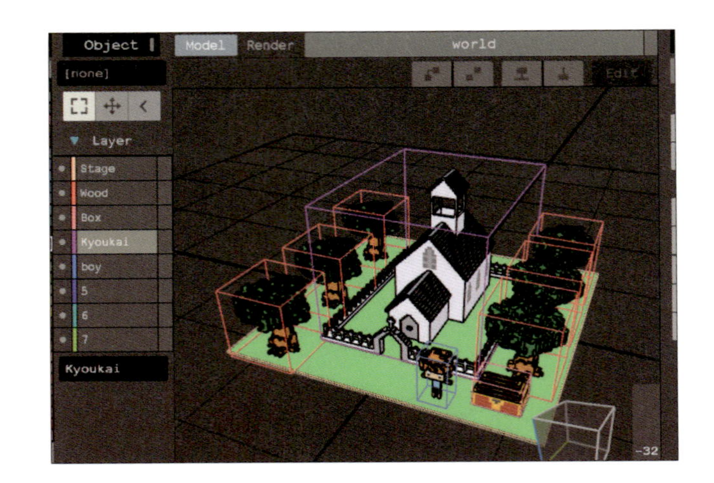

4 レンダリングする

キャラクターが手前にあるアングルでレンダリングすると、次章以降で作成する自作ゲームの雰囲気を体感することができます。Unityにモデルをインポートする前に、こうして確認することで最終的な見た目をチェックでき、またゲーム本編を想像しやすくなるのでおすすめです。

最後に忘れずにこのゲームステージのモデルを保存（ファイル名「world.vox」）しておきましょう。

まとめ

ゲームのステージをモデリングする上での注意点と、実際にモデリングをするまでを説明しました。これで自作ゲームを作る準備は整いました。
お疲れ様です！
次の章からはUnityを使って自作ゲームを作っていきましょう。

Chapter 10

Unityにゲームステージをインポートしてみよう

本章ではChapter 9でモデリングしたゲームステージをUnityにインポートしてゲームオブジェクトとして扱えるようにしてみましょう。

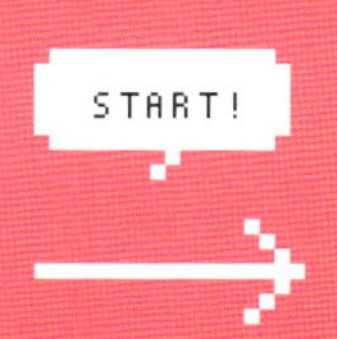

10-1 Unityをインストールしよう

Unityがインストールされていない人はUnityのインストールから始めましょう。Unityをインストール済みの人は、この節は飛ばして10-2(P.181)に進んでください。
本書では執筆時点の最新バージョンであるUnity2018.1を使って解説します。

Step1:Unityをダウンロードしよう

Unityの公式サイトから無料でUnityをダウンロードすることができます。

Unity公式サイト
https://unity3d.com/jp

1 ダウンロードページにアクセスする

公式サイトのトップページ上部にある[Unityを入手]というリンク文字をクリックしてダウンロードページに移動します。

2 利用プランを選択する

3つのプランから選択する画面が表示されるので、今回は無料でUnityを使えるPersonalプランを選択しました。［Personalを試す］ボタンを押すと、Personalプランでのダウンロード画面に遷移します。

3 インストーラーをダウンロードする

利用規約や利用制限を確認したらチェックボックスにチェックを入れて同意し①、アクティブになった［インストーラーをダウンロードする］ボタンを押してインストーラをダウンロードします②。

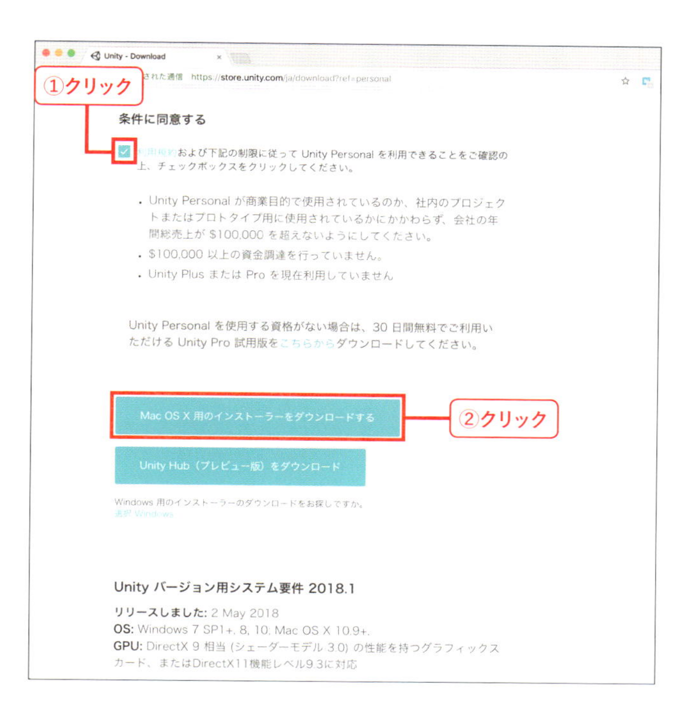

4 インストーラーファイルを確認する

Mac OS X用は「UnityDownloadAssistant-2018.1.0f2.dmg」、Windows用は「UnityDownloadAssistant-2018.1.0f2.exe」というファイルがダウンロードされます。

Mac OS X用

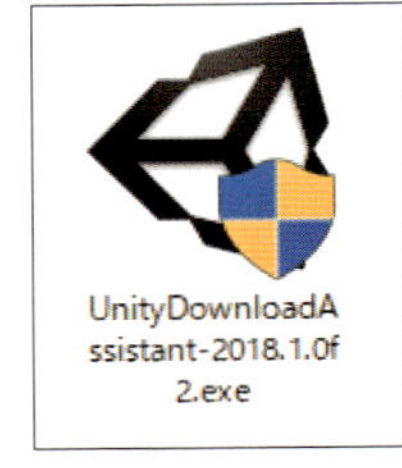

Windows用

Step2：インストールしよう

先ほどのステップでダウンロードしたインストーラーファイルを開いて、Unityをインストールしましょう。Windows版もほぼ同じ手順でインストールを進めることができます。

1 インストーラーを起動する

インストーラーファイルを開くと、右のようなウィンドウが開きます。まずは「Unity Download Assistant.app」をダブルクリックして、インストーラーを起動しましょう。

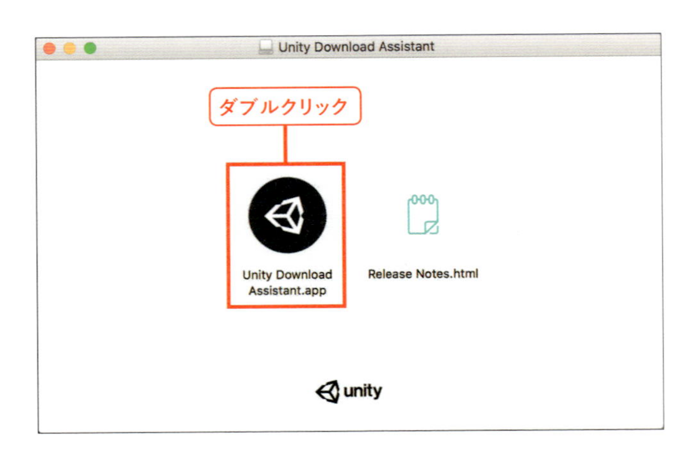

HELP!

起動の際に警告アラートが出る場合があります。これはOSのセキュリティの設定ですので、macOSでは［開く］ボタンを、Windowsでは［はい］ボタンを押しましょう。

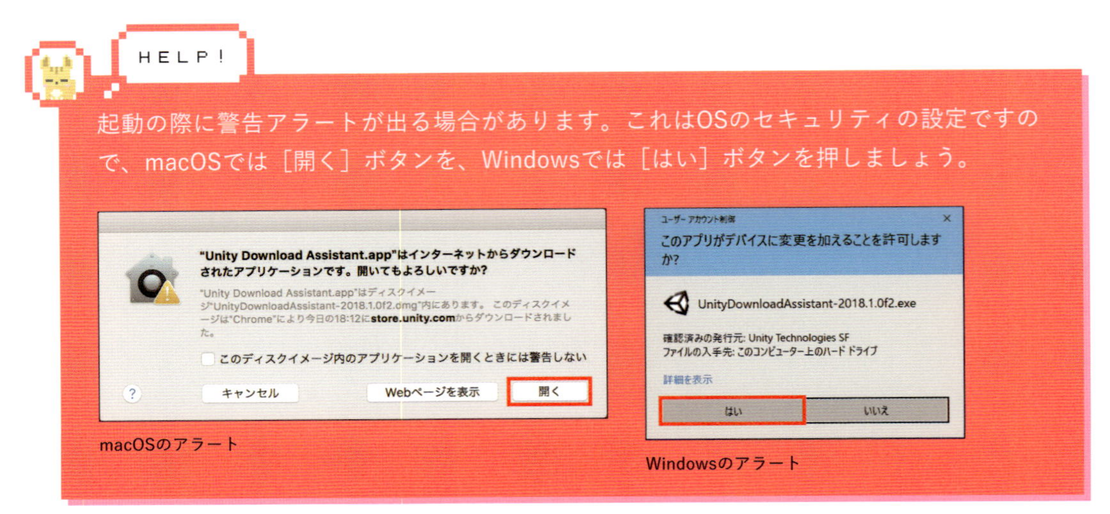

macOSのアラート

Windowsのアラート

2 Continueで先に進む

インストーラーが起動しますので［Continue］ボタンを押して、次に進みましょう。

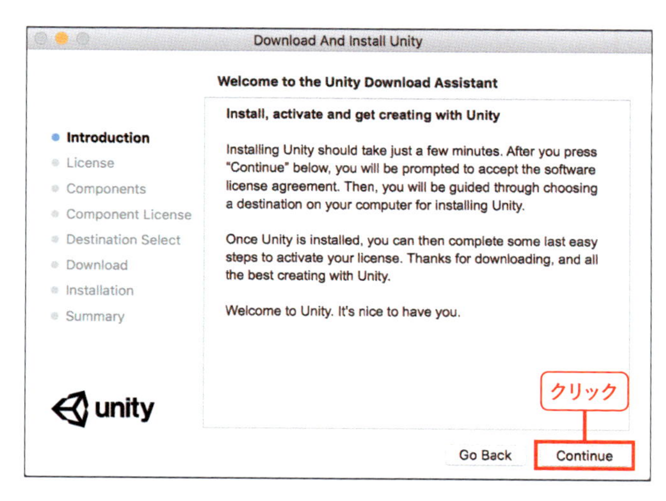

3 ライセンス使用に同意する

次に進むと、ライセンスの同意画面が出てきます。問題がなければ［Continue］→［Agree］ボタンをクリックして進んでいきましょう。

Download And Install Unity

To continue installing the software you must agree to the terms of the software license agreement.

Click Agree to continue or click Disagree to cancel the installation and quit the installer.

クリック

Read license　Disagree　Agree

4 オプションを選択する

ライセンスに同意すると、Unity本体のダウンロードオプション画面に進みます。ここではUnity本体と、オプションのプラグインを選択してダウンロードすることができます。

もしAndroidやiOS向けにアプリを作りたい場合には、ここで「Android Build Support」と「iOS Build Support」にチェックが入っているのを確認しましょう。オプションの選択が済んだら、［Continue］ボタンを押して次に進みます。

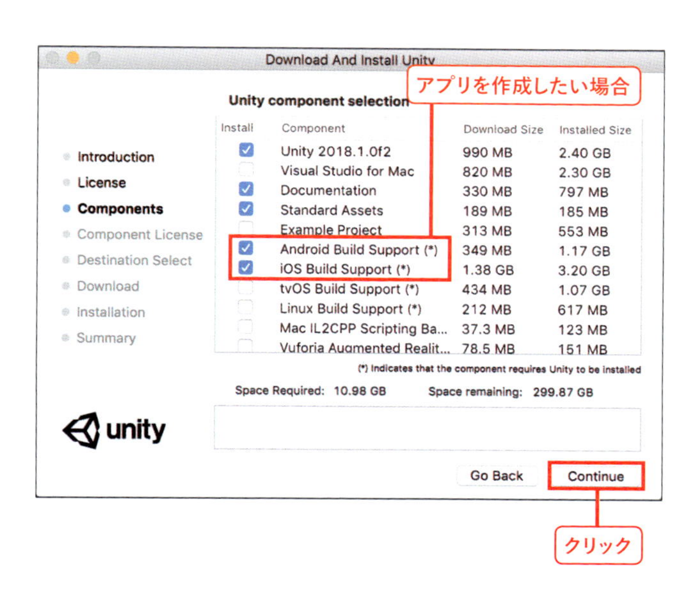

5 インストール先を選択する

次の画面はインストール先の画面です。デフォルトではMacintosh HDが選択されています。問題なければそのまま［Continue］ボタンで進んでいきます。

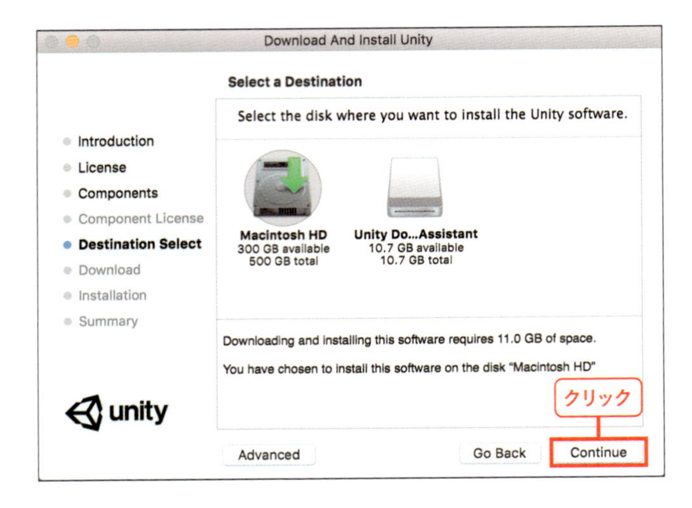

6 ダウンロードを開始する

インストールを進めるとダウンロードを開始します。ここは少し時間がかかるので、気長に待ちましょう。

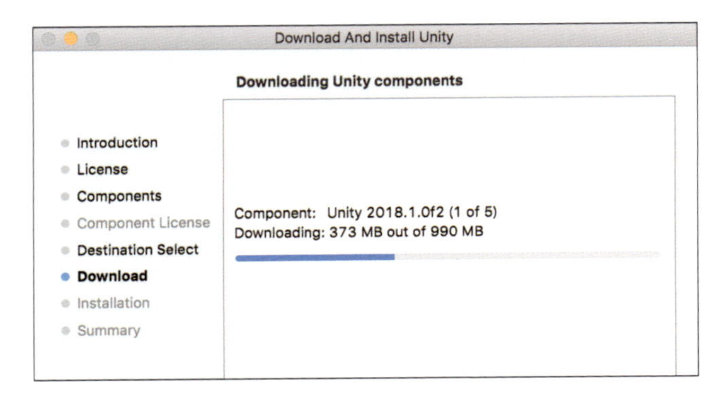

7 インストーラーを終了する

ダウンロードが終わると右の画面が表示されます。これでUnityのインストールは終了しました。「Launch Unity」にチェックが付いているのを確認①して、［Close］ボタンからインストーラーを閉じましょう②。

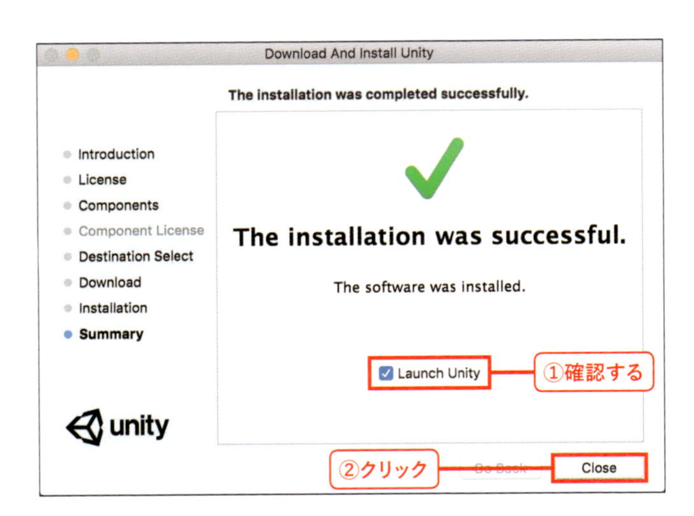

インストーラーを閉じてUnity本体が立ち上がったら、インストールは終了です。

10-2 新規登録をしよう

Unityをインストールして起動すると、Unityアカウントの新規登録を促されます。アカウントを持っていない人は新規作成を、アカウントを持っている人はログインをしましょう。

新規アカウントを作成しよう

Unityをすでに利用している人はこの節は飛ばして、ログインしたのち10-3（P.182）に進んでください。

1 新規作成画面に遷移する

まずはアカウントの新規作成画面に移動します。「create one」というリンク文字をクリックすることで遷移することができます。

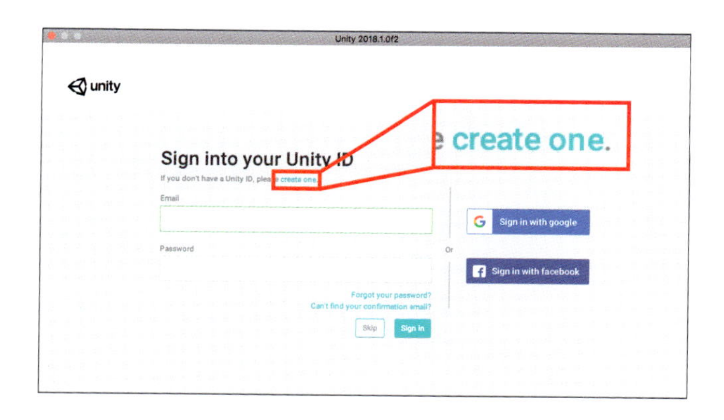

2 EmailやPasswordを入力する

新規作成画面で以下の項目を入力しましょう。

①**メールアドレス**
②**パスワード**
③**ユーザーネーム**
④**名前**

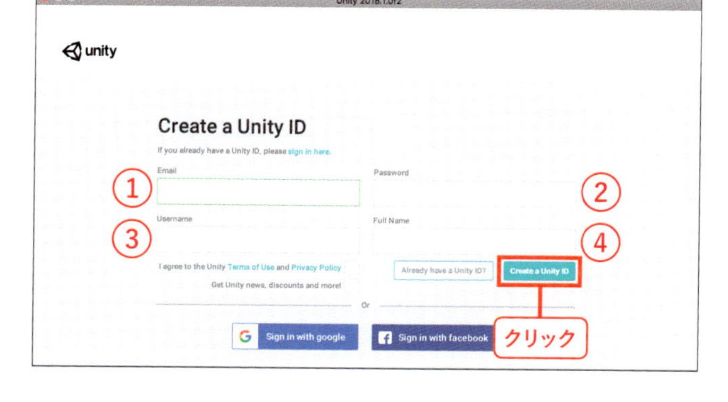

入力できたら規約などの同意をして、右下の［Create a Unity ID］ボタンをクリックするとアカウントを作成することができます。

10-3 Unityで新規プロジェクトを作成しよう

Unityのインストールおよびアカウントの作成またはログインが終わったら、次はUnityで新規プロジェクトを作成しましょう。

新規プロジェクトを作成しよう

1 作成ボタンを選択する

Unityを立ち上げると右のような画面が表示されます。もし表示されていない場合は「Projects」タブを選択すると表示されます。新規プロジェクトを作成するために、右上のメニューの［New］ボタン①、もしくは［New project］ボタン②を押します。

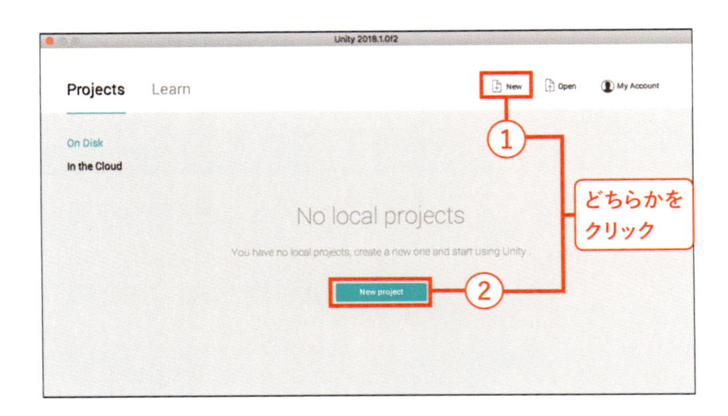

2 プロジェクトの基本情報を設定する

ボタンを押すとプロジェクトの新規作成画面になります。Project name①を入力して、プロジェクトの保存場所②を指定します。Organizationの欄③はデフォルトのままで問題ありません。また、ゲームのタイプ④が「3D」になっていることも確認しましょう。

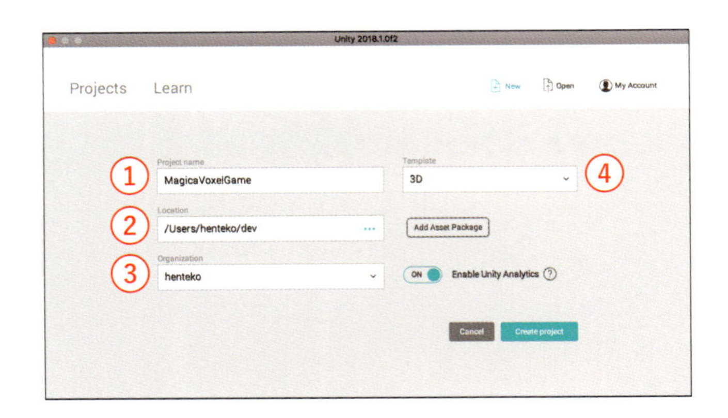

3 ゲーム作成画面が表示される

入力や確認を終えたら、[Create project] ボタンを押して、プロジェクトを新規作成しましょう。Unityのゲーム作成画面が立ち上がったら、新規プロジェクトの作成は終了です。

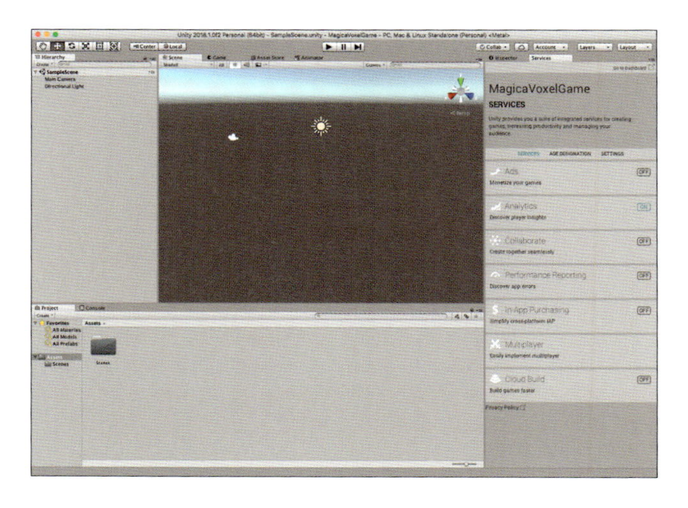

column

Unity画面の説明

本書で使用するUnityの機能紹介と画面の説明を行います。

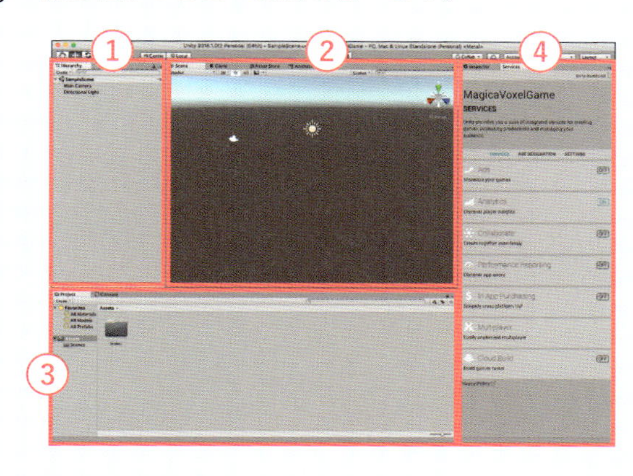

Unityでプロジェクトを開くと上記のような画面が表示されます。これらはそれぞれ、以下のような名称と機能となっています。

①ヒエラルキーウィンドウ
ゲームオブジェクトを管理するウィンドウ。

②シーンビュー
ゲームを視覚的に管理／編集することができるビュー。

③プロジェクトウィンドウ
プロジェクトのファイルなどを管理できるウィンドウ。

④インスペクターウィンドウ
ゲームオブジェクトなどの情報を確認／変更できるウィンドウ。最初の起動時は［Service］タブが選択されているが、[Inspector] タブを選択することで表示を切り替えることができる。

本書の解説では、主に上記4つの機能を使います。

10-4 ステージのモデルをインポートしよう

Unityの新規プロジェクトが作成できたら、いよいよ次は自作のモデルをUnityにインポートして表示してみましょう。まずはChapter9で作成したステージからインポートしてみます。

MagicaVoxelからモデルをエクスポートしよう

Chapter 9でモデリングしたゲームステージの各モデルを、MagicaVoxelからエクスポートしましょう。エクスポートは、MagicaVoxelの右下にあるExportツールより行います。Unityにインポートするにはobjファイルとしてエクスポートする必要があります。

1 モデルファイルを開く

まずはChapter 9で作成したステージのモデルを開きます。前章で「world」として保存したので、Fileツールから「**world**」をクリックします。

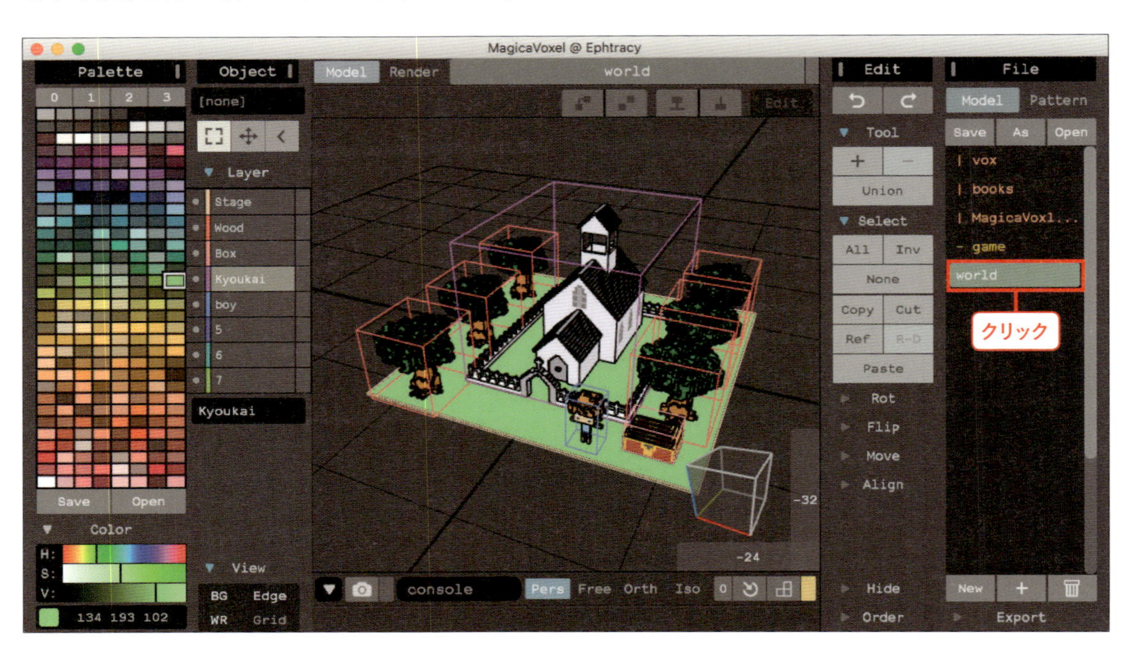

2 Exportツールからobjを選択する

次に右下のExportツールから［**obj**］を選択してobjファイル形式としてエクスポートします。

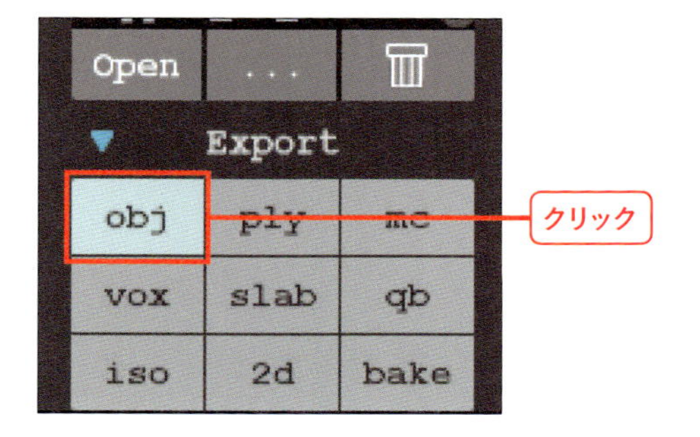

3 objファイルを保存する

［obj］ボタンを押すとファイル保存ダイアログが開きます。保存場所を選んで、objファイルを保存しましょう。

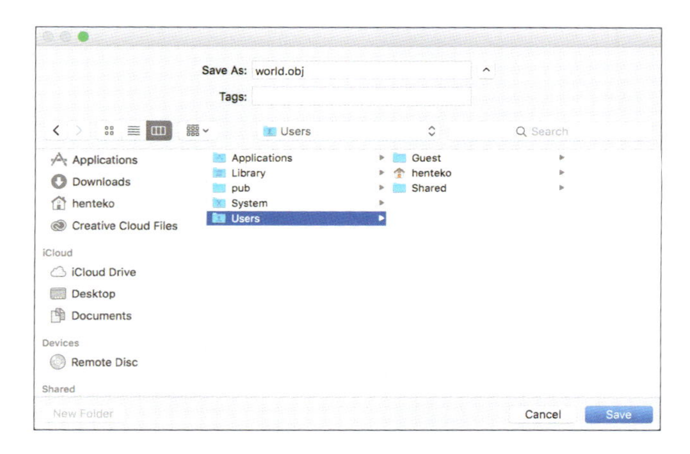

4 エクスポートファイルを確認する

指定した保存場所には、「world-0」〜「world-4」という名前の付いたファイルが、それぞれ以下の3つの形式で保存されています。

- **オブジェクトファイル(.obj)**
- **テクスチャファイル(.png)**
- **マテリアルファイル(.mtl)**

これら3つのファイルはそれぞれ以下のような役割を持ちます。

ファイル	役割
オブジェクトファイル（.obj）	モデルの頂点情報（P.41）などの情報が保存されている
テクスチャファイル（.png）	モデルを表示するための色であるテクスチャ情報が画像として保存されている
マテリアルファイル（.mtl）	モデルの質感や材質などの情報が保存されている

3つのファイルはお互いに関連づけられたファイルです。ひとつでも欠けてしまうと正しくゲームオブジェクトとしてUnityが認識しないので、かならず3つすべてを保存しておくようにしましょう。

HELP!

World機能を使っているとオブジェクトごとにエクスポートされる

World機能を使ってモデリングしている場合、1回のエクスポートでobjファイルがオブジェクト単位で作成されます。
その場合はエクスポートされて生成されたファイルの名前が「モデルファイル名 + 連番」となっており、レイヤー名とは関連付いていないので注意してください。

Unityにモデルをインポートしよう

MagicaVoxelからモデルをエクスポートしたら、次はUnityにインポートしてみましょう。

1　Assetsフォルダにドラッグ&ドロップする

先ほどエクスポートした15個のファイル（.obj、.png、.mtl）を選択して、Unityのプロジェクトウィンドウ内にあるAssetsフォルダにドラッグ＆ドロップします。

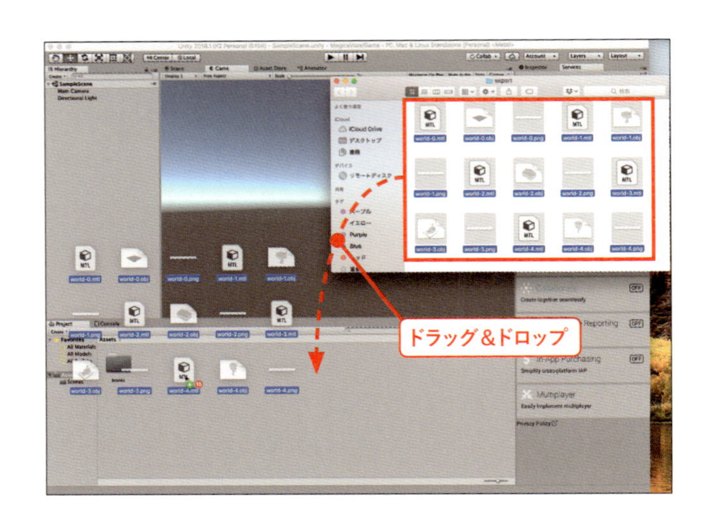

2 ゲームオブジェクトとして認識される

Unityのプロジェクトウィンドウにある Assetsフォルダ内にインポートすると、Unity内のゲームでゲームオブジェクトとして使用できるようになります。

HELP!

Assetsフォルダにファイルをインポートできない場合は

ファイルをドラッグ&ドロップしてAssetsフォルダ内にインポートしたいのにできない場合は、一度Unityを終了して再起動してください。そして再度Assetsフォルダにドラッグ&ドロップすることでファイルのインポートが可能になります。

モデルをゲーム内に表示しよう

Unityへモデルをインポートしたら、次はゲーム内にインポートしたモデルを表示させましょう。モデルをゲーム内に表示させるには、先ほどインポートしたobjファイルを、Unityのシーンビューにドラッグします。

1 objファイルを選択する

まずはAssetsフォルダにインポートしたモデルを選択します。モデルが表示されているファイルがobjファイルです。今回は「world-1」(木のモデル)を選択しました。

2 シーンビューにドロップする

選択したモデルをドラッグして、シーンビューにドロップし追加します。するとUnityのシーンビューにゲームオブジェクトとして表示されます。残りのモデルに対しても同じ作業を繰り返すことで、ステージをUnity上に作成することができます。

3 モデルを追加する

他のモデルもゲームオブジェクトとして追加してみましょう。今回のゲームは複数本の木があるステージを作るので、木をあと5つほど追加してみます。追加方法も先ほどと同様にAssetsフォルダから木のモデルをシーンビューにドラッグ&ドロップするだけです。他のモデルも同じ操作でゲーム内に表示できます。図は木を6本、教会を1棟、宝箱を1つ表示した例です。

column

シーンビューでのモデル配置

モデルの位置を決める座標の移動は、MagicaVoxelのWorld画面とほぼ同じ操作になります。オブジェクトを選択すると矢印が表示されるので、動かしたい方向の矢印をドラッグするだけです。

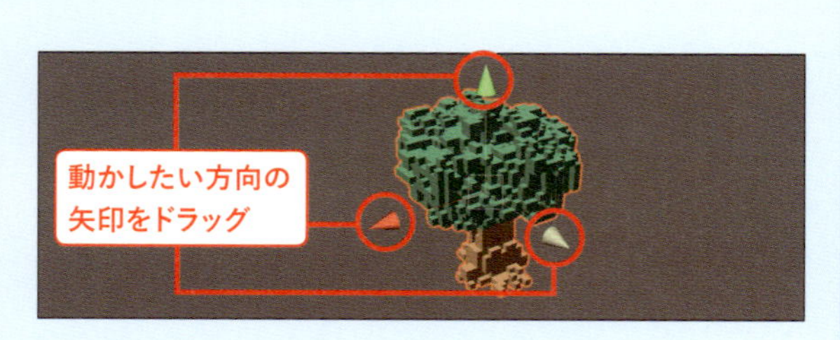

MagicaVoxelからエクスポートしたobjファイルをUnityで表示すると、オブジェクトのサイズが大きくなりすぎている場合があります。もしMagicaVoxel以外の3Dモデリングソフトからエクスポートしたモデルがある場合は、それらに合わせてオブジェクトのサイズを縮小することをオススメします。

オブジェクトの縮小は、Unity画面の左上にある拡大縮小ツールから行います。
この拡大縮小ツールを選択すると、ゲームオブジェクトは拡大縮小モードになり、表示されている■をドラッグすることでサイズ変更が可能になります。

当たり判定を設定しよう

モデルの表示ができたら、次はそれぞれのゲームオブジェクトに当たり判定エリアを設定しましょう。当たり判定とはゲーム内でそれぞれのゲームオブジェクトが接触した際に、すり抜けずにぶつかるようになる設定のことです。

1 設定するゲームオブジェクトを選ぶ

まずは対象のゲームオブジェクトを選択します。今回は木のゲームオブジェクトに対して当たり判定を設定するため、「world-1」を選択しました。

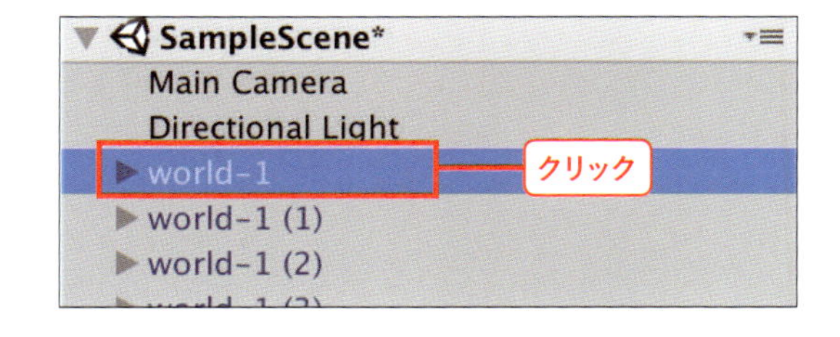

2 コンポーネントを追加する

ゲームオブジェクトを選択すると、Unityの右にあるインスペクターウィンドウにゲームオブジェクトの情報が表示されます。その下にある［Add Component］というボタンを押します。

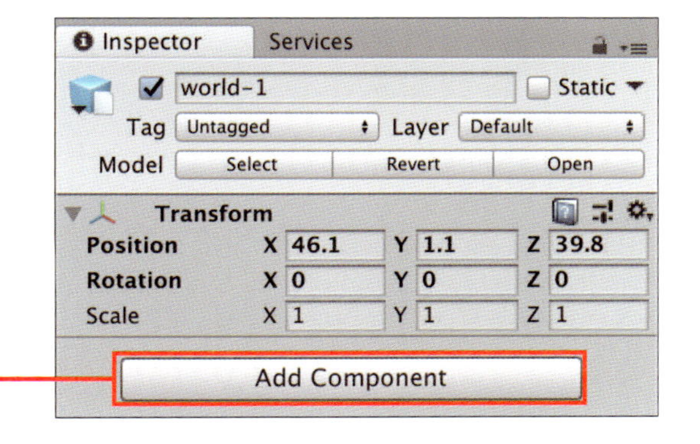

3 Physicsグループを選択する

［Add Component］ボタンを押すとドロップダウンメニューから各Componentのグループを選ぶことができるようになります。そのメニューのなかから「Physics」を選択します。**Physics**とは物理演算などを簡単に行うことができるコンポーネントがまとまったグループです。

4 Mesh Colliderを選択する

さらにあらわれたドロップダウンメニューから「Mesh Collider」を選択します。**Mesh Collider**とは各モデルのメッシュ情報を指定することで、そのメッシュに沿った当たり判定を自動で作成してくれる便利なコンポーネントです。

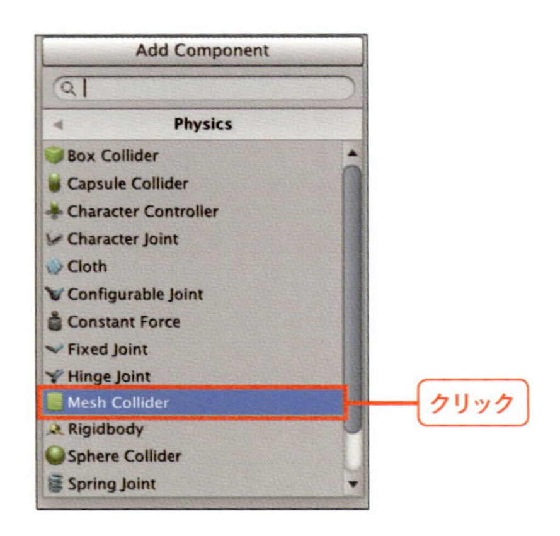

5 Mesh Colliderが設定される

ゲームオブジェクトに対してMesh Colliderが設定されます①。追加されたMesh Colliderの「Mesh」部分にMeshデータを適用する②ことで、当たり判定のエリアを定義することができます。

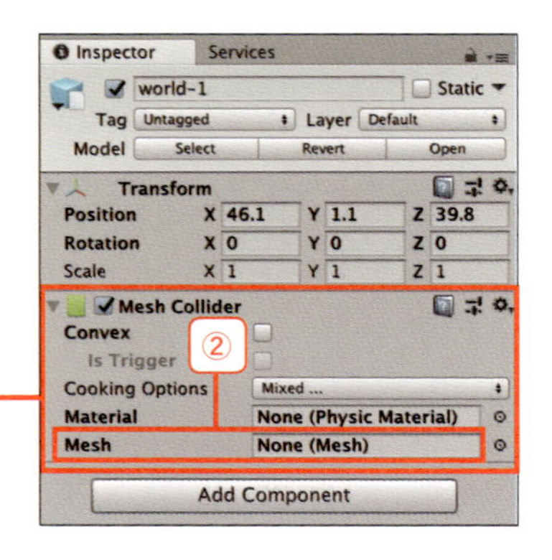

6 Meshデータを表示する

Meshデータを適用するには、まずAssetsフォルダ内にある木のモデルの右にある◉ボタンでモデルを展開します①。このなかのいちばん右にある白色のモデルがMeshデータ②です。

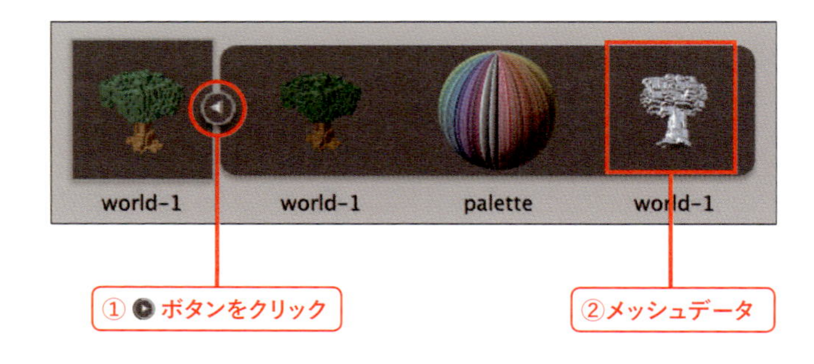

7 Meshデータを適用する

Meshデータを先ほど追加したMesh Colliderの「Mesh」部分にドラッグ&ドロップします。これでMeshを適用することができました。

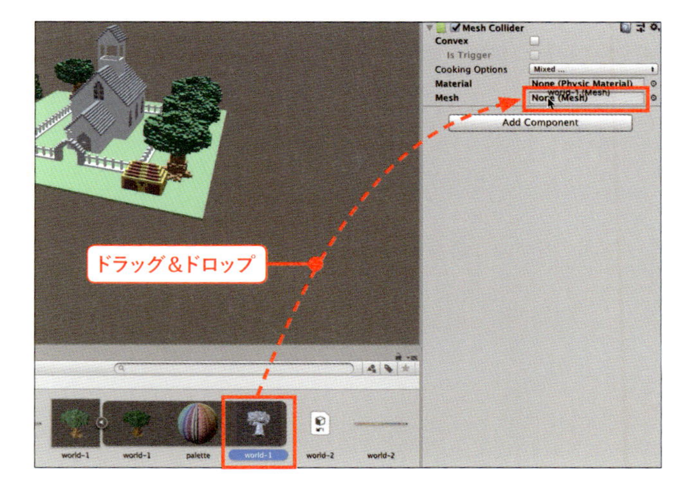

これで当たり判定エリアの設定ができました。他のゲームオブジェクトに対しても同様の操作でMesh Colliderを設定しましょう。なお、地面に当たり判定を設定しないと、次章で追加するキャラクターが地面をすり抜けて落下してしまいます。忘れずにMeshデータを適用してください。

まとめ

本章ではMagicaVoxelでモデリングした
ステージモデルを、Unity上で表示するまでを
紹介しました。

次はUnityのゲーム上にキャラクターを
表示させて動かせるように、
アニメーションを設定する方法を紹介します。

Chapter 11

キャラクターにアニメーションを設定してみよう

本章では、MagicaVoxelでモデリングしたキャラクターモデルに、
ゲーム内で使用できるアニメーションを設定してUnityで動かす方法を
紹介します。
アニメーションの設定には、mixamoというWebサービスを使用します。

11-1 アニメーションを設定するには

難しい知識や作業なしでかんたんにアニメーションを
設定できる方法を解説します。
本書ではmixamoというWebサービスを利用します。

mixamoとは？

mixamoとはAdobe社が運営している、3Dモデルに対して走る動作やジャンプ動作などのゲーム内で使用するアニメーション効果を加えることができるWebサービスです。

mixamoサービスサイト
https://www.mixamo.com

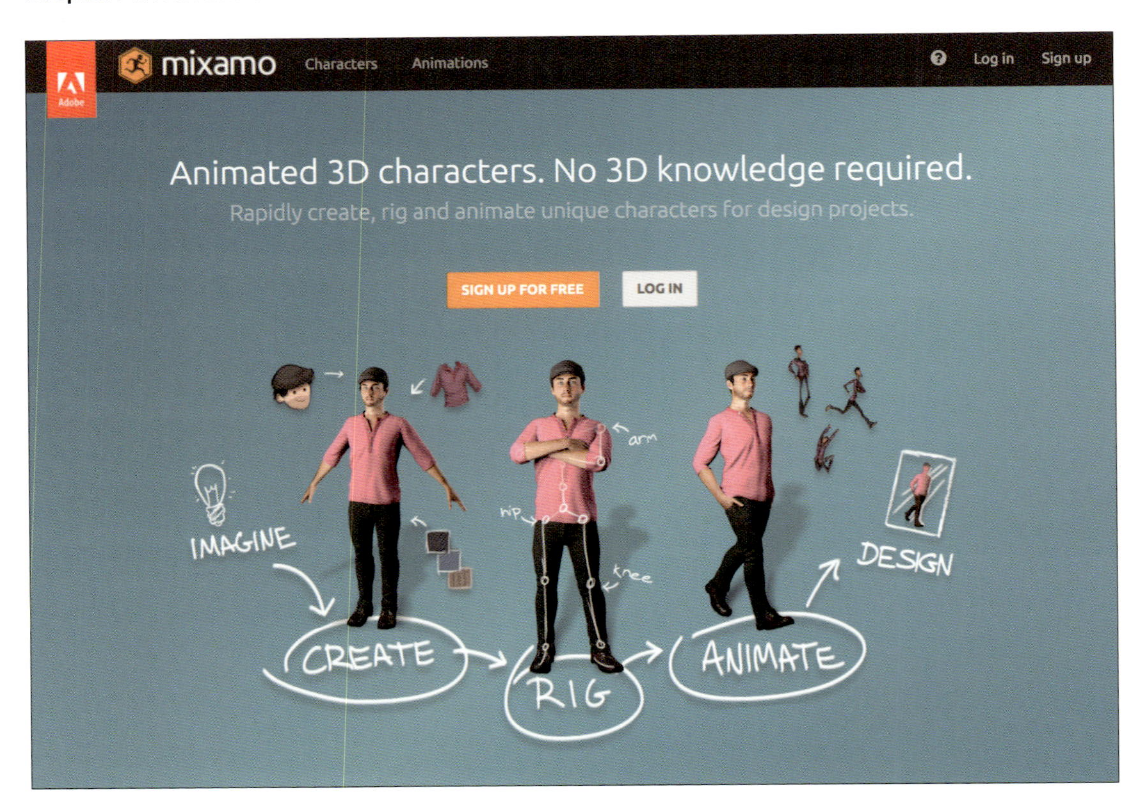

骨組みから動きの設定までがかんたんに

3Dモデルに対してアニメーションを設定するには、通常であれば3Dモデルに対して骨格となる骨組み（**ボーン**）を設定（**リギング**）する必要があります。また、制作したキャラクター専用に関節の動きなどをフレーム単位で細かく設定してアニメーションを作成する必要もあり、初心者にはとても難しい作業です。

mixamoを使うとキャラクターの関節の位置を指定するだけで、骨の設定を自動で行ってくれます。またゲーム内で使用するような定型のアニメーション（動き）がmixamoにはあらかじめ用意されており、すべて自作のキャラクターに対して適用することができます。

ジャンプや回転、格闘技の動きなど多くのアニメーションが用意されている

無料で利用できるキャラクターも

加えてmixamoではモデリングされているキャラクターも多数用意されています。自作のキャラクターがなくてもすぐにキャラクターに対してアニメーションを設定して自作のゲームにインポートすることができます。

本書ではこのmixamoを使って、MagicaVoxelでモデリングしたキャラクターの3Dモデルに対して、骨の設定とアニメーションの設定を行います。

なおmixamoの使用にはAdobeのアカウント（Adobe ID）が必要ですが、Adobeのアカウントさえ持っていれば無料で使用できるWebサービスです。

約70種類のキャラクターをオリジナルゲームに利用することもできる※

※商用利用する場合は別途ライセンスを確認してください。

Adobeのアカウントを新規登録しよう

Adobeのアカウントを持っていない人は、まずは新規登録(Sign up)をしましょう。mixamoのTOPページから、［SIGN UP FOR FREE］ボタンを押すことで新規登録ページに行くことができます。

mixamoサービスサイト
https://www.mixamo.com

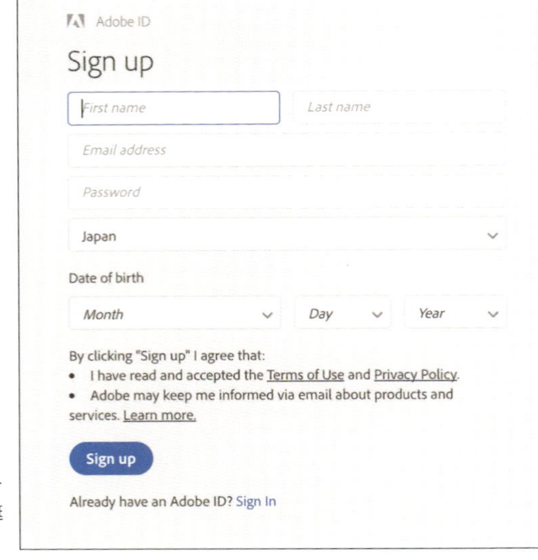

名前、メールアドレス、パスワードを入力し、住んでいる国と誕生日を選んでAdobe IDを取得

すでにAdobeのアカウントを持っている人は、ログイン（Sign in）することでmixamoを利用することができます。Adobeアカウントでログインすると、以下のような3Dモデルのアニメーション設定画面になります。

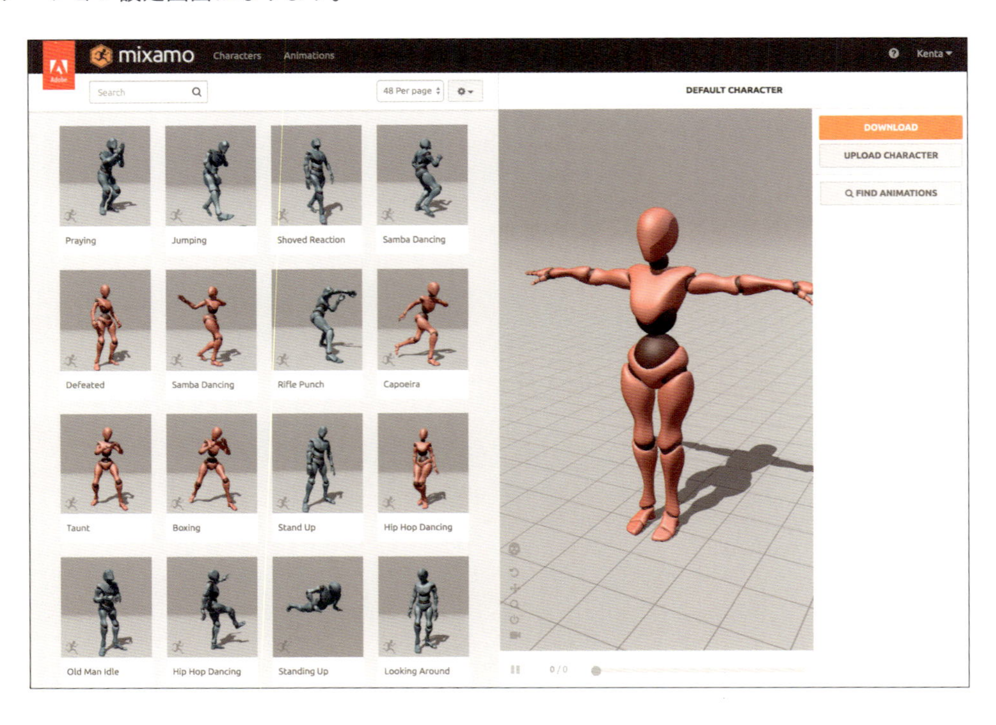

11-2 mixamoで ボーンを設定しよう

まずはmixamoにキャラクターのモデルをアップロードしましょう。モデルが読み込まれたら骨(ボーン)の設定を行います。

mixamoへファイルをアップロードしよう

Chapter 10でMagicaVoxelからゲームステージと一緒にobjファイルとしてエクスポートしたキャラクターの、下の3つのファイルを使います。モデルのエクスポート方法については、Chapter 10のP.184を参照してください。

- **.objファイル**
- **.pngファイル**
- **.mtlファイル**

これら3つのファイルを1つのzipファイルにまとめてmixamoにアップロードします。

1 エクスポートファイルを圧縮する

3つのファイルを選択して、macOSの場合は右クリックであらわれる［3項目を圧縮］を、Windowsの場合は右クリックであらわれる［送る］－［圧縮（zip形式）フォルダー］を選択することで、zipファイルを作成することができます。

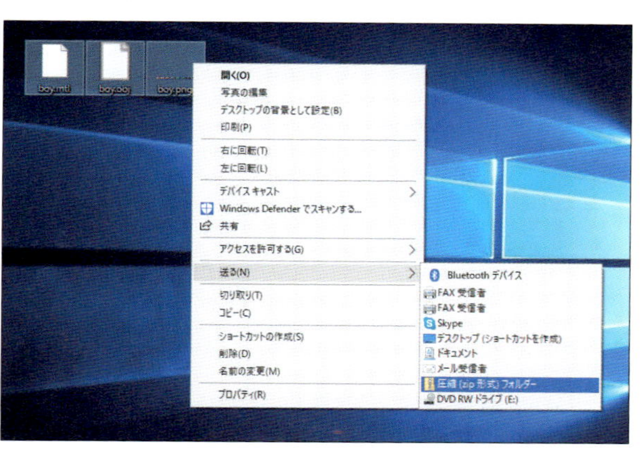

作成されたzipファイルには適当な名前を付けましょう。今回は「boy.zip」としました。ここで付けたファイル名がmixamo上でのモデル名になります。

2 アップロードボタンを押す

作成したzipファイルをmixamoにアップロードします。mixamoのページの右上にある、[UPLOAD CHARACTER] ボタンをクリックします。

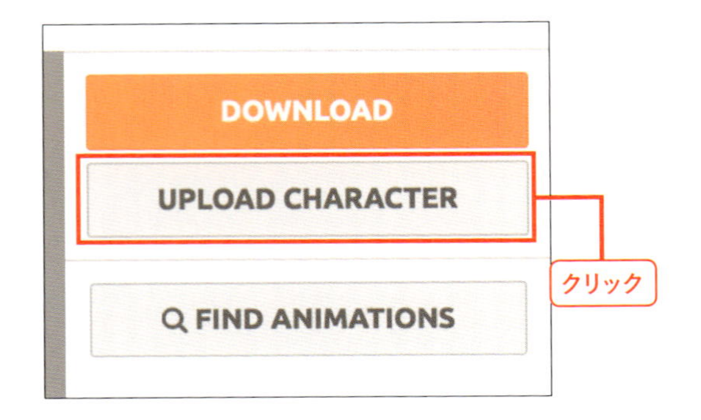

3 zipファイルをアップロードする

アップロードダイアログが開くので、作成したzipファイルを点線で囲まれた部分にドラッグ&ドロップします。

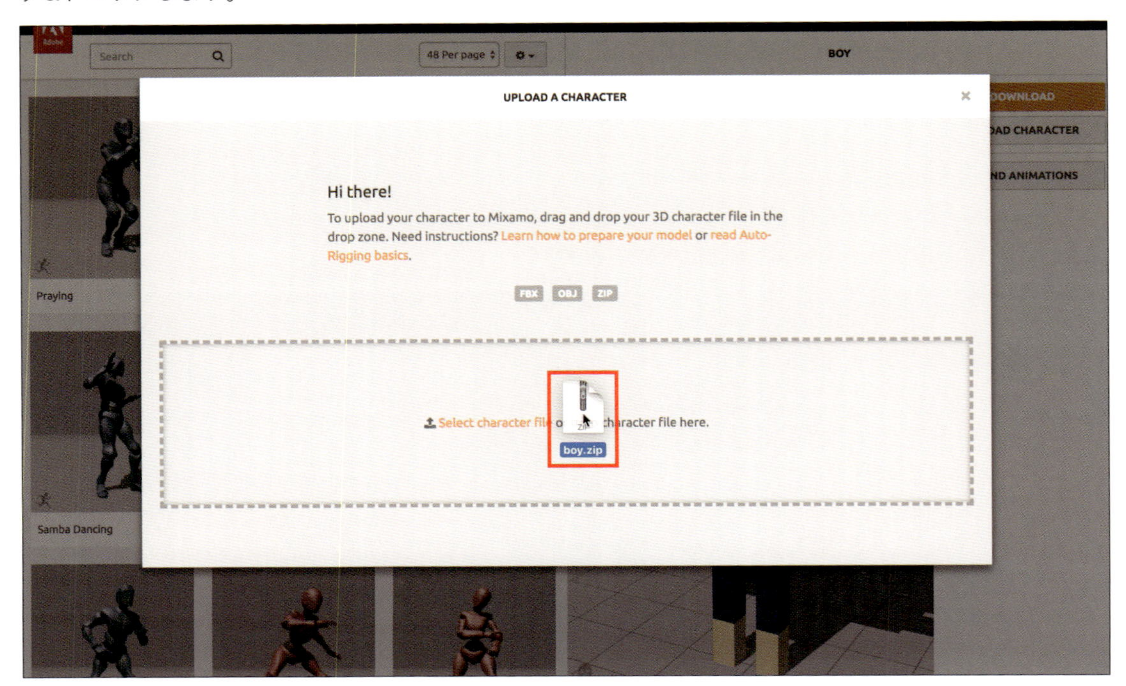

アップロードを開始します。

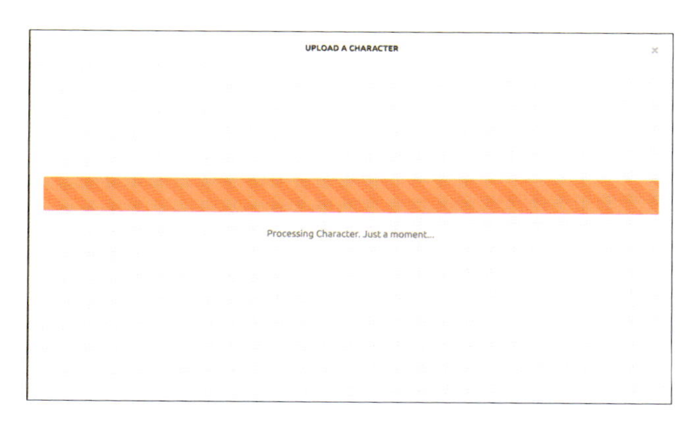

骨の設定をしよう

1 モデルが読み込まれる

アップロードが無事完了すると、右図のようにアップロードしたモデルがmixamoに表示されます。キャラクターが正面を向いていることを確認して、［**NEXT**］ボタンを押しましょう。

HELP!

キャラクターが正面を向いていない場合は

もしキャラクターが正面を向いていない場合は、左下にある3つの矢印のボタンでXYZの3軸の回転が行えるので、ボタンをクリックしながら向きを調整して正面を向くようにしましょう。

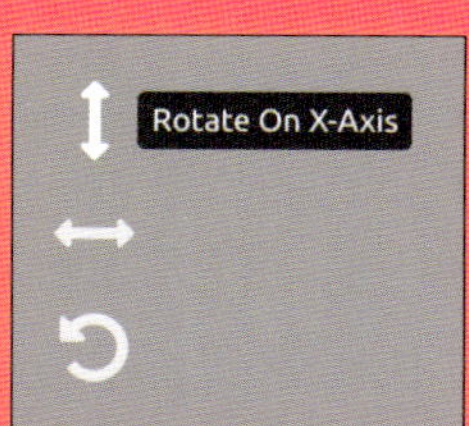

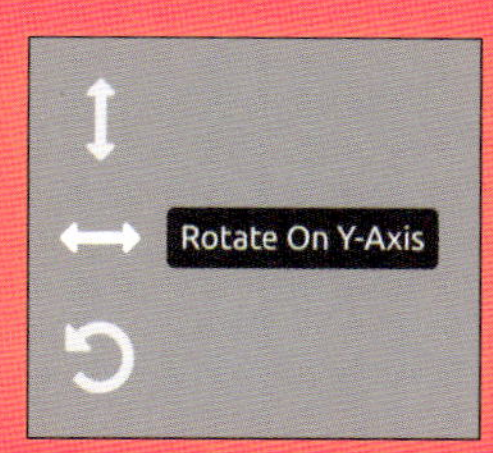

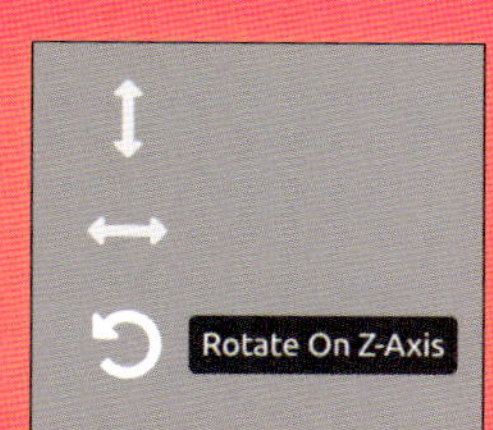

2 骨の設定画面に進む

次に進むと骨の設定画面になります。ここでキャラクターの関節などの位置を設定することで、mixamoが自動で骨の設定をしてくれます。

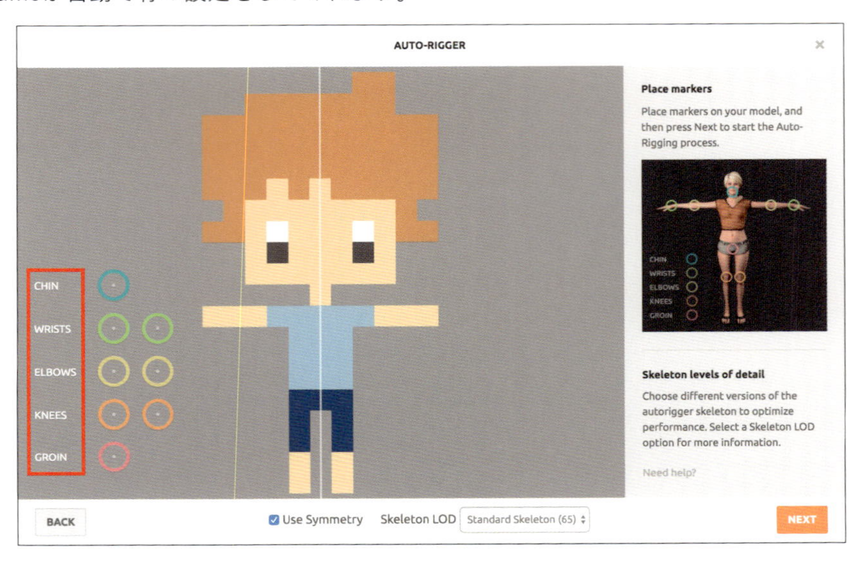

ページの左側に表示された文字が設定項目で、下記のとおり複数個あります。

- CHIN（顎）
- WRISTS（手首）
- ELBOWS（肘）
- KNEES（膝）
- GROIN（股）

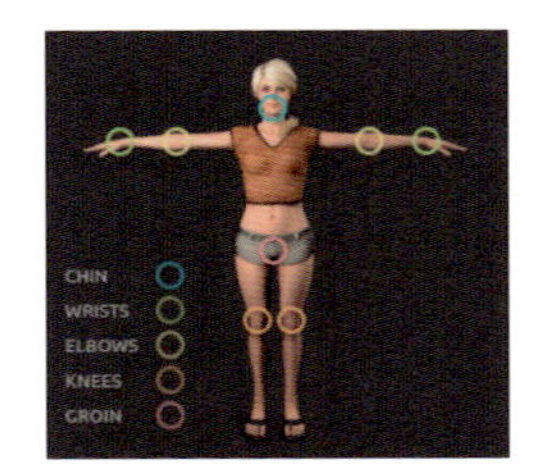

これらの項目をキャラクターに設定しましょう。

3 関節位置を指定する

設定項目の横にある円をドラッグして、キャラクターの関節位置にドロップします。手首など対（つい）で用意されている関節は左右どちらかを設定することで、シンメトリーの位置に自動的に設定されます。

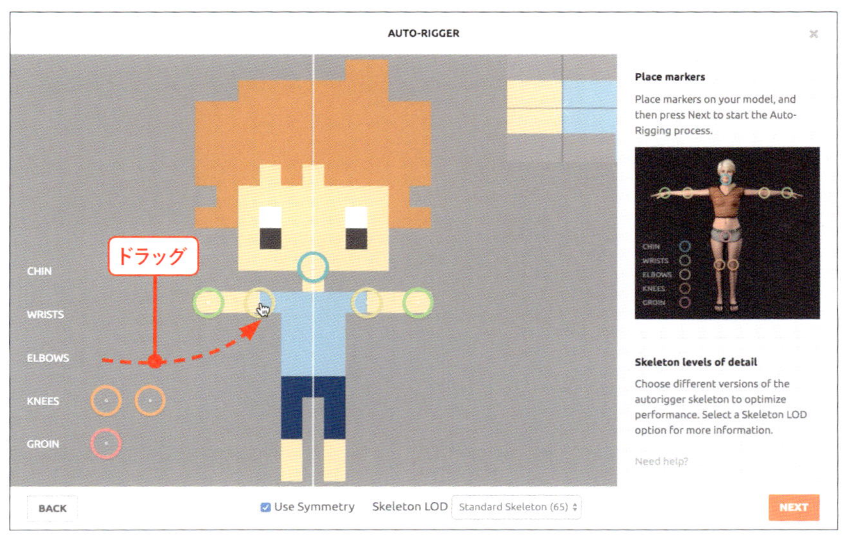

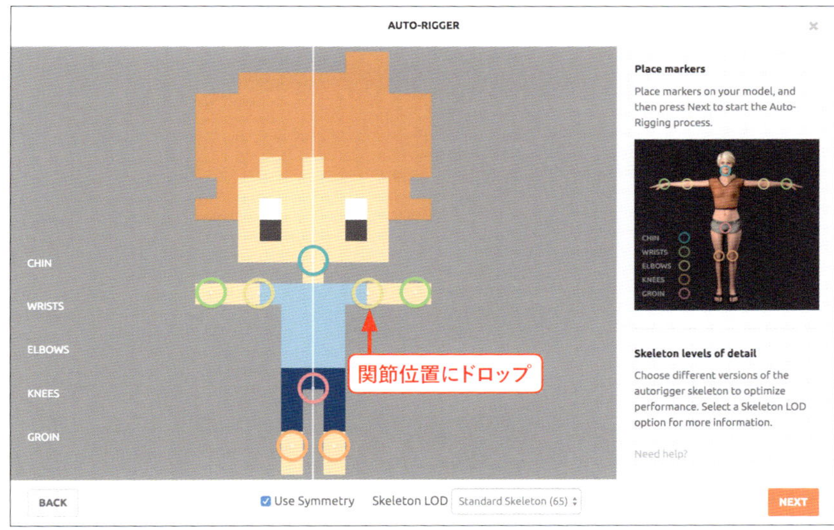

4 指の設定をする

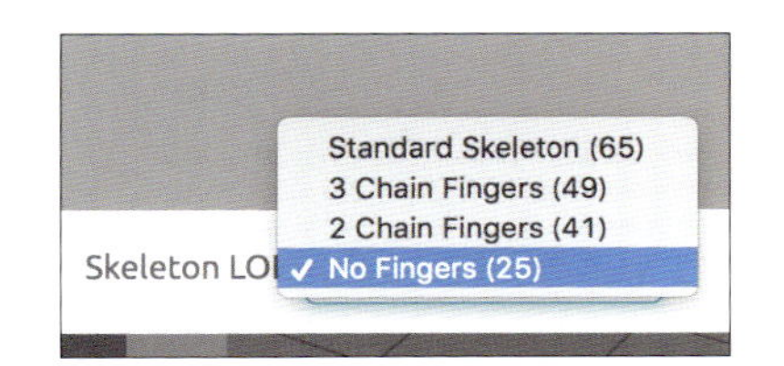

関節位置を設定しおえたら、下にある［Skelton LOD］の項目を［**No Fingers（25）**］に設定しておきましょう。
このSkelton LODとは手の指を何本ある設定にするかという項目です。今回は指が0本の設定にしましょう。
デフォルトの［Standard Skelton（65）］のままだと、手を動かすアニメーションなどのときに手がゆがむ可能性があります。

5 骨の設定作業を開始する

これで設定は終了です。［NEXT］ボタンを押すとモデルの解析と骨の設定作業が開始されます。この処理には少し時間がかかるので気長に待ちましょう。

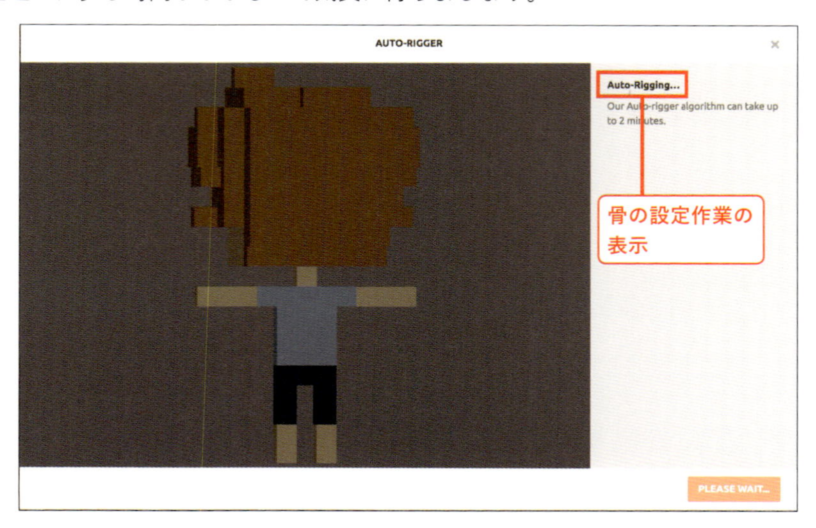

6 キャラクターに動きが付く

解析が終わると、キャラクターがアニメーションする画面になります。これで骨の設定は終わりです。［NEXT］ボタンを押してダイアログを終了させましょう。
これで好きなアニメーションの動きを設定する準備ができました。

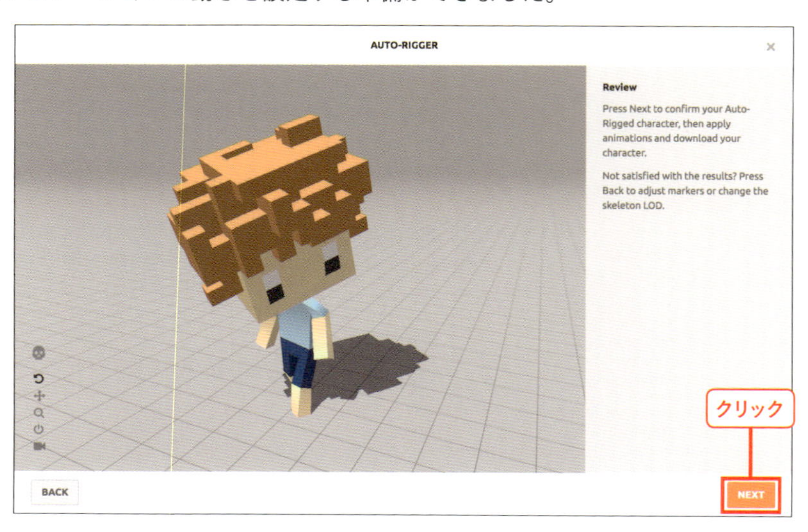

解析に失敗する場合は

モデルをアップロードして関節の設定をしたあとに、以下のようなエラーメッセージが表示される場合があります。

Oops! Please place all markers on the character!

AUTO-RIGGER

その場合は、モデル自体の手や足の長さを伸ばすなどすることで回避できます。キャラクターのバランスが崩れない程度にボクセルを増やしてみましょう。

また関節位置などが近すぎる場合にも解析に失敗することがあります。
今回のキャラクターの場合だとWRISTS（手首）とELBOWS（肘）が近すぎるとエラーになることがあるので、ELBOWS（肘）を胴に近づけるなどの対処で上手く設定ができます。
なお、関節を設定する際には各関節位置のバランスに注意しましょう。

column

骨の設定を見てみよう

モデルが表示されている画面の左にある骨のマークを押すと、骨のレベルで頭がどこにあるか、手の骨はどこまであるかなどの骨格を見ることができます。
このスケルトンを見ることでmixamoの自動リギングが正しくキャラクターに設定されているかを確認することができます。

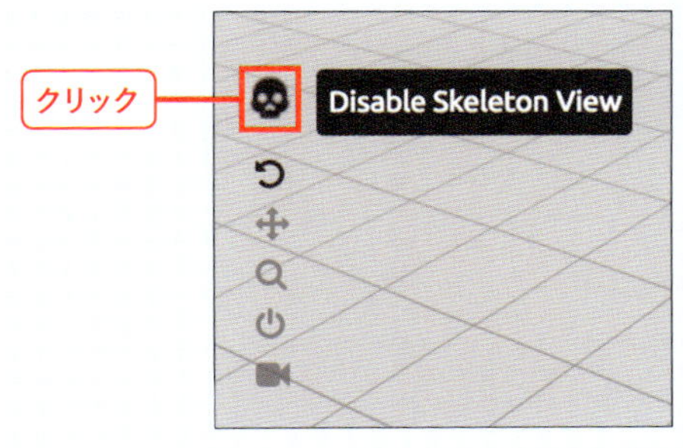

11-3 mixiamoで アニメーションを設定しよう

先ほど関節を設定したキャラクターのモデルに
アニメーション効果を加えてみましょう。
mixamoにはたくさんのアニメーションが用意されています。

用意されたアニメーションを確認しよう

ページの左に表示された一覧のなかからアニメーションを選択することで、モデルに対してゲーム内での動作を設定することができます。試しに適当なものをクリックして、アニメーションを設定してみてください。アニメーションを選択すると、右のウィンドウ内に表示されているキャラクターが動き出します。

ここでは試しにCapoeiraというアニメーションを選択してみましょう。アニメーションを選択すると、右のウィンドウ内のキャラクターがCapoeiraのアニメーションどおりに動き出します。

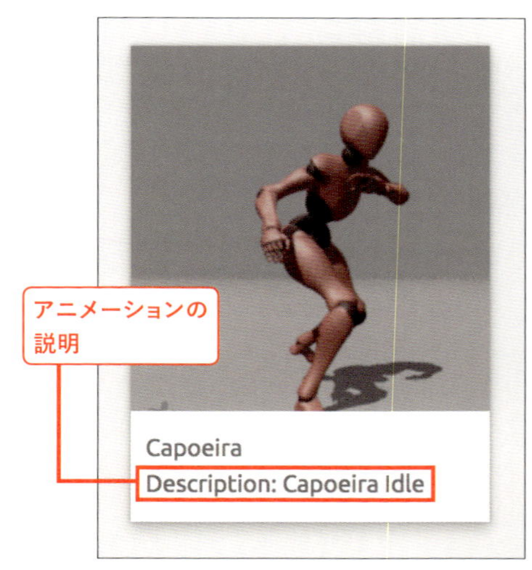

すぐに見つけられない場合はアニメーション一覧の上にある検索フォームに「Capoeira」と入力。表示されたプレビュー画面の文字にマウスポインタをのせると、アニメーションの説明が表示される

右に表示された設定パネルから、アニメーションの細かな設定を行うことができます。
アニメーション例のCapoeiraでは、以下のような設定を行うことができます。

設定名	効果
Posture	アニメーション時の姿勢のパラメータ
Step Width	アニメーションで動く横幅の範囲
Overdrive	アニメーションの速度
Character Arm-Space	キャラクターの腕を動かす範囲
Trim	アニメーションの再生範囲
Mirror	チェックを入れることで左右反転

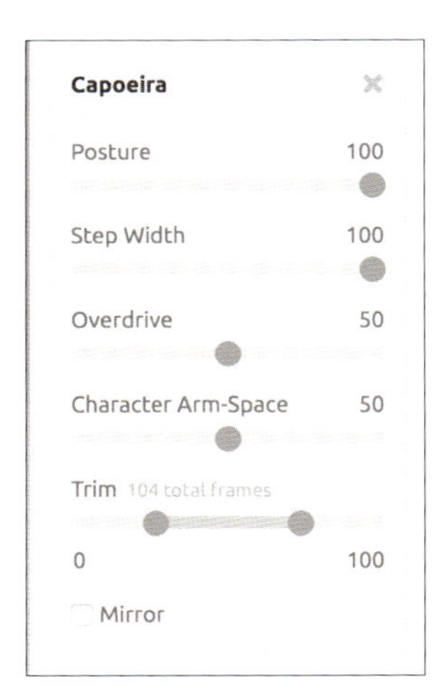

ゲーム用のアニメーションを設定しよう

モデルが動くことを確認したら、次は実際にゲームで使用するアニメーションを設定しましょう。まずはゲーム内でユーザーが何も操作をしていないときに使用する、キャラクターが待機している状態のアニメーションを設定します。

1 待機中の動きを設定する

mixamoのアニメーション一覧の上にある検索フォームで、「idle」と検索してみましょう。

待機している状態のアニメーションが検索されます。そのなかから選択して、待機中のアニメーションとして設定しましょう。今回は右図のIdleアニメーションを設定しました。
キョロキョロ見回すアニメーションです。アニメーション一覧のタイトル文字の上にマウスポインタをのせると、英文で説明が表示されます。

両肩越しに辺りを見渡すアニメーション

2 モデルファイルをダウンロードする

アニメーションを設定したら、アニメーション付きのモデルファイルをダウンロードします。[**DOWNLOAD**]ボタンを押すとダイアログが開きます。

3 ファイルフォーマットを変更する

Formatの項目を「**Collada (.dae)**」に変更①して、[DOWNLOAD] ボタン②でファイルをダウンロードしましょう。

4 zipファイルを展開する

ダウンロードが完了するとzipファイルが保存されます。このzipを展開してあらわれるフォルダをUnityにインポートすることで、キャラクターにアニメーション効果を加えることができます。

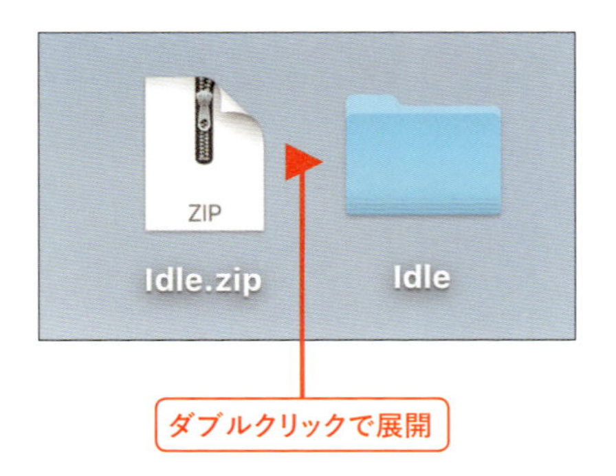

11-4 Unityでモデルを動かしてみよう

先ほどダウンロードしたzipファイルを展開して、
あらわれたフォルダをUnityにインポートしてモデルをゲーム内で動かしてみましょう。

Unityへインポートしてモデルを表示させよう

1 フォルダをインポートする

「Idle」フォルダをUnityのAssetsフォルダにドラッグ&ドロップしてインポートします。

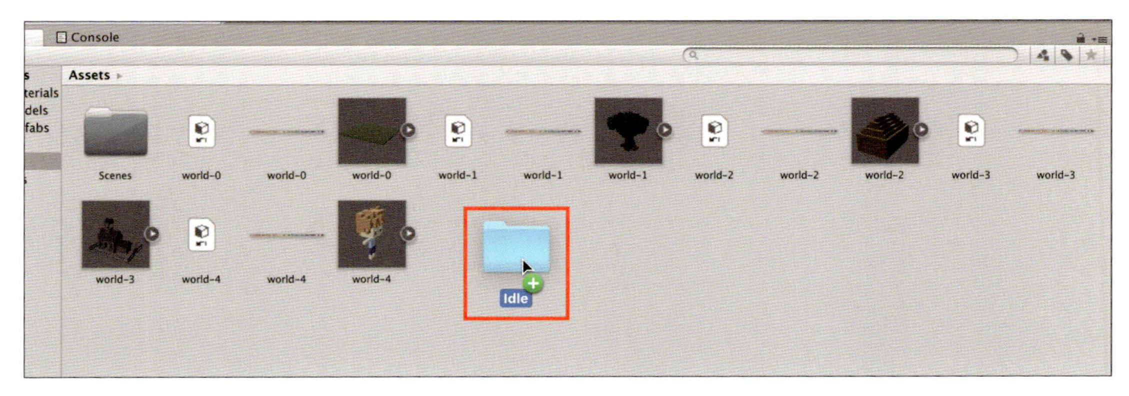

インポートすると「Idle」というフォルダが追加されます。

2 モデルファイルとテクスチャファイルを確認する

フォルダをダブルクリックして開くと、モデルファイルとテクスチャファイルが入っています。

3 モデルをシーンビューに追加する

IdleモデルをUnityにインポートすることができたら、Unityのシーンビューへドラッグ&ドロップして、キャラクターをゲーム内のゲームオブジェクトとして追加しましょう。

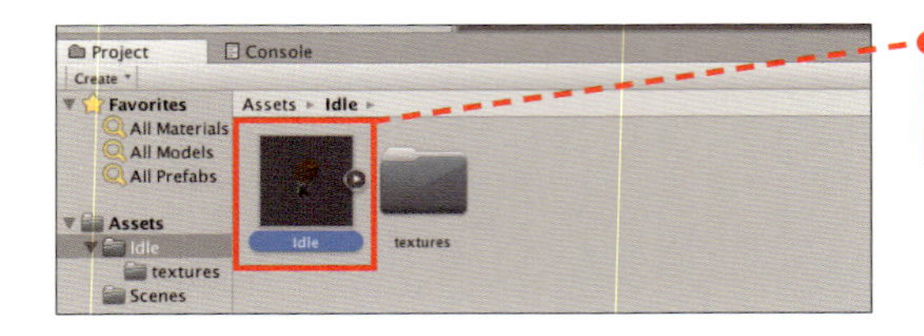

ドラッグ&ドロップ

4 サイズと位置を調整する

mixamoからダウンロードしたモデルは小さく表示されてしまう場合があるので、拡大縮小で適当にサイズを調節し、位置も他のモデルに被らないような位置に移動して表示させましょう。

位置を調整する

サイズ（拡大縮小）を調整する

アニメーターコントローラーを作成しよう

次に先ほどmixamoで設定したアニメーションをゲーム内のモデルに反映させましょう。

1 コントローラーを新規作成する

まずはUnityのプロジェクトウインドウ内のAssetsフォルダで右クリックをして、メニュー内の［**Create**］-［**Animator Controller**］を選択しアニメーターコントローラーを新規作成します。
アニメーターコントローラーとはモデルのアニメーション遷移を指定して、ゲーム内で指定どおりにアニメーションさせることができるコントローラーです。

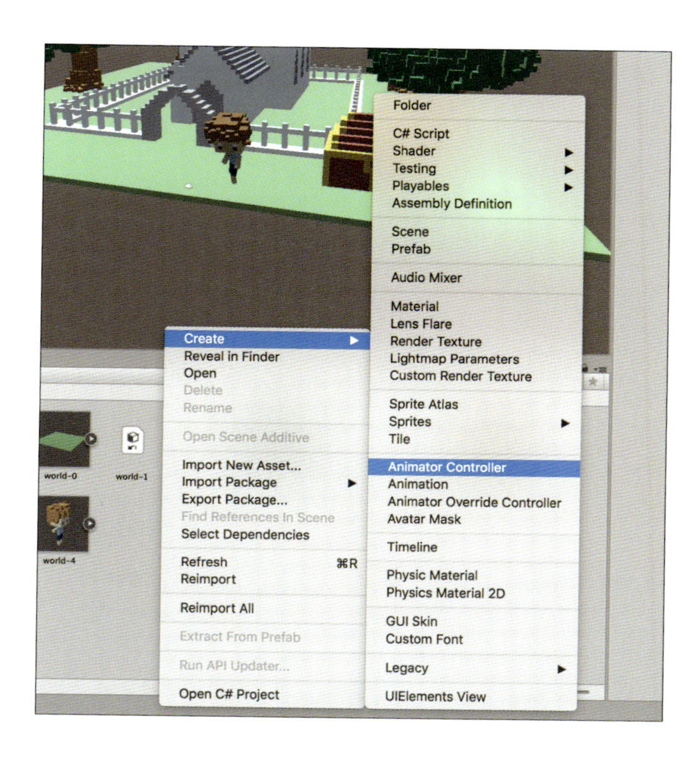

2 コントローラーに名前を付ける

アニメーターコントローラーが作成できたら、適当な名前を付けましょう。
今回は「BoyAnimatorController」と名前を付けました。

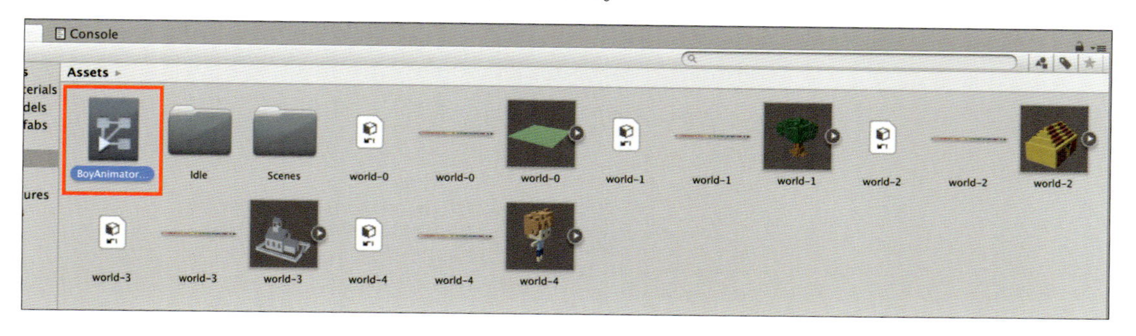

3 キャラクターに関連付ける

次はこのアニメーターコントローラーとキャラクターを関連付けるために、シーンビューでキャラクターのゲームオブジェクトを選択して①、インスペクターウィンドウ内の［Animator］の［Controller］部分に、先ほど作成したアニメーターコントローラーをドラッグ&ドロップ②しましょう。

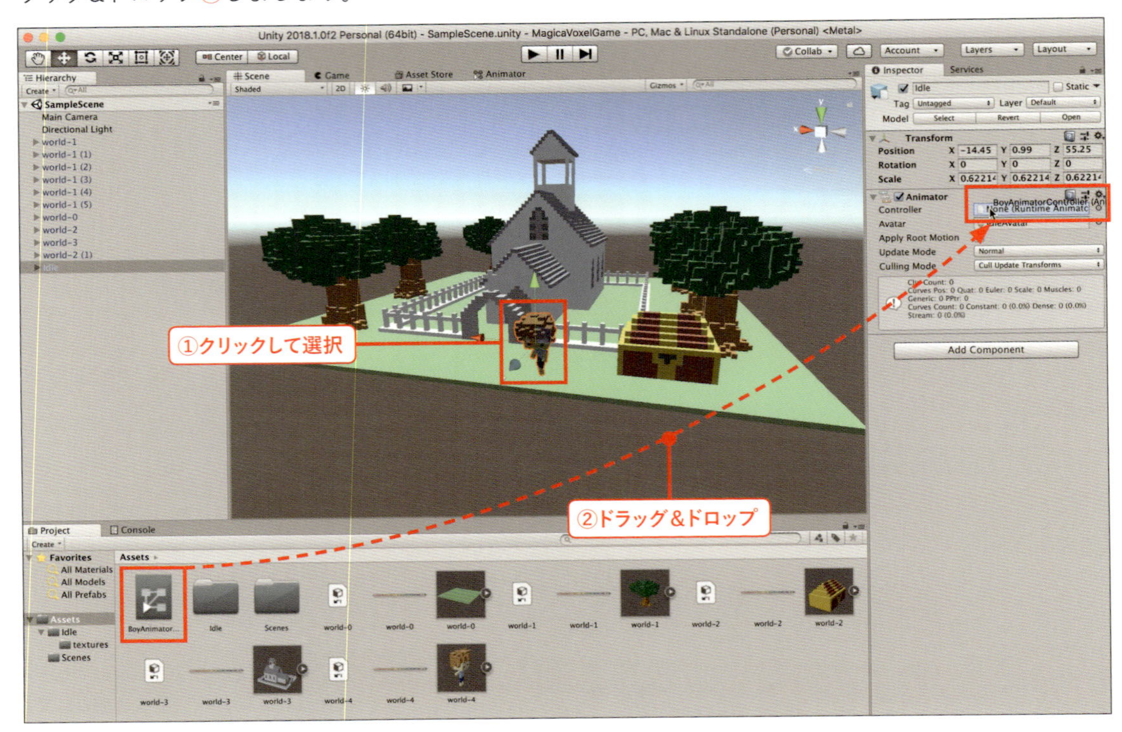

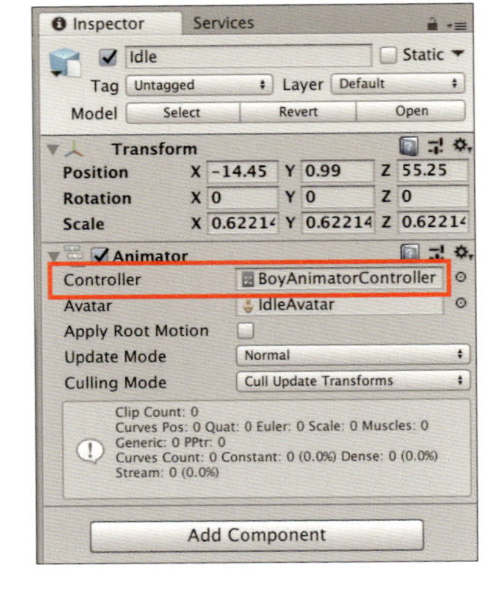

これでアニメーターコントローラーとキャラクターオブジェクトとの関連付けがされました。

Unity上でアニメーションが再生されるようにしよう

次は先ほど作成したアニメーターコントローラーにアニメーション遷移の設定を追加して、ゲーム内でアニメーションが再生されるようにしましょう。

1 アニメーターエディタを開く

先ほど作成したアニメーターコントローラー「BoyAnimatorController」をダブルクリックすると、アニメーターエディタが開きます。

アニメーターエディタは右図のような画面になっています。

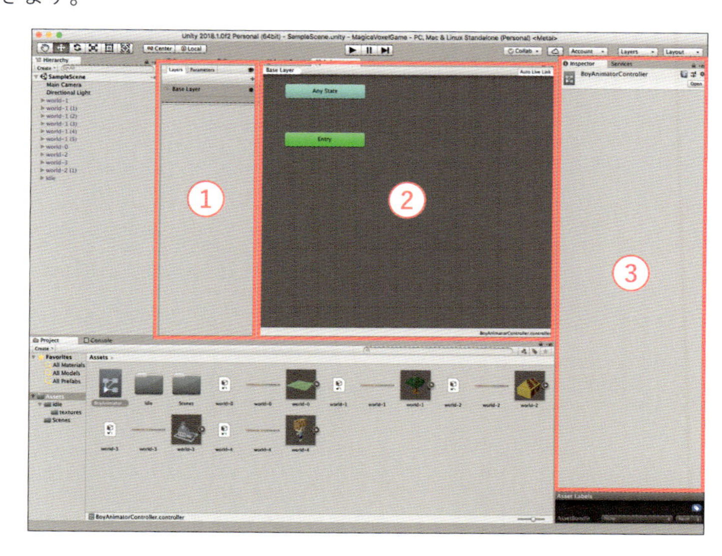

①レイヤー／パラメーターウィンドウ
アニメーションに関するレイヤーやパラメーターのウィンドウ。

②アニメーターウィンドウ
アニメーションのフローを記述するエディタ画面。

③インスペクターウィンドウ
通常の画面と同じでアニメーションなどの情報が表示されるウィンドウ。

2 新規Stateを作成する

次にアニメーターエディタ内を右クリックし現れるメニューから［**Create State**］-［**Empty**］を選択しStateを新規作成します。すると「New State」というStateが追加されます。

Stateとはアニメーション自体のことです。今回でいえば「Idle」というアニメーションステートが存在しており、モデルのアニメーション遷移でこの「Idle」Stateにゲーム内で移行したら、Idleアニメーションが再生されるということです。

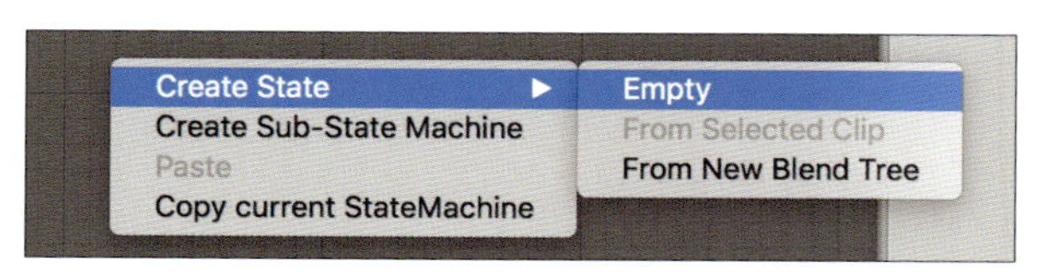

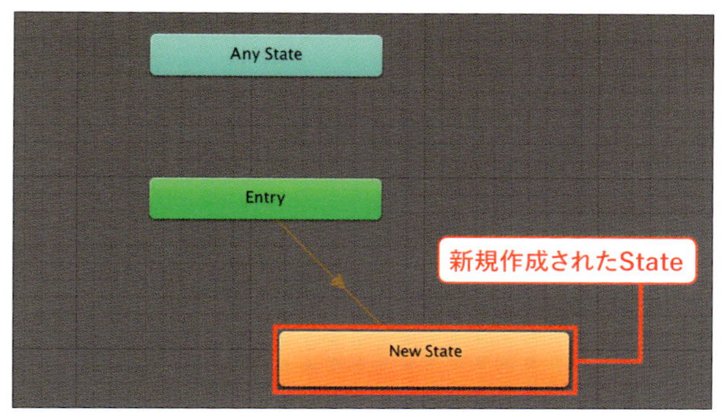

3 Stateに名前を付ける

新規作成した「New State」の名前を変更して、“待機状態”を意味する「Idle」にしましょう。名前の変更は「New State」をクリックして選択し、インスペクターウィンドウより行えます。

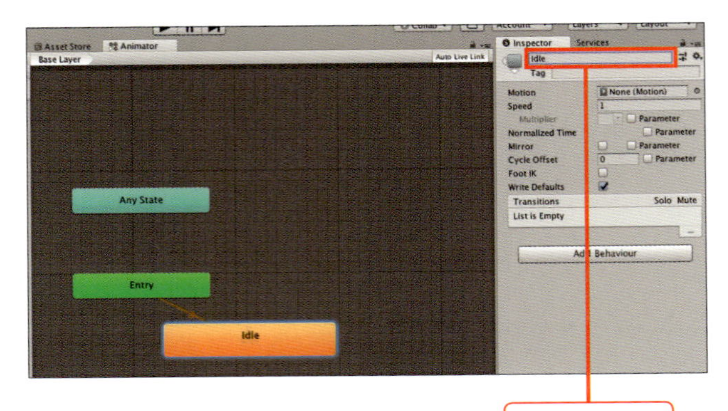

4 Stateにアニメーションを設定する

作成し名前を変更した「Idle」Stateをクリックして選択する①と、右のインスペクターウィンドウに情報が表示されます。このStateの［**Motion**］部分に、mixamoからダウンロードしてUnityにインポートしたフォルダ内にあるアニメーションファイルをドラッグ&ドロップすることで、アニメーションを設定することができます。
アニメーションファイルとは「Idle」フォルダ内にあるIdleモデルの右にある▶をクリックするとあらわれる、再生ボタンのアイコンが表示されたファイルです。

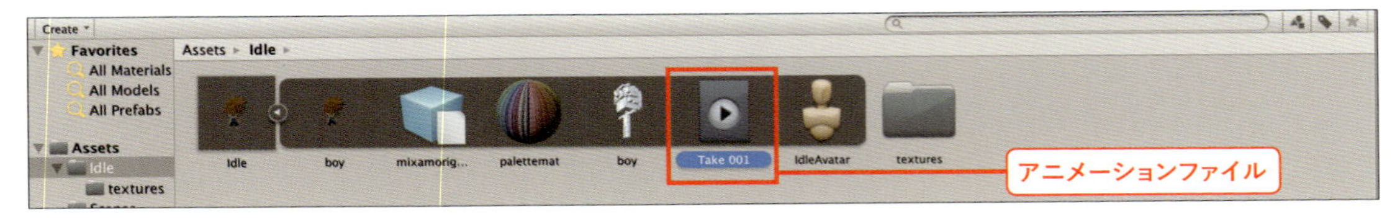

このファイルをMotionにドラッグ&ドロップします②。

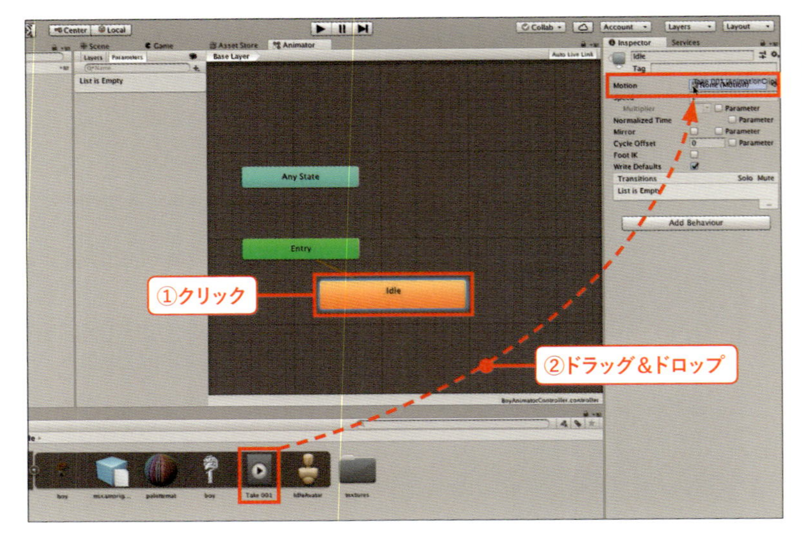

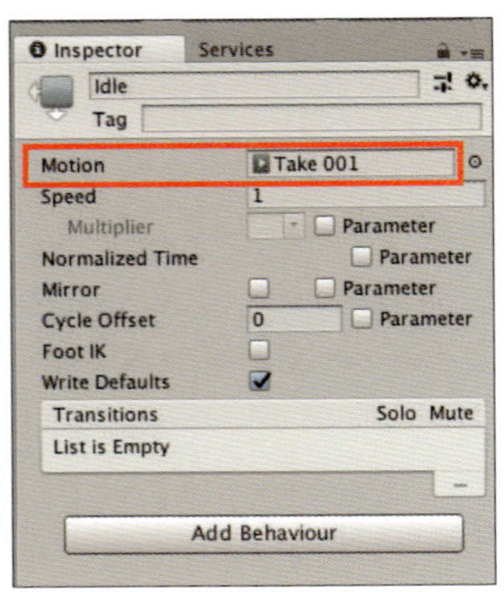

［Motion］部分にアニメーションファイル「Take 001」が登録された

5 アニメーションをループさせる

このままだとアニメーションが1回再生されると、キャラクターの動きは止まってしまいます。アニメーションが無限にループするように設定しましょう。

アニメーターエディタ内の「Idle」ステートをダブルクリックしてアニメーションのインスペクターウィンドウを開き、[**Loop Time**]という項目にチェックを入れる①ことで、アニメーションを無限ループさせることができます。チェックボックスをオンにしたら、下の[Apply]ボタンを押しましょう②。

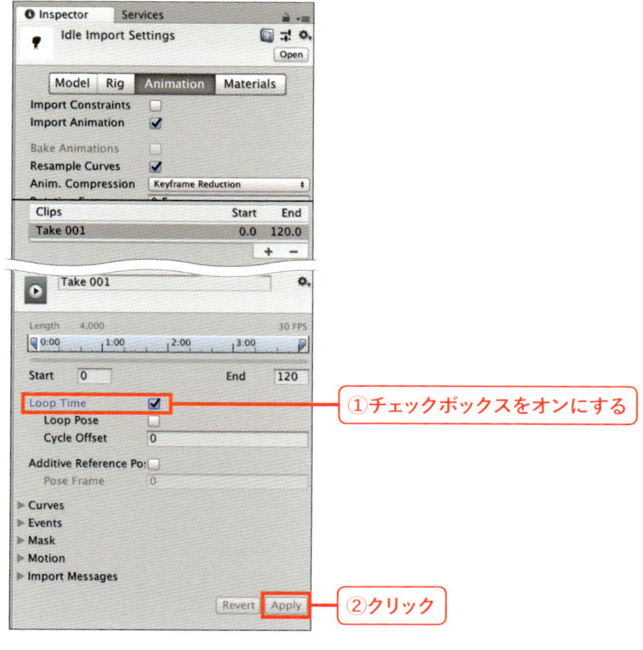

これでmixamoで設定したアニメーションが、ゲーム中に実行されます。

6 アニメーションを確認する

シーンビューの上部にあるUnityの実行ボタンを押してゲームを実行してみましょう。設定されたアニメーションでキャラクターが動いているのが確認できます。

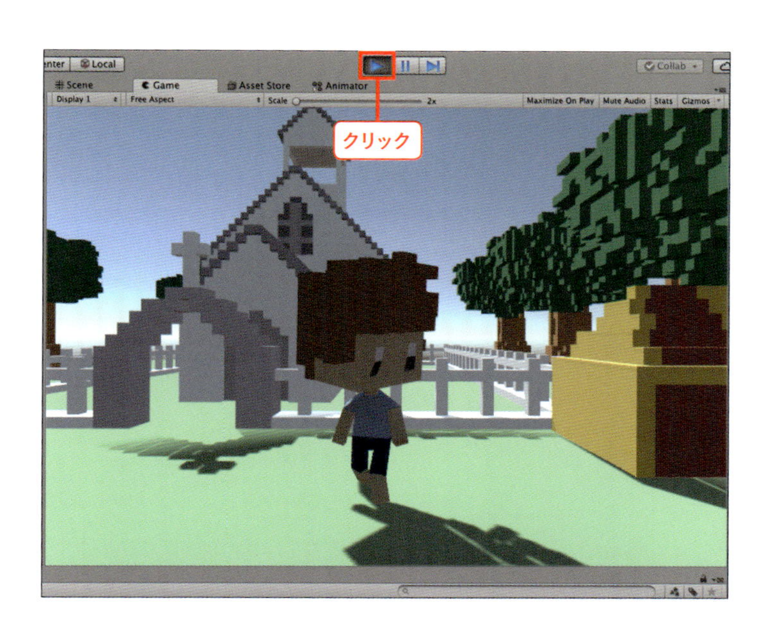

column

カメラのアングルを変更する

ゲームを実行するとゲーム画面に遷移します。しかしデフォルトではシーンビューで見えているアングルと違った表示になります。原因はUnityではゲームオブジェクトとして「カメラ」というオブジェクトが存在しているからです。このカメラオブジェクトが捉えている映像（画角）がゲーム画面になります。
そのためゲーム実行時の画面のアングルを変更したい場合は、カメラオブジェクトを移動する必要があります。カメラオブジェクトはヒエラルキーウィンドウ内の「Main Camera」になります。

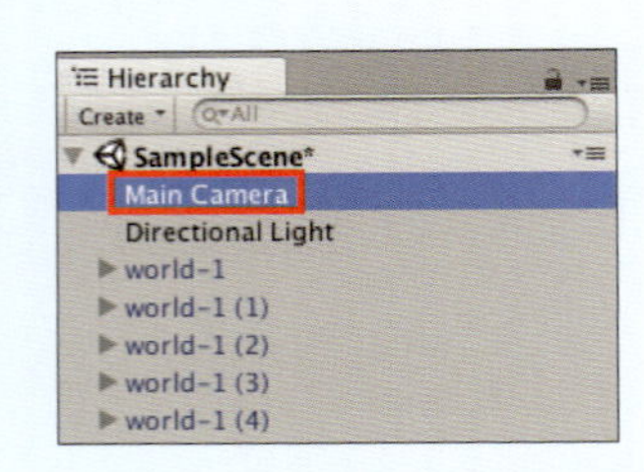

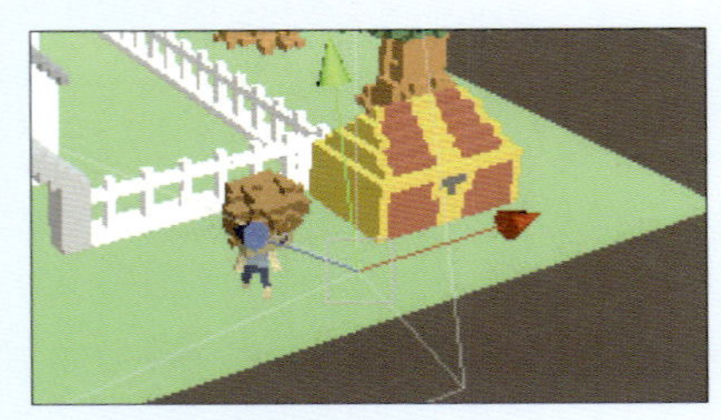

カメラオブジェクトを選択して他のゲームオブジェクトと同様、矢印をドラッグしてシーンビュー内を移動できます。

またカメラオブジェクトの選択中はシーンビューの右下にプレビューが表示されるので、確認しながらカメラ位置を移動しましょう。

まとめ

mixamoを使ってキャラクターに
アニメーションを設定する方法を説明しました。

mixamoはとても便利なサービスです。
アニメーションも豊富にありますので、ぜひ活用してみてください。

次は今回設定したアニメーション以外の動きも設定して、
キャラクターをゲーム内で走らせたりジャンプさせたり
といったアクションを行えるようにしてみましょう。

Chapter 12
キャラクターを動き回らせよう

Chapter 11ではキャラクターの停止時のアニメーションを設定しました。
本章では、走ったりジャンプするなどのアニメーションを追加して、
キャラクターをゲーム内で動かしてみましょう。

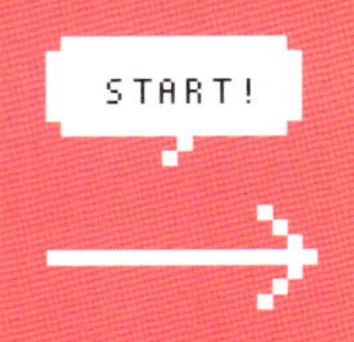

12-1 当たり判定と重力をキャラクターに設定しよう

キャラクターを動かす前に、まずはキャラクターオブジェクトに当たり判定エリアと重力を設定しましょう。
あわせて転倒を防止する設定も行います。

当たり判定エリアを設定しよう

キャラクターの当たり判定にはChapter 10で設定したMesh Collider（P.190）は使わずに、「Capsule Collider」を使用します。

1 コンポーネントを追加する

Capsule Colliderの追加は、シーンビューのキャラクターオブジェクトを選択してインスペクターウィンドウの［Add Component］ボタンを押して［**Physics**］－［**Capsule Collider**］から行います。コンポーネントの追加方法についてはP.189を参照してください。

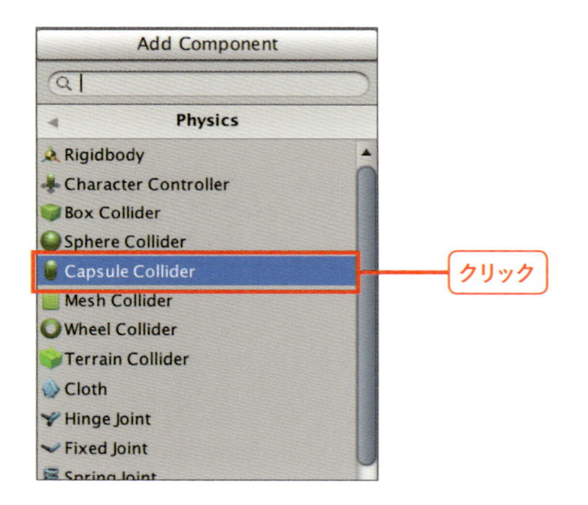

2 当たり判定エリアが設定される

Capsule Colliderを追加すると、キャラクターに対して円状の当たり判定エリアが設定されます。

3 設定エリアを調整する

デフォルトではカプセル状の当たり判定ですが、キャラクターの体のかたちにマッチしていないので、キャラクターが覆われる程度のサイズに手動で設定します。Capusule Colliderの［Edit Collider］ボタンを押す①と、手動によるエリアの変更が行えます。各頂点をドラッグして、キャラクターのサイズに調整してください②。

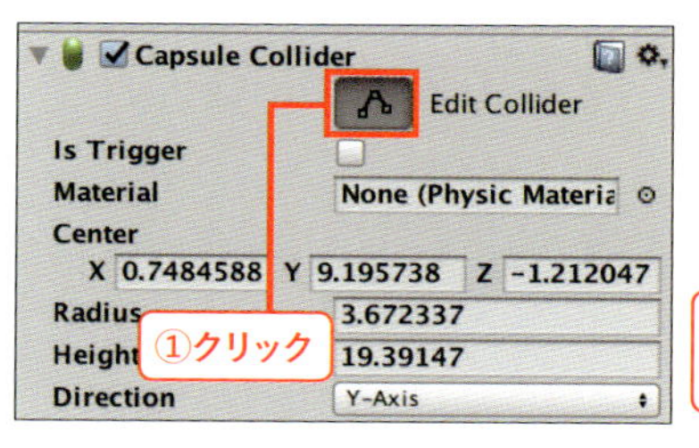

重力を設定しよう

次にキャラクターオブジェクトに対して重力を設定しましょう。

1 コンポーネントを追加する

重力の設定をするには、Capusule Colliderと同様に対象のキャラクターオブジェクトを選択し、インスペクターウィンドウの［Add Component］ボタンから［**Physics**］→［**Rigidbody**］を実行します。

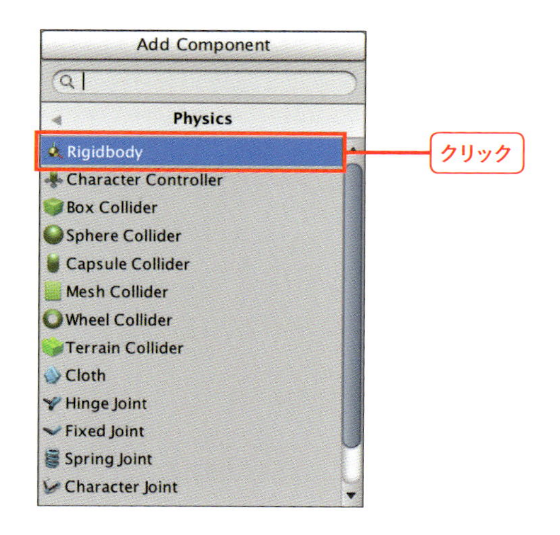

2 重力が設定される

インスペクターウィンドウ内に「Rigidbody」が追加され、［**Use Gravity**］にチェックが入っていれば重力の設定は完了です。［Mass］や［Drag］、［Angular Drag］の設定は、デフォルトの値のままにしておきましょう。

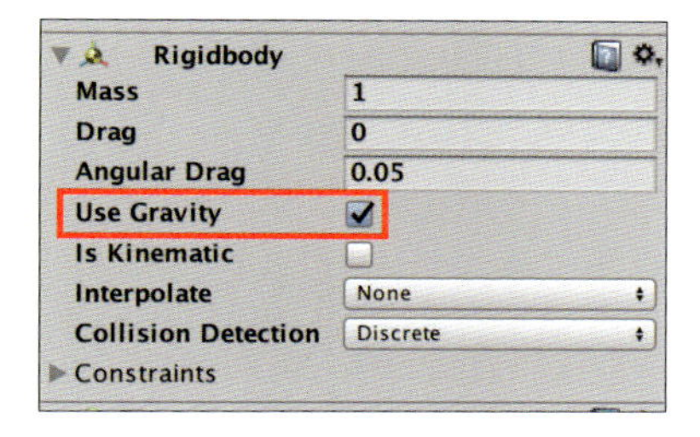

転倒を防ぐ設定をしよう

重力を設定したら次はキャラクターが転んでしまうのを防止する設定をします。これはキャラクターを動かしたときに転倒して起き上がることができなくなってしまうのを防ぐために行います。

1 設定箇所を表示する

まずは先ほど追加した「Rigidbody」の［Constraints］をクリックして①設定エリアを表示します②。

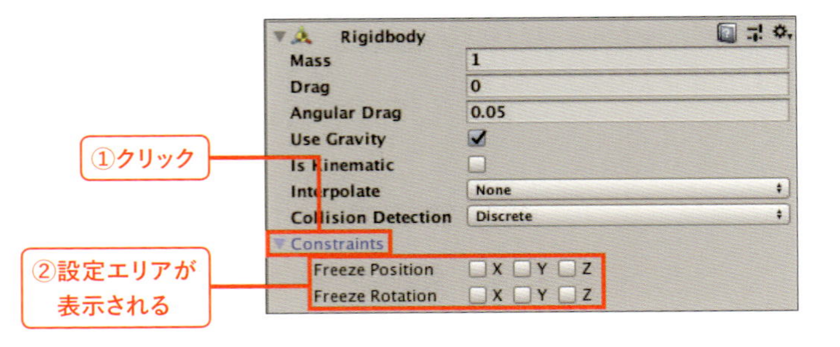

2 キャラクターの回転を固定する

［**Constraints**］ではゲームオブジェクトの位置や回転をX、Y、Zそれぞれの軸を対象に固定する設定が行えます。今回はゲームキャラクターが転ぶのを防ぎたいので、下の［**Freeze Rotation**］にある［X］［Y］［Z］すべてにチェックを入れましょう。
これでキャラクターは回転せずに転ぶことはなくなりました。

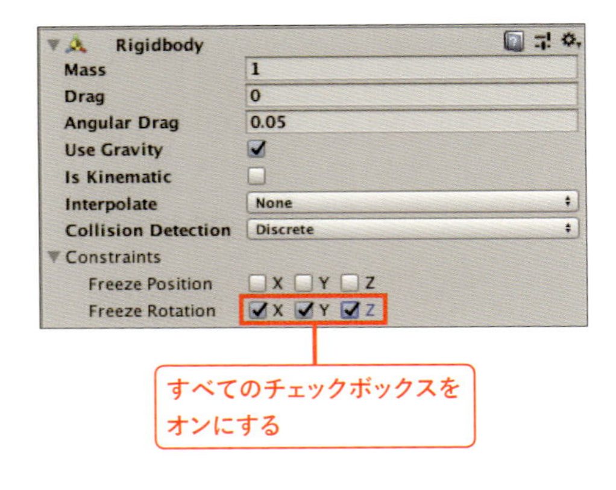

3 ゲームを実行する

最後にゲームを実行して当たり判定と重力の設定を確認してみましょう。設定が問題なく行えていたらキャラクターが地面の上で待機するアニメーションを実行するはずです。
もしここで地面をすり抜けて落下したりする場合は、地面のオブジェクトに当たり判定の設定がされていない可能性があります。Chapter 10の「当たり判定を設定しよう」（P.189）を参照して設定を行ってください。

12-2 キャラクターを走らせよう

次はゲーム内でキャラクターオブジェクトを走らせてみましょう。

走るアニメーションを追加しよう

キャラクターを走らせるには、大きく分けて以下のことを行う必要があります。

- **走るアニメーションを準備する**
- **走るアニメーションをUnity内に入れて設定する**
- **スクリプトを追加する**

一つずつ解説を進めます。まずはアニメーションの準備と追加の作業からです。

1 mixamoでアニメーションを検索する

アニメーションの追加は、Chapter 11で説明をしたmixamoからアニメーションをダウンロードして行います。mixamoにアクセスして、アニメーション検索で「Run」と入力して走るアニメーションを探しましょう。

今回は右図のアニメーションを使ってみることにします。

前傾して走るアニメーション

2 アニメーションを確認する

このRunnnigのアニメーションを選択すると、右側に表示されているキャラクターが走るアニメーションになります。期待どおりの動きになっているかを確認しましょう。

3 キャラクターの動きを制御する

このままではキャラクターが勝手に動いてしまいます。自動で移動してしまうと、ゲーム内でのユーザーの操作に反した動きとなるため設定を変更します。右側のパラメータ設定から[**In Place**]にチェックを入れて、キャラクターがいる場所から動かないようにしましょう。

これでその場から動かない状態で、走るアニメーションになりました。
設定が終わったら、[DOWNLOAD] ボタンから「**Collada (.dae)**」フォーマットのファイルをダウンロード(P.206参照)しましょう。

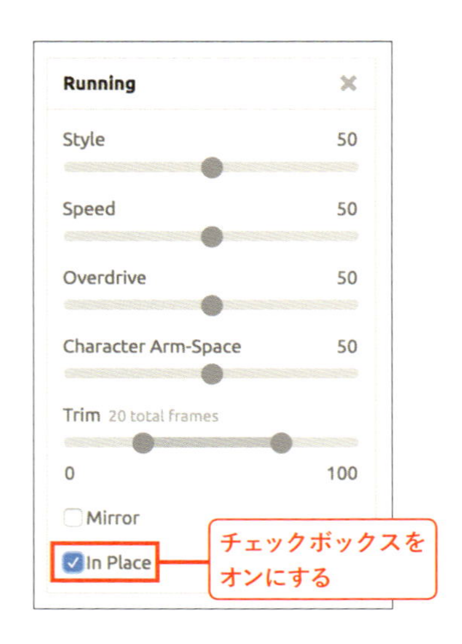

アニメーションをインポートしよう

走るアニメーション(Runnig.zip)をダウンロードしzipファイルを展開したら、Unityにインポートして走るアニメーションを使ってみましょう。

1 フォルダをインポートする

ダウンロードしたzipファイルを展開してあらわれたフォルダを、UnityのAssetsフォルダにドラッグ&ドロップしてインポートします。

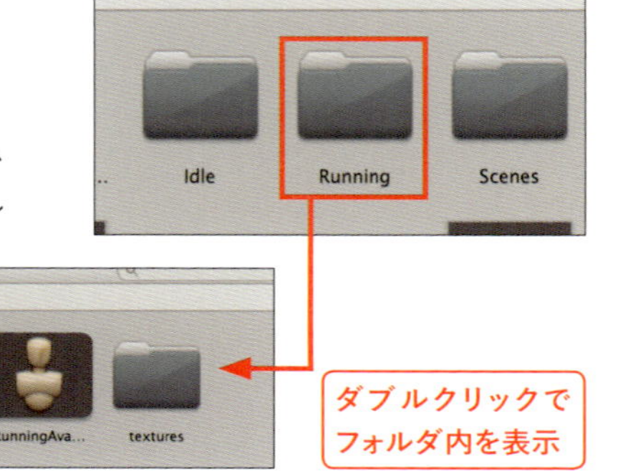

2 アニメーターエディタを開き新規Stateを追加する

インポートしたら、Chapter 11で作成したアニメーターコントローラ「BoyAnimatorController」をダブルクリックしてアニメーターエディタを開きます。アニメーターエディタ内で右クリックメニューから、新しく走るアニメーション用のStateを追加します。

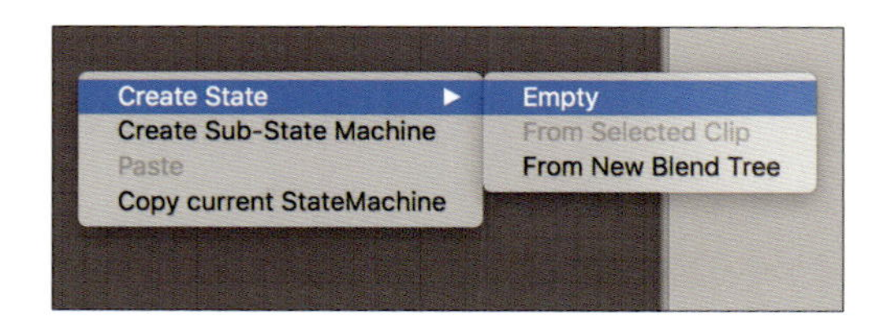

3 新規Stateの名前を変更する

新しくStateが作成されたら、インスペクターウィンドウでわかりやすい名前を入力しましょう。今回は「Running」と名前を付けました。

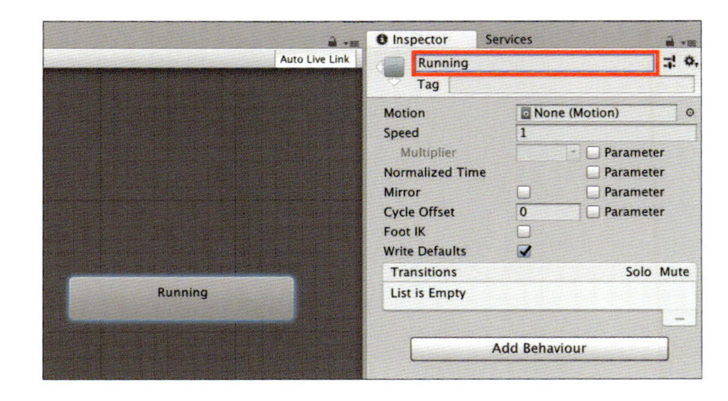

4 Stateにアニメーションを設定する

新規Stateに対して走るアニメーションを設定しましょう。アニメーターエディタ内の「Running」Stateを選択して、インスペクターウィンドウの［Motion］に「Running」フォルダ内のアニメーションファイルをドラッグ&ドロップします。

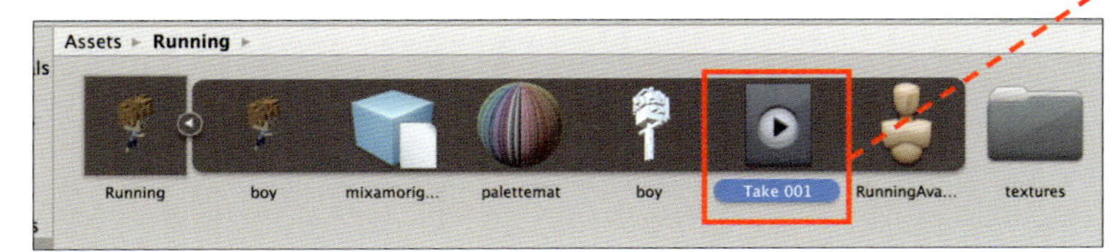

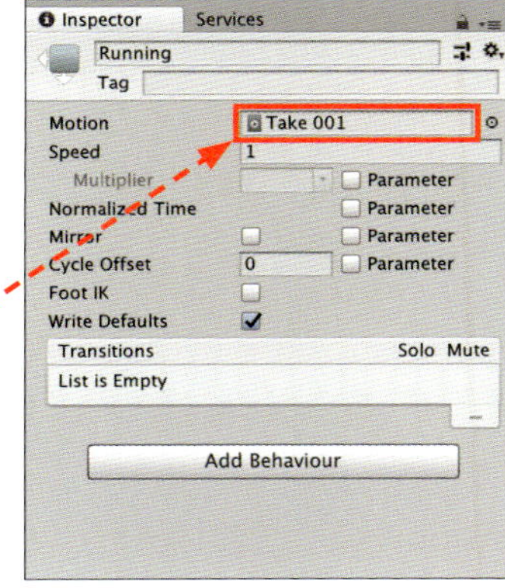

5 アニメーションをループさせる

Chapter 11で設定したアニメーションのLoop設定と同様に、Runningのアニメーションが無限ループするようにします。Loopの設定は「Running」Stateをダブルクリックして表示されたインスペクターウィンドウの［**Loop Time**］で行います。

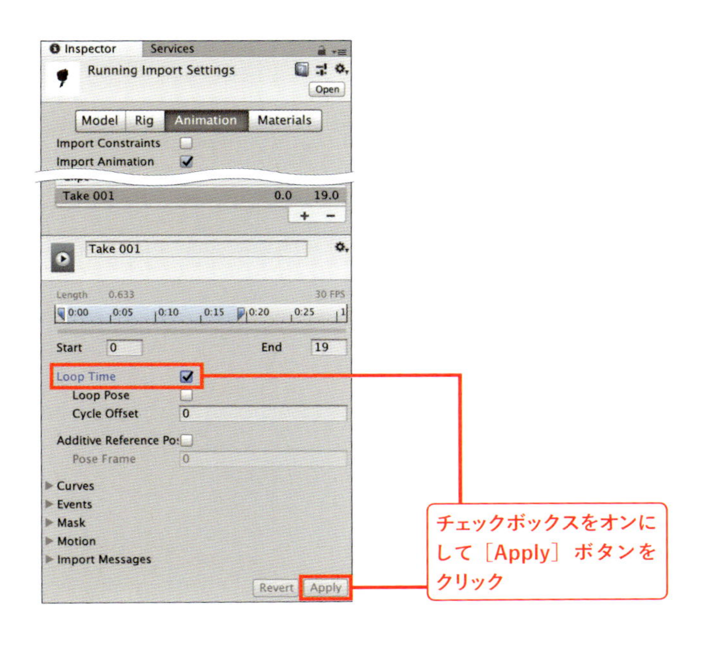

ゲーム内でキャラクターを走らせよう

アニメーションのStateの設定ができたら、次はゲーム内からアニメーションを起動させるようにしましょう。ここではスクリプトを追加して、パソコンのキーボードの⇩キーを押したらプログラムがそれを検知して、キャラクターが走り出すアニメーションになるようにします。

1 パラメータを設定する

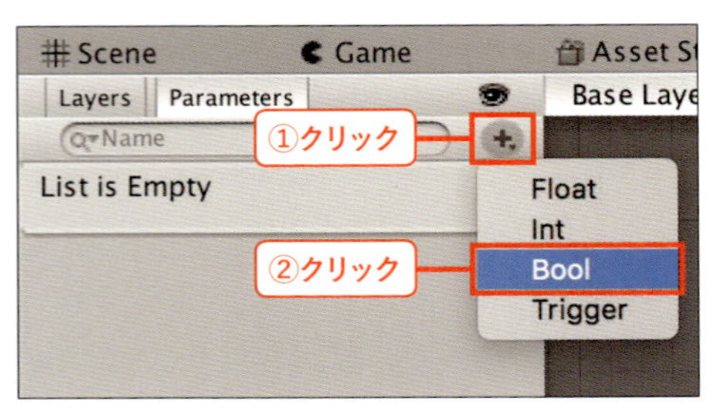

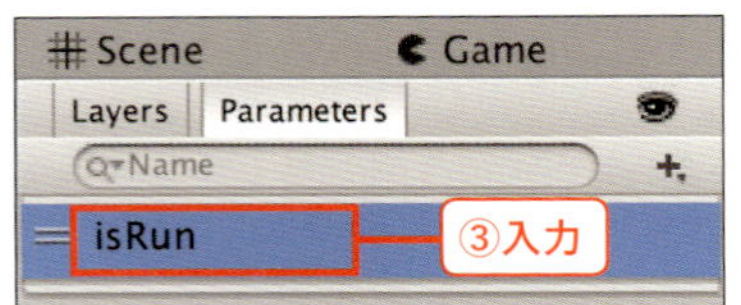

まずはプログラムから各アニメーションのStateを呼び出すために、パラメータを設定しましょう。アニメーターエディタの左上にある［Parameters］タブの⊕ボタンで追加します。⊕ボタンを押して①、「**Bool**」を選択します②。Key名には「**isRun**」と入力します③。

これでパラメータの追加が行えました。このパラメータのtrue／falseをプログラムで書き換えることで、走り出すか待機するかを切り替えることができます。

2 走るアニメーションへの切り替えを設定する

次はパラメータがtrue／falseになったときに、どのアニメーションを実行するのかを設定するために、各アニメーションのState間にTransition（切り替え）を設定します。Transitionの設定は、Stateを右クリックすると表示されるメニューから行えます。まずはIdleアニメーションのStateを右クリックし、［**Make Transition**］でTransitionを作成しましょう。

3 アニメーション遷移をStateへ設定する

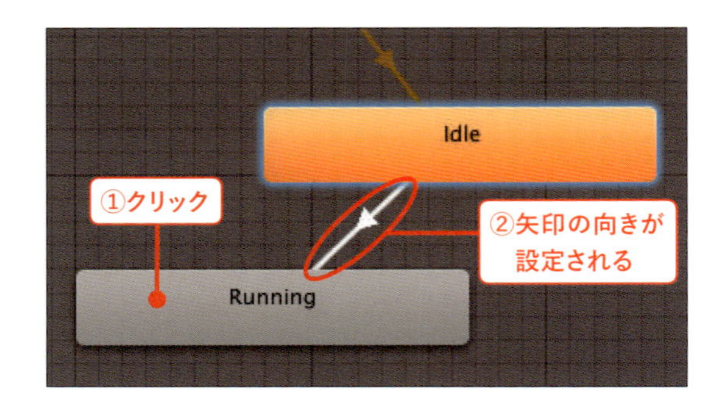

矢印があらわれるので、RunningアニメーションのStateへ矢印が向くように「Running」Stateをクリックしましょう①。矢印がIdleアニメーションからRunningアニメーションに向けられていたら②設定は完了です。

4 Idleアニメーションへの遷移を設定する

次はその逆で、RunningアニメーションからIdleアニメーションに対してTransitionを作成しましょう。2と3の手順を参考にして双方向にTransitionが設定されたら、完了です。

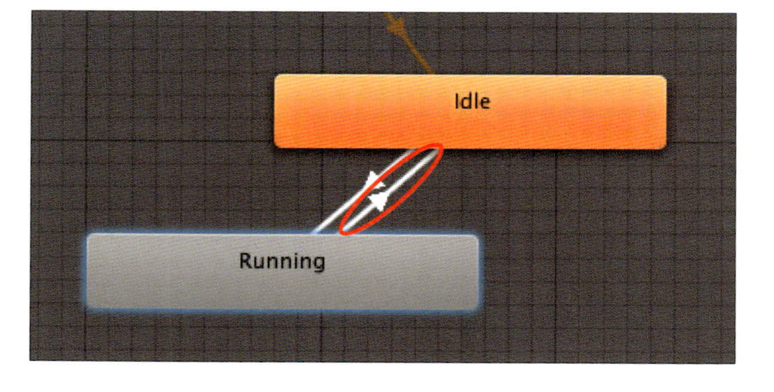

次はそれぞれのTransitionに、先ほど作成したisRunパラメータを設定します。

5 Transitionを選択する

まずはIdleアニメーションからRunningアニメーションに伸びているTransitionを選択します。

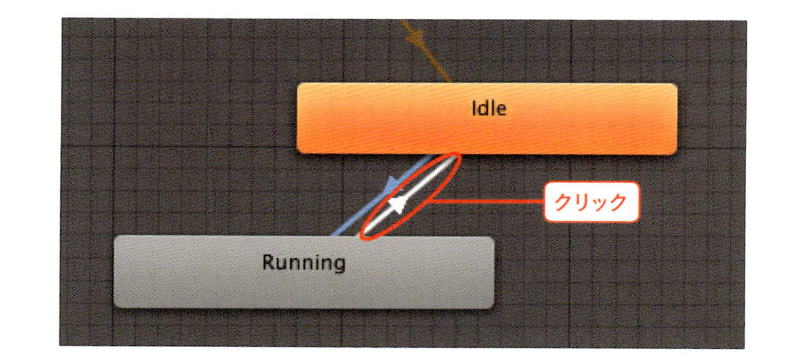

6 Conditionを追加する

TransitionのインスペクターウィンドウにあるConditionsの［+］ボタンを押して①、Conditionを追加します。

Conditionを追加すると、先ほど作成したisRunパラメータがセットされます②。
これで、isRunが「true」になった場合、IdleアニメーションからRunningアニメーションへキャラクターの動きが切り替わるようになりました。

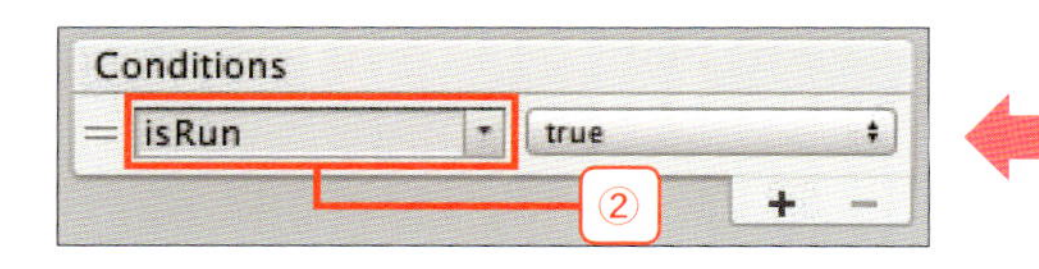

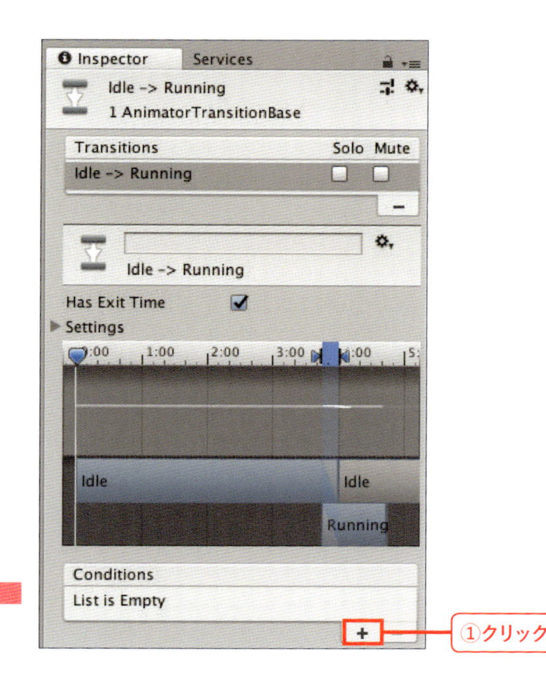

7 他のアニメーションへの遷移を可能にする

最後に上にある［**Has Exit Time**］という項目のチェックを外しましょう。この設定を無効にすることで、アニメーションの途中でも、他のアニメーションへ遷移することができるようになります。

8 もう一つのTransitionにConditionsを追加する

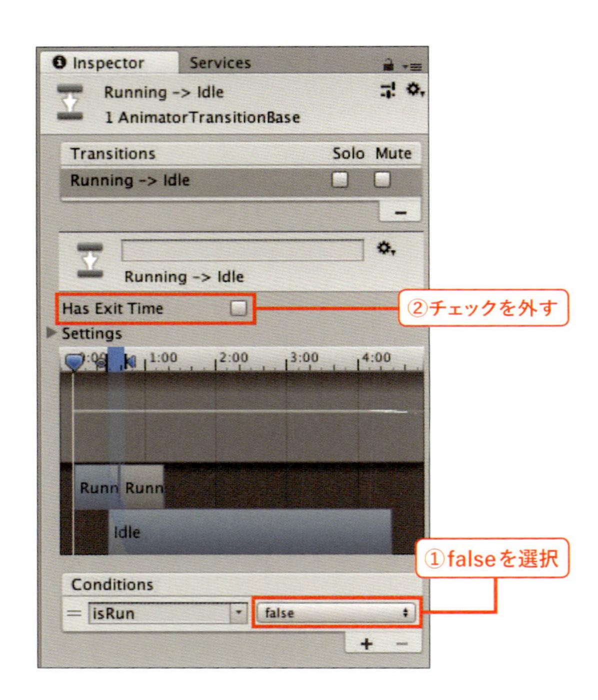

Runningアニメーションからidleアニメーションに伸びるTransitionにも5～7の手順を参考にして同様の設定をしましょう。ここでの注意点として、Conditionsに設定するisRunは「**false**」に設定します①。また先ほどと同様に［**Has Exit Time**］のチェックを外します②。これで、isRunが「false」になったときに、RunningアニメーションからIdleアニメーションに動きが切り替わります。

これでアニメーションの遷移設定は完了です。次はスクリプトを追加して、isRunパラメータを動的に操作してみましょう。

9 スクリプトを新規作成する

まずはスクリプトの新規作成です。Assetsフォルダ内で右クリックし、メニューの［**Create**］→［**C# Script**］でC#の新規スクリプトを作成します。

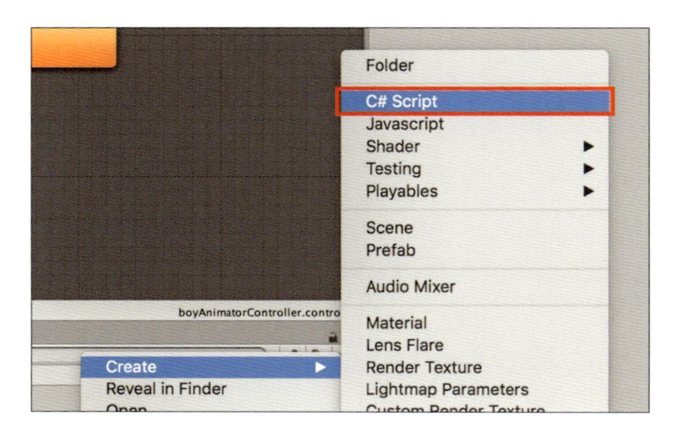

10 スクリプトに名前を付ける

新規スクリプトを作成できたら、「Boy Animation」と名前を付けます。

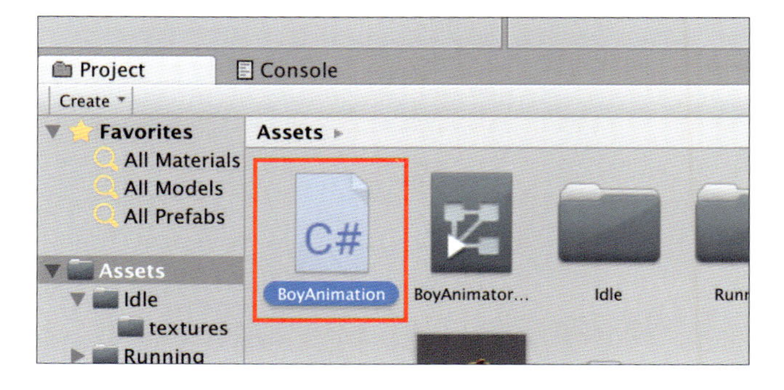

11 スクリプトを記述する

ダブルクリックすると、エディタが開くのでエディタ内に以下の内容を記述しましょう。

```
 1 using System.Collections;
 2 using System.Collections.Generic;
 3 using UnityEngine;
 4 
 5 public class BoyAnimation : MonoBehaviour
 6 {
 7 
 8     private Animator animator;
 9 
10     private const string isRun = "isRun";
11 
12     void Start()
13     {
14         this.animator = GetComponent<Animator>();
15     }
16 
17     void Update()
18     {
19         if (Input.GetKey(KeyCode.DownArrow))
20         {
21             this.animator.SetBool(isRun, true);
22         }
23         else
24         {
25             this.animator.SetBool(isRun, false);
26         }
27     }
28 }
```

このプログラムは、キーボードの↓キーが押されているあいだ、isRunパラメータを「true」に変更するというものです。記述を終えたら保存をします。

column

エディタの起動

macOS、WindowsともにVisual Studioがエディタとして起動します。なお、WindowsではMicrosoftアカウントでサインイン後にエディタが起動します。

12 ゲームオブジェクトに紐付ける

シーンビュー内のキャラクターオブジェクトを選択して①、インスペクターウィンドウのいちばん下に作成したスクリプト「BoyAnimation」をドラッグ&ドロップします②。キャラクターオブジェクトのインスペクターウィンドウ内に「Script」が設定されていれば③完了です。
これでキャラクターに対してスクリプトが設定されました。

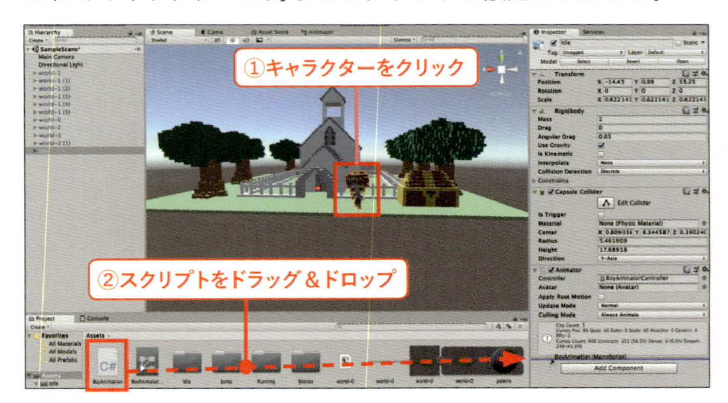

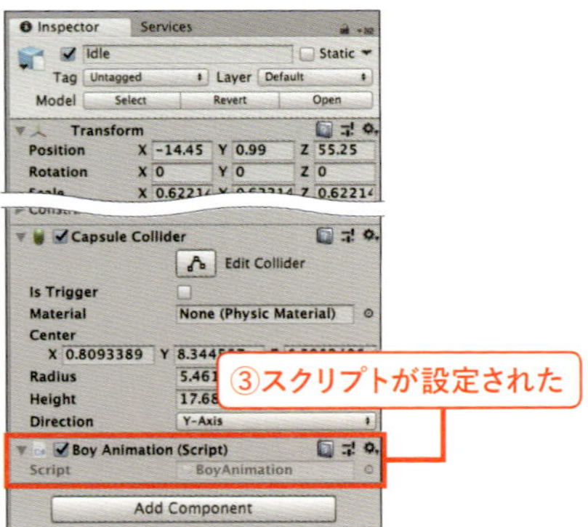

13 アニメーションを確認する

ゲームを実行して↓キーを押してみましょう。キャラクターが待機状態から走るアニメーションに遷移するようになりました。

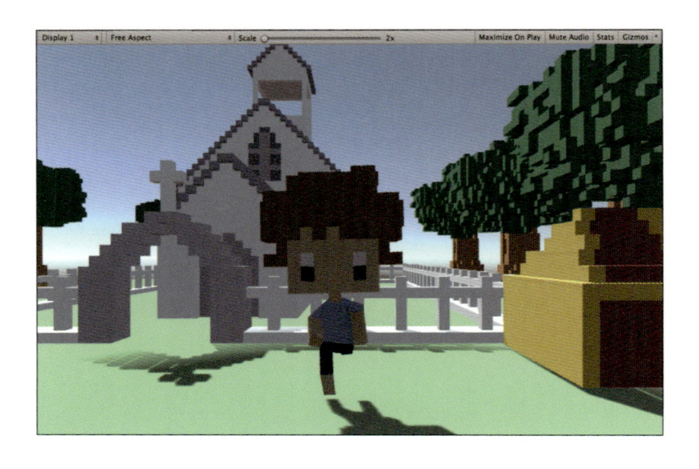

12-3 キャラクターをジャンプさせよう

次はキャラクターをジャンプさせてみましょう。
キーボードのスペースキーを押したらジャンプするようにしてみます。
設定の流れは前節12-2の走るアニメーションの場合と同じです。

ジャンプするアニメーションを用意しよう

mixamoでジャンプのアニメーションを検索して、ダウンロードしましょう。

1 mixiamoでアニメーションを選ぶ

今回は「Jump」と検索して、右図のアニメーションを選択しました。

ハードルを飛ぶように前方に走りながらジャンプするアニメーション

2 アニメーションをダウンロードする

このアニメーションもそのままだと走るアニメーション同様、勝手に動いてしまうので［**In Place**］にチェックを入れてダウンロードします。

チェックボックスをオンにする

［DOWNLOAD］ボタンをクリックしてフォーマットから「**Collada（.dae）**」を選択しzipファイルのダウンロードができたら、展開してUnityにインポートしましょう。

アニメーションStateを追加しよう

次にジャンプ用のアニメーションStateを追加しましょう。

1 新規Stateを作成する

アニメーターコントローラ「BoyAnimator Controller」をダブルクリックして開き、アニメーターエディタ内に新しくジャンプ用の「Jump」Stateを作成します。

2 アニメーションファイルを設定する

Stateを作成したら、忘れずにアニメーションファイルをインスペクターウィンドウの［Motion］にドラッグ&ドロップして設定しましょう。

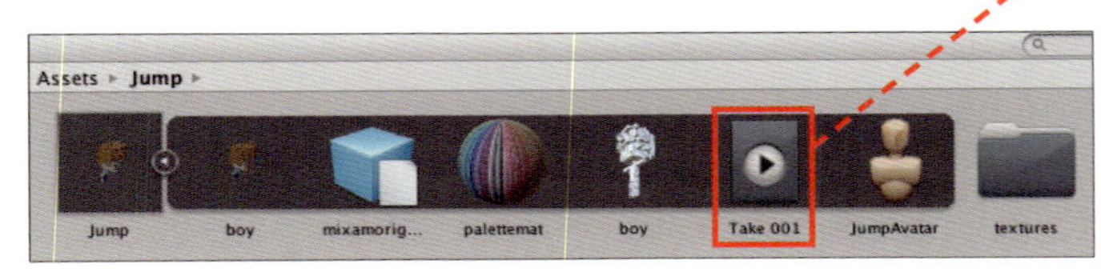

3 パラメータを追加する

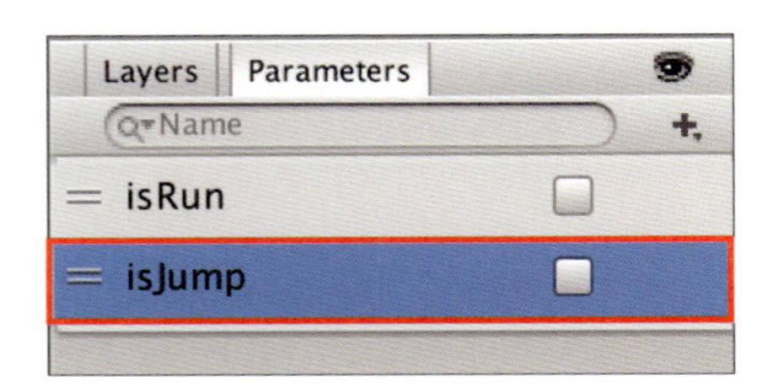

パラメータの追加をしましょう。P.222でisRunを追加したのと同様に、Bool型で「**isJump**」というパラメータを追加します。

4 Transitionを追加する

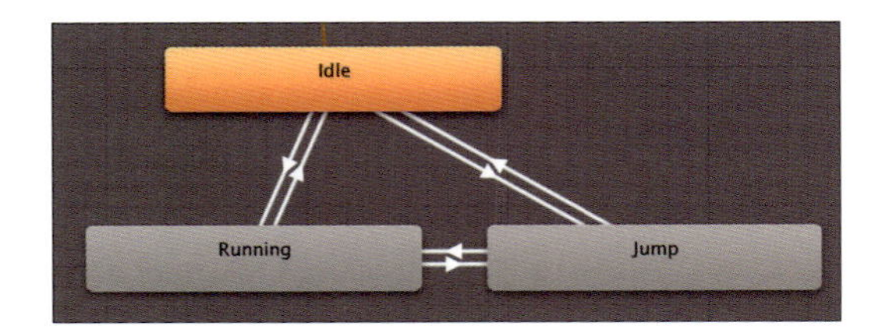

RunningアニメーションへのTransitionの追加と同じ操作（P.222）で追加できます。また、今回はIdleアニメーションとRunningアニメーションの2つのStateに対してTransitionを設定します。最終的には右図のように、三角関係の状態になります。

5 Conditionを設定する①

追加したTransitionの一つひとつに対して設定を行っていきます。それぞれ、Jumpアニメーションへ向いているStateには、［Conditions］に「isJump」パラメータを追加し、「true」になったときにStateが変化するようにします①。また、［**Has Exit Time**］のチェックを外す②のを忘れないようにしましょう。

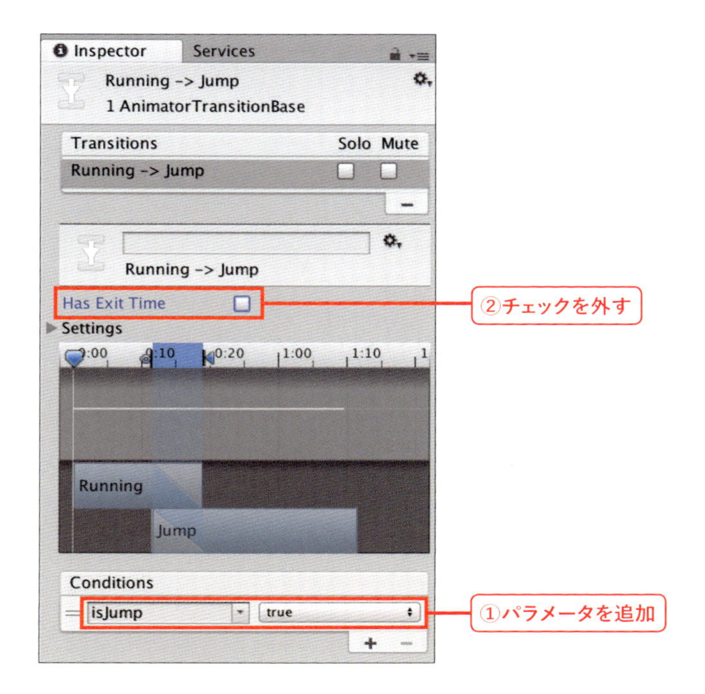

6 Conditionを設定する②

その逆で、Jumpアニメーションから矢印が向いているStateには、［Conditions］に「isJump」パラメータを追加したら「**false**」にします①。こちらのTransitionについては、Jumpアニメーションを途中で止めたくないので、［**Has Exit Time**］にチェックが付いた状態②にしましょう。

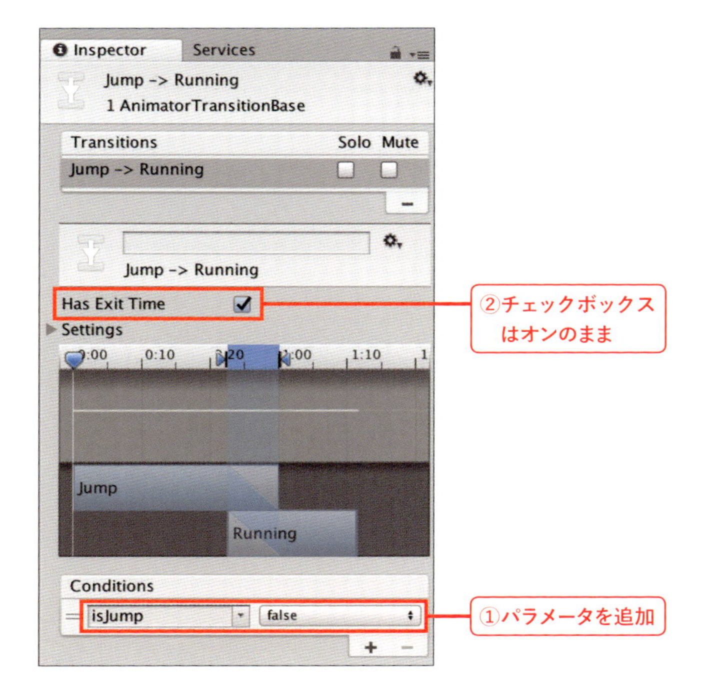

これでスクリプトからisJumpを操作すれば、キャラクターオブジェクトがジャンプするアニメーションに遷移するようになりました。

スクリプトにジャンプイベントを追加しよう

AnimationのC#スクリプトを編集しましょう。スペースキーを押したら、jsJumpパラメータがtrueになるようにします。

1 スクリプトを編集する

Assetsフォルダ内にあるスクリプト「BoyAnimation」をダブルクリックしてエディタを開き、以下のようにスクリプトを編集します。

```
 8  8       private Animator animator;
 9  9
10 10       private const string isRun = "isRun";
   11 +     private const string isJump = "isJump";
11 12
12 13       void Start()
13 14       {
14 15           this.animator = GetComponent<Animator>();
15 16       }
16 17
17 18       void Update()
18 19       {
19 20           if (Input.GetKey(KeyCode.DownArrow))
20 21           {
21 22               this.animator.SetBool(isRun, true);
22 23           }
23 24           else
24 25           {
25 26               this.animator.SetBool(isRun, false);
26 27           }
   28 +
   29 +         if (Input.GetKey(KeyCode.Space))
   30 +         {
   31 +             this.animator.SetBool(isJump, true);
   32 +         }
   33 +         else
   34 +         {
   35 +             this.animator.SetBool(isJump, false);
   36 +         }
27 37       }
28 38   }
```

編集後のスクリプトは右ページのとおりです。

```
 1 using System.Collections;
 2 using System.Collections.Generic;
 3 using UnityEngine;
 4 
 5 public class BoyAnimation : MonoBehaviour
 6 {
 7 
 8     private Animator animator;
 9 
10     private const string isRun = "isRun";
11     private const string isJump = "isJump";
12 
13     void Start()
14     {
15         this.animator = GetComponent<Animator>();
16     }
17 
18     void Update()
19     {
20         if (Input.GetKey(KeyCode.DownArrow))
21         {
22             this.animator.SetBool(isRun, true);
23         }
24         else
25         {
26             this.animator.SetBool(isRun, false);
27         }
28 
29         if (Input.GetKey(KeyCode.Space))
30         {
31             this.animator.SetBool(isJump, true);
32         }
33         else
34         {
35             this.animator.SetBool(isJump, false);
36         }
37     }
38 }
```

2 アニメーションを確認する

これでゲームを実行してスペースキーを押すことで、ジャンプアニメーションが実行されます。

12-4 ステージ内をキャラクターが移動できるようにしよう

最後にキャラクターがステージ内を動き回れるように、矢印キーを押したらその方向にキャラクターが移動するようにしてみましょう。

スクリプトを修正しよう

キャラクターの移動はスクリプトの修正だけでできます。

1 スクリプトを編集する

Assetsフォルダ内にあるスクリプト「BoyAnimation」をダブルクリックしてエディタを開き、以下のように編集します。

```
10  10      private const string isRun = "isRun";
11  11      private const string isJump = "isJump";
12  12
    13 +    private float movement = 20f;
    14 +    private float moveX = 0f;
    15 +    private float moveZ = 0f;
    16 +
13  17      void Start()
14  18      {
15  19          this.animator = GetComponent<Animator>();
16  20      }
17  21
18  22      void Update()
19  23      {
20     -        if (Input.GetKey(KeyCode.DownArrow))
    24 +        var cameraForward =
    25 +            Vector3.Scale(
    26 +                Camera.main.transform.forward, new Vector3(1, 0, 1)
    27 +            ).normalized;
    28 +        var vertical = cameraForward * Input.GetAxis("Vertical");
    29 +        var horizontal = Camera.main.transform.right * Input.
            GetAxis("Horizontal");
    30 +        var direction = vertical + horizontal;
```

```
   31 +
   32 +         moveX = direction.x * Time.deltaTime * movement;
   33 +         moveZ = direction.z * Time.deltaTime * movement;
   34 +         transform.Translate(moveX, 0f, moveZ, Space.World);
   35 +
   36 +         if (moveX != 0 || moveZ != 0)
21 37           {
   38  +            transform.rotation = Quaternion.LookRotation(direction);
22 39               this.animator.SetBool(isRun, true);
23 40           }
```

編集後のスクリプトは以下のとおりです。

```
 1 using System.Collections;
 2 using System.Collections.Generic;
 3 using UnityEngine;
 4 
 5 public class BoyAnimation : MonoBehaviour
 6 {
 7 
 8     private Animator animator;
 9 
10     private const string isRun = "isRun";
11     private const string isJump = "isJump";
12 
13     private float movement = 20f;
14     private float moveX = 0f;
15     private float moveZ = 0f;
16 
17     void Start()
18     {
19         this.animator = GetComponent<Animator>();
20     }
21 
22     void Update()
23     {
24         var cameraForward =
25             Vector3.Scale(
26                 Camera.main.transform.forward, new Vector3(1, 0, 1)
27             ).normalized;
28         var vertical = cameraForward * Input.GetAxis("Vertical");
29         var horizontal = Camera.main.transform.right * Input.
           GetAxis("Horizontal");
30         var direction = vertical + horizontal;
31 
32         moveX = direction.x * Time.deltaTime * movement;
33         moveZ = direction.z * Time.deltaTime * movement;
```

```
34         transform.Translate(moveX, 0f, moveZ, Space.World);
35 
36         if (moveX != 0 || moveZ != 0)
37         {
38             transform.rotation = Quaternion.LookRotation(direction);
39             this.animator.SetBool(isRun, true);
40         }
41         else
42         {
43             this.animator.SetBool(isRun, false);
44         }
45 
46         if (Input.GetKey(KeyCode.Space))
47         {
48             this.animator.SetBool(isJump, true);
49         }
50         else
51         {
52             this.animator.SetBool(isJump, false);
53         }
54     }
55 }
```

2 ゲームを実行する

スクリプトを保存後、ゲームを実行してみましょう。キーボードの←↑↓→キーを操作することで、カメラの向きに合わせて指示した方向にキャラクターが移動します。
これでゲーム内を自由に動くことができるようになりました。お疲れ様でした！

キャラクターがジャンプする

画面奥にキャラクターが走り出す

キー操作をしていないとき

画面の左方向にキャラクターが走り出す

←キー

キャラクターはその場でキョロキョロと周りを見る

→キー

画面の右方向にキャラクターが走り出す

↓キー

画面手前にキャラクターが走り出す

まとめ

ゲーム内でキャラクターを動かせる
ようになりました。ほかにもいろいろな
アニメーションをキャラクターに設定してみて、
ゲーム内でキャラクターを動かしてみましょう。
自分がモデリングしたキャラクターが
動くだけで、とてもうれしいものです。
ぜひその体験をしてみてください。

Appendix
第2部おまけ：3Dプリンターで自作モデルをプリントしてみよう

最後に自作のボクセルモデルを3Dプリンターで
プリントする方法を紹介します。
3Dプリンターでプリントすることでデジタルのモデルを
実際に手に取って触れることができるようになります。
オリジナルのキャラクターなどを3Dプリントすると
とても愛着が湧きますのでおすすめです。

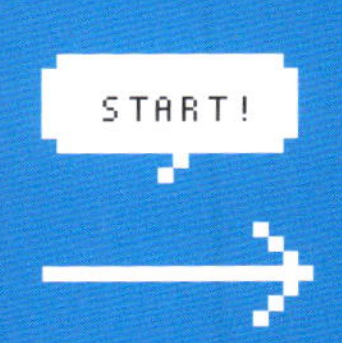

3Dプリンターとは？

一般的なプリンターは紙に平面的な情報を印刷します。しかし3Dプリンターは3Dモデルを元に立体を造形できる機械です。
3Dプリンターといってもその造形方法は、一般的なプリンターにレーザープリンターやインクジェットプリンターなどがあるように、造形する素材によって多く存在します。

ひよこのモデルを3Dプリントした例

素材にもいろいろある

造形する素材もプラスチックや石灰から金属まで多彩なものが可能となっています。もちろん素材によって値段が大きく変化します。
本書では素材に石灰（石膏）を使ったフィギュアの造形について紹介します。

3Dプリントサービスの紹介

現在、自宅で3Dプリントをしようとしても3Dプリンター自体の値段が高く、気軽に使えたりはしません。安いものでも3万～6万円ほどしてしまい、また廉価な機種では単色のみの造形になってしまいます。せっかく自作の3Dモデルを造形するならフルカラーがいいですよね。

そこでDMM.makeなどが行っている3Dプリンターサービスを紹介します。これは3DモデルをWeb上から入稿することで造形を行ってくれて、完成したフィギュアを配達してくれるサービスです。

DMM.makeのサービスページ

https://make.dmm.com/print/

筆者もDMM.makeで3Dモデルを造形しましたが、出来栄えがとても素晴らしく、すでに2回ほど利用しています。

またDMM.makeはサポートが特に素晴らしいです。造形する上でわからないことなどがあれば、DMM.makeのサポートに連絡することで大体のことは解決します。もしわからないことがある場合には、ぜひDMM.makeのサポートを活用してみてください。

自作モデルを 3Dプリントしてみよう

モデルの準備をしよう

まずはモデルの準備からです。大きく分けて以下の3工程を行います。

1. MagicaVoxelからplyファイルにてモデルをエクスポートする
2. MeshLabを使ってサイズを調整する
3. MeshLabからモデルを再エクスポートする

1つずつ順を追っていきましょう。

1 MagicaVoxelからモデルをエクスポートする

まずはMagicaVoxelからモデルファイルをエクスポートします。今回は「**ply**」形式としてファイルをエクスポートします。エクスポートを実行するとplyファイルが作成されます。

2 MeshLabをインストールする

次にMeshLabというソフトをインストールします。インストールはMeshLab公式ページのDownloadページから行います。使っているOSのボタンを選択してソフトをダウンロードしましょう。

MeshLabの公式ページ
http://www.meshlab.net/#download

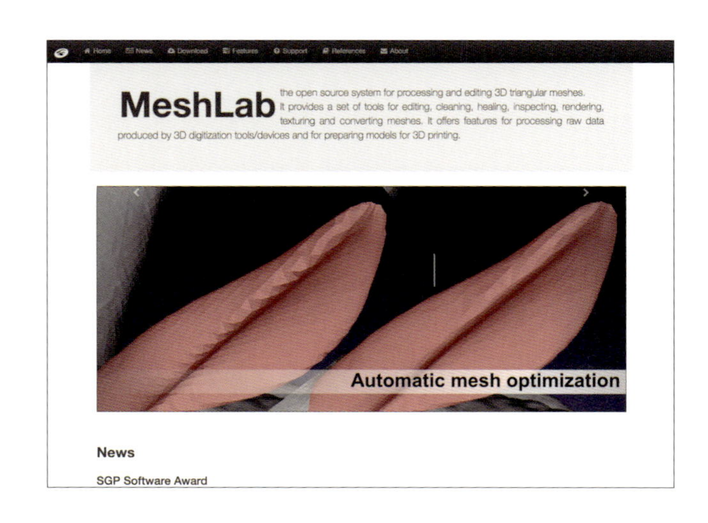

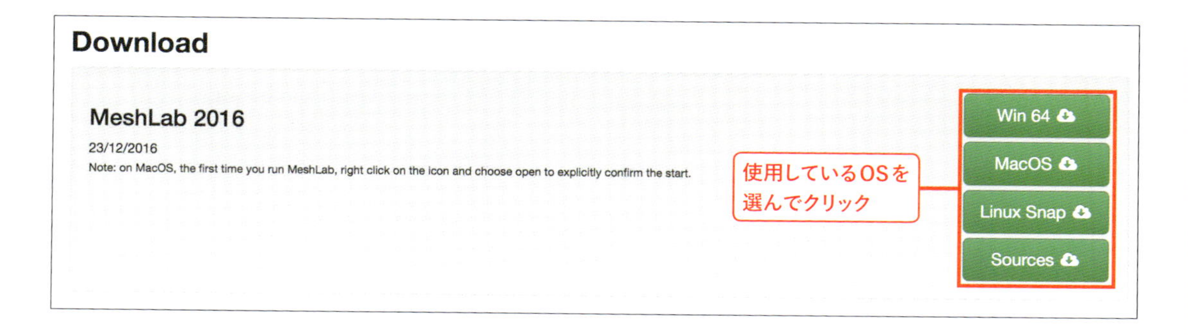

3 MeshLabにモデルをインポートする

MeshLabのインストールが終わったらMeshLabを起動して、先ほどMagicaVoxelからエクスポートしたplyファイルをインポートします。左上にある[Import Mesh]ボタンをクリックしてplyファイルを指定しましょう。

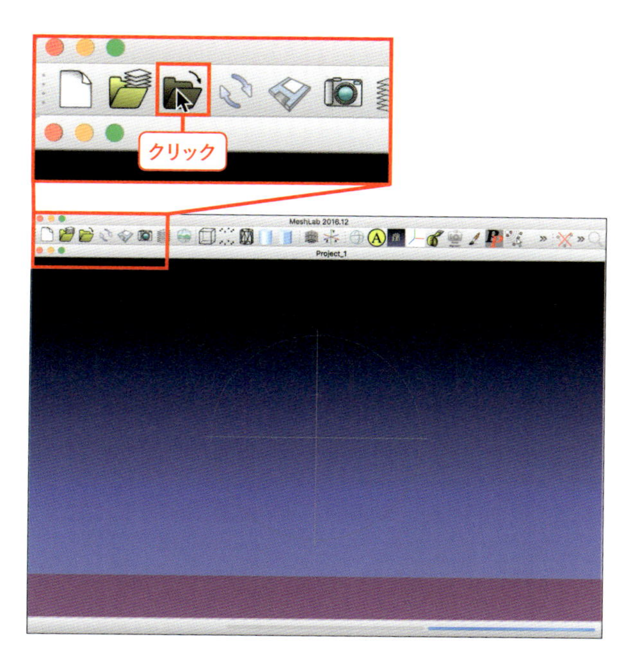

4 モデルファイルが読み込まれる

正しくインポートされると画面の中央部分にモデルが表示されます。デフォルトではモデルの上部分（今回はひよこの頭頂部）が正面に見えるようにインポートされてしまいます。そのような場合はモデル部分をドラッグすることで、表示位置を変更することができます。

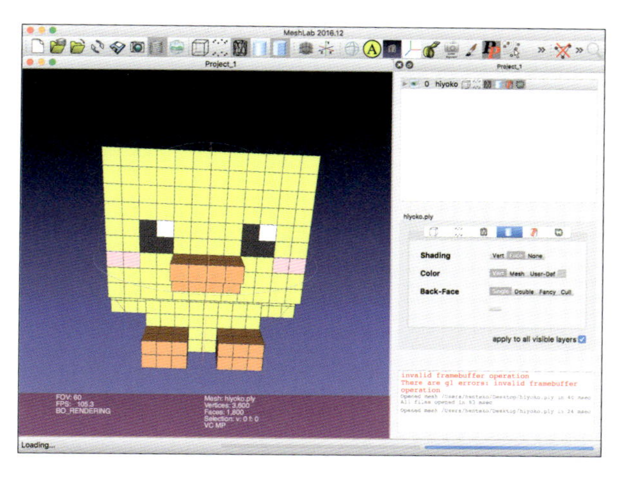

5　サイズを調整する①

次はモデルのサイズを調整しましょう。サイズの調整は[Filters]→[Normals, Curvatures and Orientation]→[Transform: Scale, Normalize]メニューから行います。

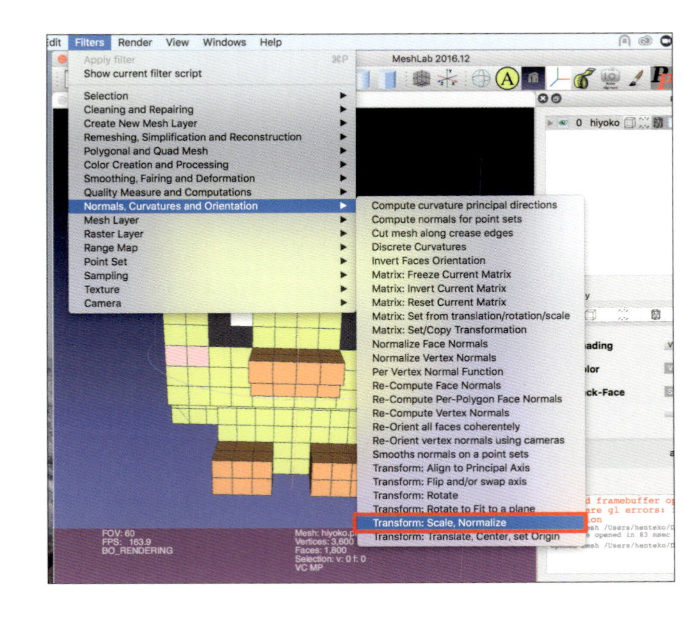

6　サイズを調整する②

サイズ調整をするウィンドウが開き、[X Axis][Y Axis][Z Axis]それぞれの数値を調整①することで、サイズの変更を行います。今回はそれぞれすべての値を「2.3」として、モデルの大きさを全体で2.3倍になるようにしました。数値の入力ができたら[Apply]ボタンを押す②ことでサイズ調整を実行することができます。

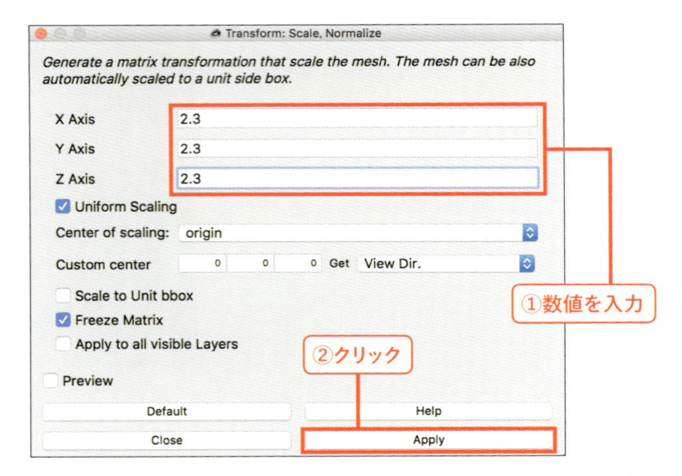

memo

MeshLabを使用する理由として、MagicaVoxelが出力するモデルファイルでは3Dプリントしたときにモデルサイズを細かく調整できないという問題があるためです。モデルサイズが希望した大きさにならないと、せっかく3Dプリントしたのに残念な仕上がりになってしまいます。そこでMeshLabを使ってモデルのサイズを細かく調整するのです。

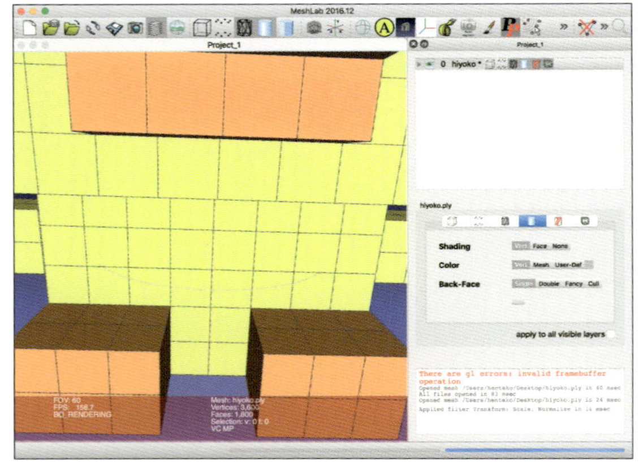

7 モデルを エクスポートする

これでサイズ調整はできました。最後に再度plyファイルとしてMeshLabからエクスポートします。エクスポートは［File］→［Export Mesh As...］メニューから行います。

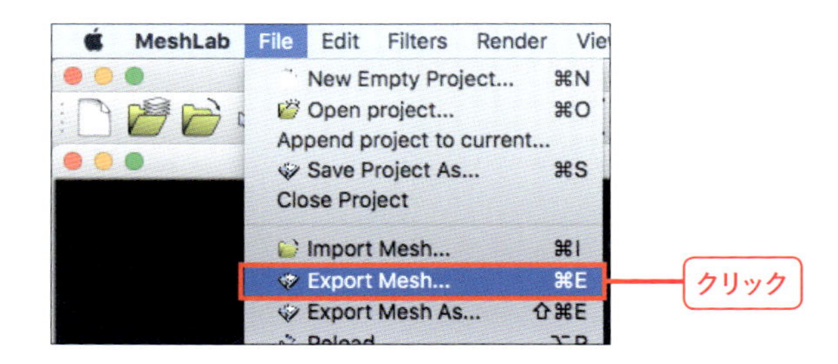

8 ファイルを保存する

保存ダイアログが開くので、ファイル名①と保存場所②を決めて［保存］ボタンを押しましょう③。

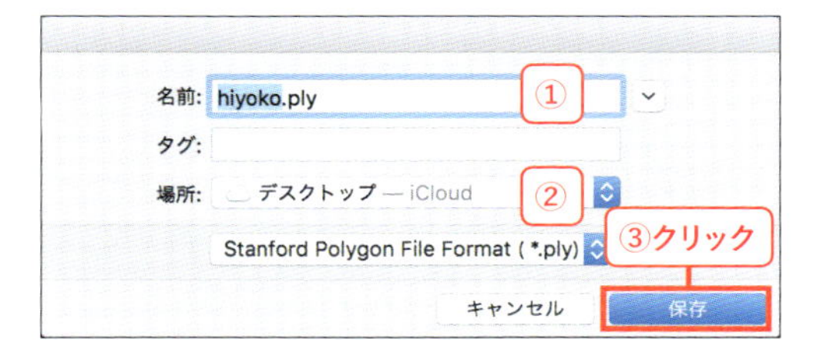

9 保存オプションを 確認する

［保存］ボタンを押すと最後に保存のオプションを設定できます。これはかならずデフォルトのままで［OK］ボタンを押して保存しましょう。これでモデルの準備は終わりです。

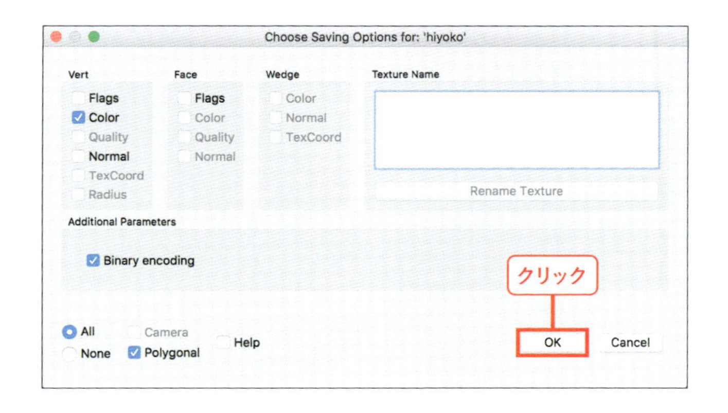

memo

保存オプションのなかの「Binary encoding」のチェックを外してしまうと、3Dプリント時に色がおかしくなる問題が発生するので注意してください。

column

MeshLabとは？

今回はモデルのサイズ調整のために使用しているMeshLabですが、本来の用途としては3Dメッシュの編集および加工などのファイル変換ができるソフトです。
3Dメッシュなどの編集はできますがモデリングなどの操作は行えず、変換に割り切ったソフトになっており、その分Mayaなどの高機能モデリングソフトなどと比べると、ユーザーインターフェースがスッキリしていて使いやすいです。
WindowsやmacOS、Linuxなどの標準的なOSはすべてサポートしているフリーソフトです。

DMM.makeへアップロードしよう

次はいよいよDMM.makeへモデルをアップロードして3Dプリントをする準備をしていきましょう。DMMアカウントを持っていない人はここで新規作成をします。DMM.makeにアクセスして右上メニューの会員登録から行います。

3Dプリンター出力サービスページ

https://make.dmm.com/print/

メールアドレスとパスワードを入力することで会員登録は簡単に行えます。また、すでにGoogleやTwitter、Facebookなどのアカウントを持っている場合は、それらのアカウントを使って会員登録することもできます。

1 アップロード画面に移動する

会員登録もしくはログインを終えたら、次は3Dプリンターサービスのトップページにある緑色の［3Dデータをアップロード］ボタンを押しましょう。

2 アップロードボタンをクリックする

アップロード画面に遷移します。ここでも緑色の［3Dデータをアップロード］ボタンを押します。

3 モデルのカテゴリを選ぶ

するとまずアップロードするモデルのカテゴリを選択するように促されます。

今回は本書で作成したひよこをプリントするため、「フィギュア」を選択しました。

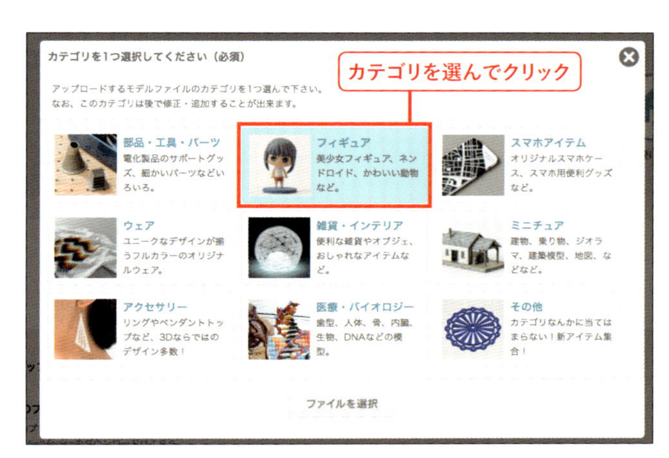

4 ファイルを指定する

カテゴリを選択したらウィンドウの下にある［ファイルを選択］ボタンを押して、P.243でMeshLabからエクスポートしたplyファイルを指定します。

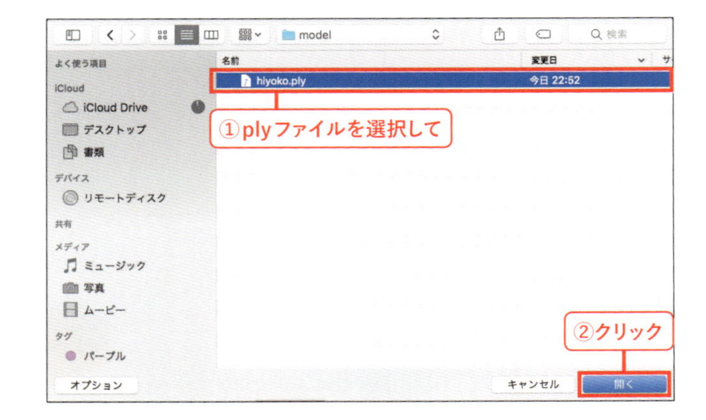

5 アップロードを開始する

指定するとアップロードが始まり、右図のように「アップロードが完了しました」と表示されたらアップロードの完了です。
自動でデータチェックが始まります。データチェックが完了すると、モデルの確認をブラウザ上で行えます。

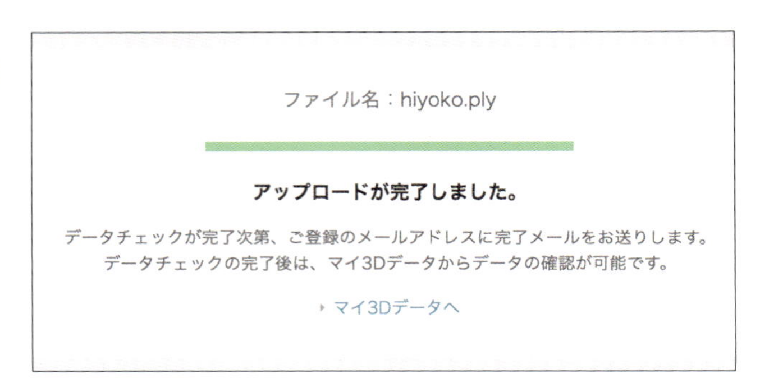

column

DMM.make以外の3Dプリントサービス

本章で紹介しているDMM.make以外にも3Dプリントを行ってくれるサービスはあります。
たとえば名刺やポスターをはじめ店舗への持ち込みなどで印刷をしてくれるkinko'sも3Dプリントサービスを行っています。

kinko'sの3Dプリンティングサービス案内ページ
https://www.kinkos.co.jp/service/3d-printing/

また筆者が非常にお世話になっている同人誌印刷を手がけているPOPLSでも3Dフィギュアの印刷を行っています。

POPLSトップページ
http://www.inv.co.jp/~popls/

DMM.makeに限らず使いやすいサービスを検討してみてください。

モデルを確認しよう

アップロードが完了したら次はモデルの確認を行いましょう。アップロードが完了してデータチェックも終了すると、登録しているメールアドレス宛にデータチェックが完了した旨を知らせるメールが届きます。

1 マイページへアクセスする

メールが届いたらマイ3Dデータページへ行きましょう。

https://make.dmm.com/mypage/my3d/

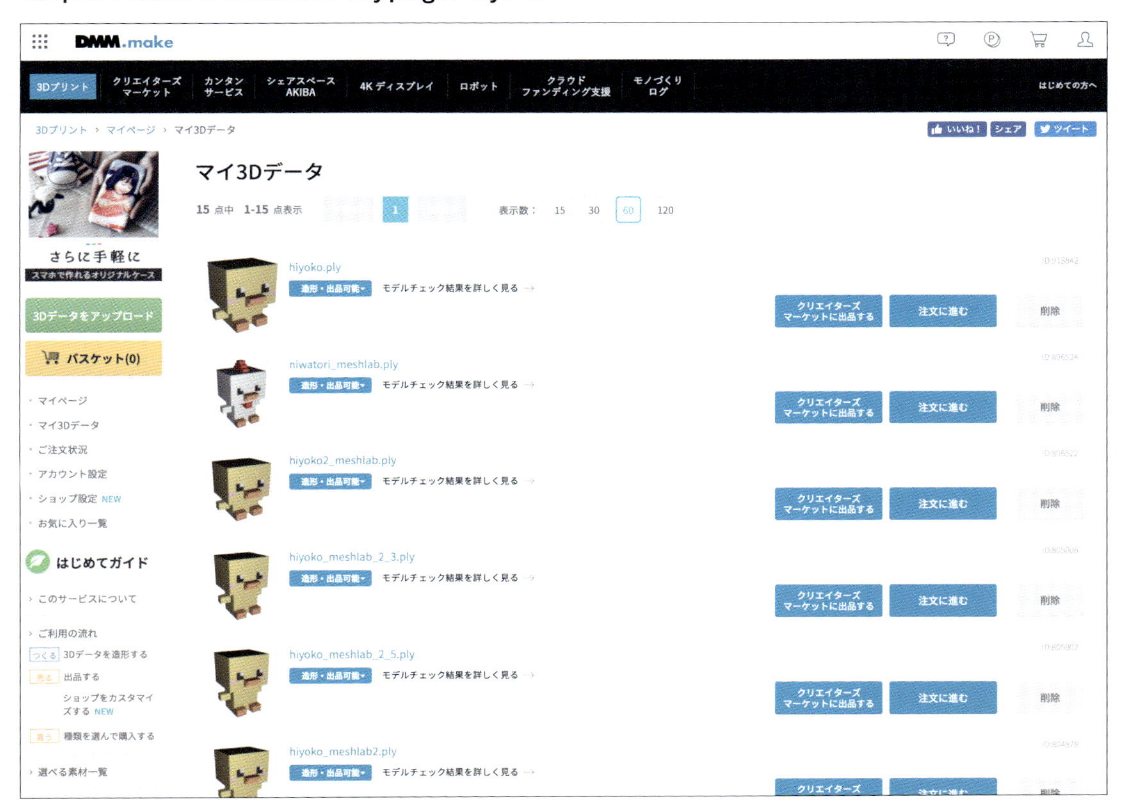

memo
マイ3Dデータページへは、アップロード完了画面にある「マイ3Dデータへ」のリンク文字をクリックして行くこともできます。

2 アップロードしたモデルを確認する

マイ3Dデータページではアップロードしたモデルの確認と発注を行うことができます。いちばん上にあるモデルが先ほどアップロードしたモデルです。「造形・出品可能」と表示されていれば、3Dプリントを注文できます。

3 完成サイズを確認する

2の図にある「モデルチェック結果を詳しく見る」をクリックすると、3Dプリントした際のモデルの実寸値がわかります。今回は「X: 32.2mm、Y: 27.5998mm、Z: 32.2mm」のサイズで3Dプリントができることがわかります。このサイズはMeshLabを使ってMagicaVoxelでエクスポートしたモデルを2.3倍した結果の数値なので、この倍数をMeshLabを使って変更することで任意のサイズのモデルを3Dプリントすることができます。

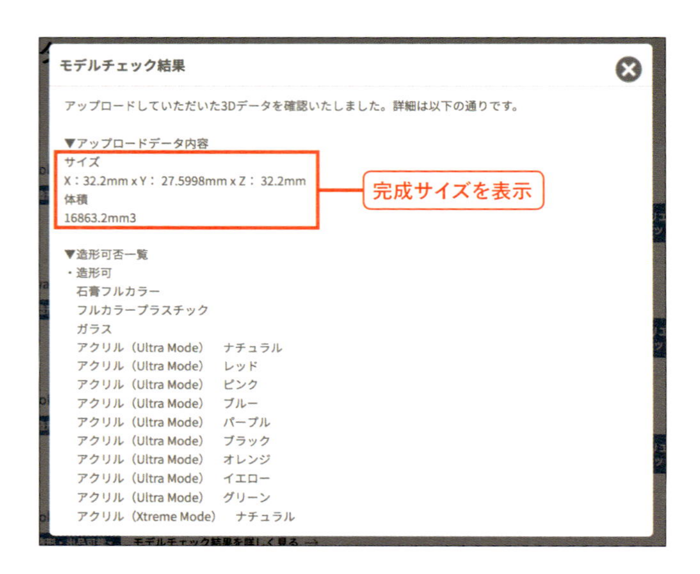

4 注文画面へ進む

右にある［注文に進む］ボタンから注文画面へ進みます。

5 完成モデルの材質を選ぶ

注文画面では3Dプリントする材質を選ぶことで金額を確定することができます。今回は「石膏」を選んで「石膏フルカラー」で金額を確認しました。このモデルでは3,072円で1体のモデルを3Dプリントすることができるようです。この金額は3Dプリントする材質とモデルの体積に依存するので、もっと大きなモデルだと高い金額になり、逆に小さいモデルだと安くなったりします。

ぜひお気に入りの自作モデルを3Dプリントしてみてください。

まとめ

MagicaVoxelでモデリングした自作モデルを
DMM.makeの3Dプリントサービスを使って
3Dプリントするまでを説明しました。
自分が作成したモデルを実際に触れられる
フィギュアとして印刷するのは想像するよりも
とても楽しいものです。そのフィギュアと
キャラクターにとても愛着が湧きます。
皆さんも自作フィギュアをMagicaVoxelで
モデリングして3Dプリンターで
プリントしてみてください。

おわりに

本書を最後まで読んでいただきありがとうございます。
最後に本書のまとめと、さらなるモデリングの勉強方法を説明して締めさせていただきます。

誰でもゲーム素材は作れる

本書を最後まで読んでいただいた皆様には自分でもゲーム素材が作れるという自信が少しでもついたと思います。

たとえ絵を描く能力などがなくとも3Dドットでモデリングすれば3Dモデリングを手軽に始め、ゲームの素材を作ることができます。
ぜひ自分の作りたいゲーム、世界を思う存分3Dドットで表現してみてください。

さらなるモデリングの勉強方法

3Dドットモデリングは本書である程度学べたと思いますが、まだまだ終わりではありません。さらにモデリング技術を向上させるために必要な勉強方法をご紹介します。

よりモデリングを上達させるには上手い人の作品を多く見て、そこから優れたところや自分に足りない箇所を盗むことが肝心です。PolyやGoogle検索、Twitter検索などで「Voxle」と検索して自分が好きな作品を真似ることから始めてみてください。

またYoutubeなどに上がっているモデリング作業を録画した動画を見るのもおすすめです。
Youtubeで「MagicaVoxel」と検索するといくつか該当する動画がヒットしますので、ぜひ参考にしてみてください。

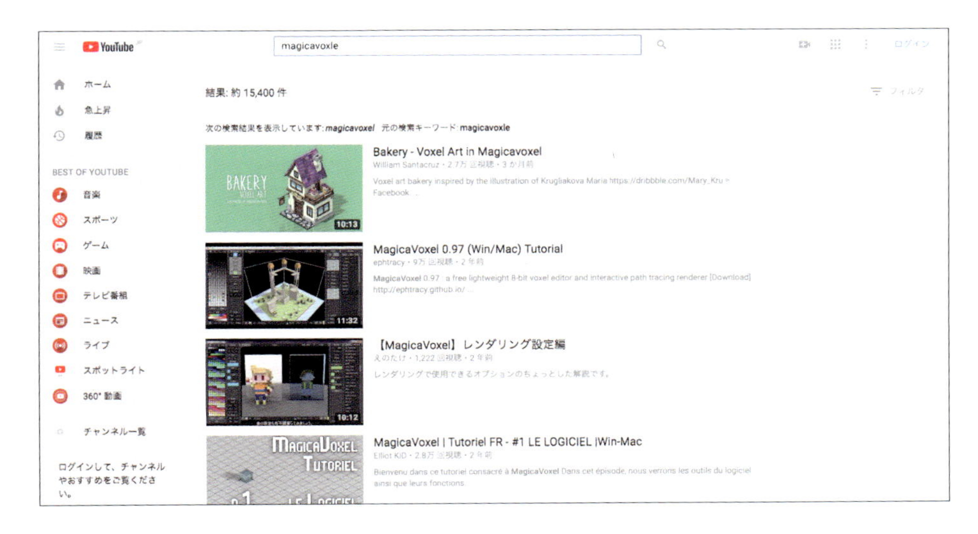

あとがき

本書は、技術書典という技術をメインテーマとした同人誌即売会にて頒布した同人誌が元となっています。元になった同人誌のレビューをしてくれた友人達、技術書典で売り子を手伝ってくれた友人、技術書典で同人誌を手に取ってくれた多くの方々、そして技術書典を運営及び主催してくださっている方々、ありがとうございました。

また他にも多くの方々の協力を得て本書を出版することができました。この場を借りて御礼申し上げます。
特にMagicaVoxelの開発者である@ephtracyさんにはとても感謝しております。MagicaVoxelがなければ本書は存在しておりませんでした。ありがとうございます。
技術評論社の編集部の方々にも大変お世話になりました。感謝の念にたえません。

また日頃からお世話になっている株式会社デプロイゲートの方々、最初にMagicaVoxelをおすすめしてくださった中込智行さんありがとうございます。
最後に執筆中に明るく励ましあたたかく応援してくれた妻に心から感謝します。

2018年6月 今井健太

索引

[カバー/表紙]デザイン　萩原弦一郎(256)
[本文]デザイン・DTP　SeaGrape
[本文]デザイン素材　book for
[編集]　橘浩之

制作協力　株式会社カワダ
グーグル合同会社

まるごとわかる3D(スリーディ)ドットモデリング入門(にゅうもん)
~MagicaVoxel(マジカボクセル)でつくる! Unity(ユニティ)で動(うご)かす!~

2018年8月7日　初版　第1刷発行

著　者　今井健太(いまいけんた)
発行者　片岡　巌
発行所　株式会社技術評論社
東京都新宿区市谷左内町21-13
電話 03-3513-6150　販売促進部
03-3513-6160　書籍編集部
印刷/製本　株式会社加藤文明社

ISBN978-4-7741-9815-6 C3055　Printed in Japan

<お問い合せについて>

本書の内容に関するご質問は、下記の宛先までFAXまたは書面にてお送りいただくか、弊社Webサイトの質問フォームよりお送りください。お電話によるご質問、および本書に記載されている内容以外のご質問には、一切お答えできません。あらかじめご了承ください。

宛先:〒162-0846
東京都新宿区市谷左内町21-13
株式会社技術評論社　書籍編集部
「まるごとわかる3Dドットモデリング入門」質問係
FAX:03-3513-6167

なお、ご質問の際に記載いただいた個人情報は質問の返答以外の目的には使用いたしません。また、質問の返答後は速やかに削除させていただきます。

著者略歴

今井健太 (Kenta Imai)

株式会社デプロイゲート共同創業者兼ソフトウェアエンジニア。分野にこだわらず開発全般を担当している。代表を務める味噌煮研究所にて、技術系同人誌の執筆及び頒布やオリジナル3Dモデルの製作、Webサービスやアプリの開発を行っている。SHIBUYA PIXEL ARTコンテストにてアーティスト賞(きはらようすけ賞)を受賞。
https://voxel.henteko07.com